国家出版基金项目
NATIONAL PUBLICATION FOUNDATION

蓝天保卫战：
在用汽车排放超标控制技术丛书

汽车排放超标控制诊断技术

《蓝天保卫战：在用汽车排放超标控制技术丛书》编写组　编著

DIAGNOSTIC
TECHNOLOGIES
OF EXCESSIVE EMISSIONS FROM AUTOMOBILES

U0293956

人民交通出版社股份有限公司
北京

内 容 提 要

本书根据当前我国汽车排放超标治理形势要求及实施在用汽车排放检验与维护制度（I/M制度）需要，紧扣我国汽车维修诊断行业实际和特点，介绍了汽车排放超标诊断技术理论知识，讲解了汽车排放性能维护（维修）站（M 站）的设备配置、技术方法和使用要求等，重点阐述了汽油车和柴油车排放超标的诊断技术方法，并提供了汽车排放超标典型诊断案例。

本书是从事汽车排放检验与维修行业管理工作的技术人员必备读物，可供汽车排放检验和维修人员提高技术、业务素质使用，也可作为各级交通运输、生态环境等部门治理在用汽车排放超标的培训教材以及高等院校教学的参考书籍。

图书在版编目（CIP）数据

汽车排放超标控制诊断技术／《蓝天保卫战：在用汽车排放超标控制技术丛书》编写组编著. — 北京：人民交通出版社股份有限公司，2022.6

（蓝天保卫战：在用汽车排放超标控制技术丛书）

ISBN 978-7-114-17500-8

Ⅰ.①汽…　Ⅱ.①蓝…　Ⅲ.①汽车排气—空气污染控制　Ⅳ.①X734.201

中国版本图书馆 CIP 数据核字（2021）第 279545 号

蓝天保卫战：在用汽车排放超标控制技术丛书
Qiche Paifang Chaobiao Kongzhi Zhenduan Jishu
书　　名：**汽车排放超标控制诊断技术**
著 作 者：《蓝天保卫战：在用汽车排放超标控制技术丛书》编写组
责任编辑：刘　博　李　佳
责任校对：席少楠
责任印制：刘高彤
出版发行：人民交通出版社股份有限公司
地　　址：（100011）北京市朝阳区安定门外外馆斜街 3 号
网　　址：http://www.ccpcl.com.cn
销售电话：（010）59757973
总 经 销：人民交通出版社股份有限公司发行部
经　　销：各地新华书店
印　　刷：北京印匠彩色印刷有限公司
开　　本：720×960　1/16
印　　张：24.75
字　　数：428 千
版　　次：2022 年 6 月　第 1 版
印　　次：2022 年 6 月　第 1 次印刷
书　　号：ISBN 978-7-114-17500-8
定　　价：100.00 元
（有印刷、装订质量问题的图书由本公司负责调换）

丛书审定组

主　审：徐洪磊　许其功

副主审：吴　烨　丁　焰

成　员：葛蕴珊　周　炜　陈海峰　马盼来　李　波
　　　　田永生　黄新宇　褚自立　傅全忠

丛书编写组

主　编：郝吉明　李　刚

副主编：曹　磊　龚巍巍

成　员：渠　桦　崔明明　尹　航　慈勤蓬　崔修元
　　　　王　欣　刘　嘉　张宪国　刘　杰　钱　进
　　　　张少君　陈启章　李秀峰　严雪月

本书编写组

曹　磊　　慈勤蓬　李　刚　　李秀峰　陈启章　严雪月
王希波　龚巍巍　张胜伟　詹燕飞　渠　桦　张建华
朱明礼　崔修元　王奇城　汤　海　王昌友　刘富佳
王　欣　关菲明　于得江　席振鹏　李　春　方集明

前 言

　　我国已实现全面建成小康社会的第一个百年奋斗目标,全党全国各族人民意气风发向着全面建成社会主义现代化强国的第二个百年奋斗目标迈进。人民群众在物质文化生活水平显著提高的同时,对生态环境质量也有着更高的要求,如何有效控制与治理我国在用汽车的排放污染、助力建设美丽中国,已成为推动我国交通可持续发展、提升生态环境治理能力和治理体系现代化的重要课题。

　　党的十八大把生态文明建设纳入中国特色社会主义事业"五位一体"总体布局。2018 年,中共中央、国务院作出重大决策部署,要求坚决打赢蓝天保卫战。2019 年 9 月,中共中央、国务院印发《交通强国建设纲要》,要求坚决打好柴油货车污染治理攻坚战,统筹车、油、路治理,有效防治公路运输大气污染。2021 年 9 月,中共中央、国务院印发《关于完整准确全面贯彻新发展理念做好碳达峰碳中和工作的意见》,要求着力解决资源环境约束突出问题。2021 年 11 月召开的党的十九届六中全会强调,要坚持人与自然和谐共生,协同推进人民富裕、国家强盛、中国美丽。"十四五"时期是深入打好污染防治攻坚战、持续改善生态环境质量的关键五年,其中柴油货车污染治理攻坚战是大气污染防治的三大标志性战役之一。

　　汽车排放检验与维护制度(I/M 制度)于 20 世纪 70 年代起源于饱受光化学烟雾事件困扰的发达国家,并于后期持续改进。美国实施 I/M

制度对减少加利福尼亚州等汽车排放重点地区空气污染、改善空气质量发挥了关键作用，日本和欧盟诸国实施I/M制度后在空气质量改善方面也取得明显成效。I/M制度良好的经济、社会效益得到了充分体现，彰显了可持续交通发展的理念，显示出旺盛的生命力。20世纪90年代后期，我国政府主管部门及专家学者开始关注I/M制度，研究探索适用于我国的制度和技术措施，逐步形成有价值的理论成果，得到国家有关部门的重视，最终形成国家政策并迅速推广应用。从目前我国的现实发展情况看，I/M制度不仅对于治理数量庞大的在用汽车排放超标具有关键作用，也对完善维修技术内涵、引导汽车维修行业高质量发展具有重要意义。2020年6月，生态环境部、交通运输部和国家市场监督管理总局印发《关于建立实施汽车排放检验与维护制度的通知》，在全国布置建立实施I/M制度工作，标志着我国在用汽车排放超标治理驶入了快车道。

实施I/M制度是一项理论性、技术性、政策性都很强的工作，具有很大难度和挑战性，既需要思想认识到位，又需要做好充分技术准备。为深入推动我国I/M制度顺利全面实施，给在用汽车排放超标治理提供理论指引、技术指导、方法借鉴和案例示范，中国工程院院士郝吉明和交通运输部政策研究室原主任李刚牵头，组织协调交通运输部规划研究院、中国环境科学研究院、中国汽车技术研究中心、清华大学、北京理工大学、山东交通学院以及其他机构学者专家，针对在用汽车排放超标控制领域存在的理论、政策、技术、方法等方面的重大瓶颈和关键问题，开展系统深入的科学研究、提出政策制度措施建议，最终编写形成《蓝天保卫战：在用汽车排放超标控制技术丛书》。丛书以汽车排放超标控制技术通论、检验技术、诊断技术、维修技术、国外I/M制度等五个专题分别成册，详细分析介绍I/M制度的科学内涵和技术体系，探讨有关I/M制度建设和技术发展问题。

《汽车排放超标控制诊断技术》是丛书的第三册。该书主要介绍了汽车排放超标诊断技术理论知识,讲解了汽车排放性能维护(维修)站(M 站)的技术条件,阐述了汽油车和柴油车排放超标的诊断技术方法,可为各级政府部门组织推进 I/M 制度实施,以及汽车排放检验机构(I 站)和汽车排放性能维护(维修)站(M 站)开展技术培训提供有益的参考借鉴,是广大汽车检验诊断维修技术人员提升业务素质与专业技能的必备教材,也可作为高等院校教学的参考书籍。

本丛书编写得到了国家出版基金立项资助(项目编号:2021X-020),得到了交通运输部运输服务司、生态环境部大气环境司的悉心指导,并得到了李骏院士、贺泓院士以及交通运输部规划研究院、中国环境科学研究院等单位和诸多专家的大力支持,中自环保科技股份有限公司、博世汽车技术服务(中国)有限公司、康明斯(中国)投资有限公司为丛书编写提供了帮助,我们在此一并表示衷心感谢! 由于编者水平有限,书中难免有不妥之处,敬请读者批评指正。

绿水青山就是金山银山,践行生态绿色发展理念、建设美丽中国需要全社会共同努力。愿本丛书的出版能够为我国顺利实施 I/M 制度、改善区域环境空气质量、推进交通可持续发展贡献绵薄力量,愿人民群众期盼的蓝天白云常在身边!

丛书编写组
2022 年 5 月

3

目 录

概　　　述

　　随着汽车保有量的迅速增加,汽车排放超标使得我国城市空气污染问题日益突出,作为目前增长最快的空气污染源,汽车排放污染越来越受到人们的关注。由于造成汽车排放超标的原因很多,所以,必须对排放超标车辆进行诊断才能确定其故障原因,进而对其进行规范的维护和修理,使其恢复正常的技术状态。对汽车排放污染实施标准检测、精准诊断、科学维修,其中诊断治理起着关键作用。

　　本章介绍了汽车诊断的功能作用以及在汽车维修中的地位和应用,提出了从传统诊断到计算机辅助诊断的现代理念,阐述了近几十年来汽车诊断技术的发展历程。

第一节　诊断在汽车排放污染治理中的基础作用

一、汽车诊断主要功能与作用

　　在汽车维修过程中,运用现代化检测诊断设备,对车辆电控系统、空调系统、发动机系统、传动系统等多个电子功能模块进行检测,通过获得车辆故障码和数据流中产生问题的数据,对问题数据进行诊断分析,从而快速准确地找到故障点,并且提供一站式的车辆维修解决方案,称为现代汽车诊断技术。标准规范地使用现代化检测诊断设备,不仅能提高车辆的维修效率、提升顾客对维修质量的满意度,同时可视化的作业方式还会增加车主对企业的信任感。

（一）汽车诊断的功能

汽车进厂维修,首先应对汽车状况进行检测以找到故障。为确定进厂汽车的技术性能或及时查找故障部位、故障原因,需要对车辆数据进行诊断、分析定义。目前,车载诊断项目已超过 120 项,在随车设备上可显示故障码和数据,还存储有故障诊断程序,根据显示器的指令进行操作便可获取故障数据、查明故障原因,系统还具有提供维修说明、技术资料目录检索、对汽车各项参数及技术条件等提供咨询的功能。发动机电控单元(ECU)设有自诊断系统,对控制系统各部分的工作情况进行监测,当 ECU 检测到来自传感器或输送给执行元件的故障信号时,会立即点亮仪表板上的警告灯,以提示车主车辆有故障;同时,系统将故障信息以故障码的形式储存在大数据服务器中,专业人员可以使用专用设备(工具)查找故障码以确定故障类型和范围。

例如,对于汽车基本点火提前角的确定,发动机起动后,ECU 根据节气门位置传感器信号、发动机转速传感器信号和空气流量传感器信号来确定基本点火提前角,同时有冷却液温度、进气温度等信号对点火提前角进行自我修正(系统自学习功能),我们将该诊断过程定义为"点火提前角故障诊断"。

（二）汽车诊断的作用

当今我国在用汽车排放污染问题严重,汽车需要定期或者不定期地进行维护修理。推进在用车辆定期对排放污染物进行检测诊断,不仅可以达到对车辆尾气排放是否超标的监测,同时也是推进车辆科学维修的有效方法。

汽车诊断可根据检测目的,分为三大类型:

(1)安全性能检测。

对汽车实行定期和不定期的安全性能检测诊断,目的在于确保汽车良好的安全性能和符合污染物排放标准的排放性能,以强化汽车的安全管理。

(2)综合性能检测。

对汽车实行定期和不定期的综合性能检测诊断,目的是在不解体检测诊断的情况下,确定运输车辆是否处于带显性故障和隐性故障的技术状况,对维修车辆实行质量监督,以保证运输车辆行驶在路上的安全性并降低消耗,使运输车辆具有良好的安全保障和经济效益。

(3)汽车排放性能检测。

对汽车排放性能的检测诊断,目的是诊断造成汽车排放超标故障的确切部位,确定故障的维修方案,进行精准维修,保障汽车清洁健康地在路上行驶。

汽车检测诊断的目的:一是对显现出故障的汽车,通过检测诊断查找故障源,确认故障部位和引发故障的原因,引导排除故障,精准维修,从而对汽车技术状况进行全面检查,确定汽车技术状况是否满足有关技术标准的要求,以决定汽车是否继续行驶或采取何种措施延长汽车的使用寿命。二是汽车定期进行检测诊断维护是汽车科学使用的必然性趋势,是保障汽车行驶健康、环保的有效方法,同步保障汽车的行驶安全、节约能耗,更为重要的是为广大人民群众创造美好的汽车生活环境。

我国目前的汽车维修方式中,绝大部分情况是事后维修,即在汽车发生明显的故障之后才进行维修。通常情况下,汽车出现明显故障之后,需要维修的部位往往很多,主要的故障问题也很难把握,汽车的维修效率不高,维修质量也难以保证。

现代汽车检测诊断技术能够精准找到汽车故障原因,一方面可以避免汽车维修过程中的无效拆解,提高了维修效率;另一方面降低了人为故障的概率,确保维修行为依据诊断结果展开,保证"对症下药",从而确保汽车维修质量。

正确地对汽车尾气排放超标车辆维护修理,不仅保证了广大车辆的行驶安全、环保、节能,维修企业也能通过执行正确的诊断流程、维修工艺流程,提高生产效率,从而提升单店经济效益。

（三）汽车诊断方法

汽车故障诊断从初始的人工目视诊断方式,到单一独立的仪器、仪表测量诊断方式,再到集成的汽车不解体检测诊断系统(工作站)的电子信息设备系统标准检测(即智慧诊断方式),技术发展推动汽车维修测量、诊断仪器仪表走向电子化、集成化、信息化、网络化、平台化。推进汽车不解体检测诊断系统的应用,更重要的作用是通过大数据带动一批汽车售后服务企业向品牌化、信息化连锁经营模式发展,推动我国汽车售后服务民族品牌转型升级,参与国际竞争并成为国际品牌。

1.人工诊断方法

人工诊断方法也称直观诊断方法,这种方法主要是凭借维修人员的理论知识与多年的维修经验对汽车的现状进行直观判断,从而确定汽车故障发生的部位和原因。

这种诊断方法在当前还有少部分人在使用,其优点是诊断方便、经济实惠;缺点是主要依靠人工经验,判断精确度因人而异,不利于企业与行业发展。

2. 单个仪器诊断方法

单个仪器诊断方法是从最原始的人工经验诊断方法发展而来的,是在汽车进行大型解体时进行的一种检测方式,主要应用方式是"运用单个检测仪器设备或者检验工具,对整车或者相关协议和标准的参数、曲线、波形等进行分析,从而判断出汽车当前的使用状况"。这种分析方法主要应用仪器设备,如示波器、车速仪、流量传感器、万用表、油耗仪、废气测量仪、前照灯检测仪、汽缸漏气测量仪等。维修人员在依靠这些仪器设备的同时,结合自身的经验,能够较准确快捷地诊断出汽车的故障。

这种诊断方法优缺点如下:其优点是能够进行定量分析,检测诊断的效率和准确性比人工诊断法有所提高;缺点是每种仪器设备的操作方法有各式各样的标准,数据显示在各自的产品界面,信息分散,同时能掌握这么多仪器设备操作技能的人数少,人力成本相对较高。

3. 智能诊断方法

随着汽车电子化、智能化程度越来越高,汽车电控系统、发动机系统、传动系统等多个电子功能模块产生的高度密集信息已经改变了汽车诊断方式。因此,不仅需要对汽车电控系统、发动机系统、行车系统、传动系统等进行有效检测,还需要应用科学高效的智慧诊断方法和云诊断技术设备,才能有效避免传统人工检测的"误诊断",从而快速定位汽车潜在及已存在的故障。

运用汽车排放污染智慧诊断技术方法,对汽车尾气排放超标状况进行诊断,包括车辆油耗与排放性能检测、故障诊断、减排效果统计分析三个环节。

举例:汽车环保智慧体检流程,如图 1-1 所示,具有的优势如下。

(1)针对一般检测车辆:经济便捷,科学合理;可重点检测影响汽车尾气排放的四大系统,如燃烧机构、排气后处理、燃油供给和点火系统等易出现性能劣化的部位;优化流程工艺,缩短时间,通过"健康体检"减少汽车因维修不当、状况不佳造成的油耗上升及污染物排放。

(2)针对有故障的车辆:高效准确查明故障原因,给出维修建议,引导维修作业,真正实现"视情维修";产品实现多功能集成与内部联网信息共享,在解决企业普遍棘手的关联性故障及"疑难杂症"方面发挥强大作用;减少企业与车主的时间

成本与更换技术配件不当造成的风险,降低维修企业运营成本,提高企业的竞争力。

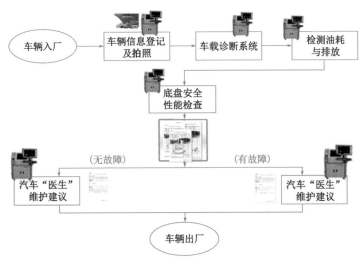

图 1-1　汽车环保智慧体检流程

(3)汽车不解体检测诊断系统(工作站)预留多项第三方企业外接设备接口,极大丰富了检测诊断内容,提升了设备的使用效率,减少了设备的重复投资,加快了信息传递速度和准确性;通过网络功能,有效地对各种车辆技术的节能减排效果进行评价与统计分析,可为交通运输节能减排提供大数据服务支持,为企业连锁经营提供核心技术支撑。

(4)应用互联网与移动互联网,全过程标准检测、智能诊断。因此,标准流程是从影响车辆油耗与排放的主要部位的检测开始,经过对车辆检测→诊断→维修(治理)→数据上传四个环节,查找到故障结果并给出维修故障方案。全过程一站式电子操作,真正实现"标准检测""精准诊断""指导治污"的效果,实现全方位持续的主动环保、节能增效。

(5)解决了维修企业常见的在使用单个独立仪器仪表等检测工具中,过于依赖人工进行故障分析的弊端。对于多种车型维修经验不足的人员,通过智慧诊断方法,可以进行 360°自动搜索并锁定故障,同时锁定潜在的及已存在的故障部位并提报故障定义,自动匹配智慧维修方案,同时在"智能拆装"模块可以获取维修工艺相关知识。

二、汽车排放污染故障诊断与维修的关系

导致汽车排放超标的故障原因众多,通过对汽车排放五气的检验,将影响汽车尾气排放的燃烧机体、排放控制、后处理、燃油等四大系统数据流诊断对比分析,可以得出车辆维修项目并进行维修。

我国现代汽车技术在近十几年取得飞跃式发展,但在用汽车排放污染超标诊断和维修技术却发展缓慢,特别是排放污染超标诊断技术人员缺乏,诊断维修方面存在"治标不治本"的情况,普遍认为汽车排放污染物超标故障仅仅是三元催化转换器的问题,以为仅对三元催化转换器修复就可以解决尾气排放超标问题,不需要做其他的维修项目。维修时盲目地修复或更换三元催化转换器,排放问题并没有彻底解决,过了一段时间汽车排放污染物再次超标,又重复到修理厂进行维修,这样的方式在维修企业已成常态。

汽车排放污染超标诊断是维修前的关键步骤,是汽车排放污染控制的重要技术之一,其作用和意义在于:

(1)缩小故障范围,快速、准确定位故障部位。根据发动机排放污染物产生原理、发动机运行和排放控制原理,缩小故障查找范围,减少不必要的发动机解体检测,避免盲目地换件维修,有效降低维修成本。

(2)通过科学的诊断,彻底排除发动机燃烧故障,能有效降低发动机的油耗量。避免反复维修,在保证维修长期效果的同时,让车主真实感受到汽车排放污染治理带来的好处,消除广大车主对汽车排放检验与维修制度(I/M制度)的误解。

(3)通过实施汽车排放污染超标诊断技术,带动广大车主养成爱车、养车、维护车辆的习惯,同时彻底改变传统的汽车维修人员经验维修、设备辅助的工作方式。通过科学的故障诊断、方法,提高汽车维修行业对车辆排放污染超标治理的认识,提升汽车维修行业服务质量,并推动技术服务转型升级。

(4)汽车排放污染超标诊断技术的意义重在贯彻《中华人民共和国大气污染防治法》和《机动车排放污染防治技术政策》,落实"汽车排放检验与维修制度"的通知精神,使用汽车尾气排放污染诊断技术体系支撑"汽车排放检验与维修制度"建设。

第二节　汽车诊断技术的发展

汽车设计与制造在不断应用新技术,以满足社会对车辆使用的新要求。其中

对降低排放污染物的要求非常强烈。这些新技术的应用,革命性地推动了汽车排放污染检测诊断技术迈向了一个崭新的技术台阶。

一、国外汽车检测与诊断技术

(一)国外汽车检测技术的发展

20 世纪 50 年代,一些工业发达国家形成了以汽车故障诊断和性能调试为主的单项检测技术,并开始生产单项检测设备。20 世纪 60 年代初期,进入我国的汽车检测试验设备有美国的发动机分析仪、英国的发动机点火系统故障诊断仪和汽车道路试验速度分析仪等,这些都是国外早期发展的汽车检测设备。20 世纪 60 年代后期,汽车检测技术加速发展,形成大量应用电子、光学、理化与机械结合的光机电、理化机电一体化检测技术,非接触式车速仪、前照灯检测仪、车轮定位仪、排气分析仪等都诞生在这一时期。20 世纪 70 年代以来,随着计算机技术的发展,出现了具有汽车检测诊断、数据采集处理自动化,检测结果直接打印等功能的汽车性能检测仪器和设备。为了加强在用汽车安全管理,各工业发达国家相继建立了汽车检测站和检测线。汽车检测具有以下几个特点:

1. 检测制度化

美国、德国汽车年检工作由交通部门统一领导,在全国各地建有由交通部门认证的汽车检测机构(I 站)。I 站负责新车的登记和在用车的安全环保检测,修理厂维修过的汽车也要经过 I 站的检测,以确定其安全性能和尾气排放符合法规要求。日本汽车检测工作由运输省统一领导,运输省在日本全国设有"国家检测场"和经政府许可的"民间检测场"。"检测场"代替政府执行车检工作,其中,"国家检测场"主要负责新车登记和在用车安全检测;"民间检测场"通常设在汽车维修厂内,经政府许可并受政府委托对汽车进行安全检测。

2. 检测标准化

发达国家的汽车检测有一整套的标准。判断受检汽车技术状况是否良好,是以标准中规定的数据为准则,检查结果以数字显示,有量化指标,能避免主观上的误差。国外比较重视安全性能和排放性能的检测,如美国规定,经过汽车排放性能维修站(M 站)维修过的汽车,在出厂(M 站)前必须经过严格的排放检测,合格后才能得到许可出厂。除对检测结果有严格完整的标准以外,国外对检测设备也有标准规定,如对检测设备的性能、结构、检测精度、使用周期等都有相应标准。

3.检测智能化、自动化

随着计算机技术的发展,出现了具备汽车检测诊断控制自动化、数据采集自动化、检测结果直接打印等功能的现代综合性能检测技术和设备。国外生产的汽车制动检测仪、前照灯检测仪、发动机分析仪、发动机诊断仪、四轮定位仪等检测设备,都具有全自动功能。20世纪80年代后期,计算机技术在汽车检测领域的应用进一步向深度和广度发展,已出现集检测工艺、操作、数据采集和打印、存储、显示等功能于一体的系统软件,不仅可避免人为判断错误,提高检测准确性,而且可以把受检汽车的技术状况储存在计算机中,作为下次检验和处理交通事故等方面的参考。

4.检测专业化

相当一部分维修企业发展成为特约维修企业,维修对象集中于某一家或某几家有规模的公司:一是按总成、系统或作业性质的不同,趋向于专业化维修;二是由于汽车技术的不断进步,汽车的系统与结构越来越复杂,以往那种万能型的维修模式也变得越来越不适用,因而企业的经营不断向自己的特长方向发展。同时,专业化还可最大限度地提高仪器设备的利用率,减少资源浪费,亦有利于年轻技术人员的培养,确保车辆维修质量和维修企业经济效益。

5.检测协作化

由于专业化的推动,促进了汽车维修行业内分工协作局面的形成。显而易见,专业化和协作化是相辅相成的。如开展车身维修大多需要较大的固定资产投入,但普遍配置相应设备的利用率也不高,因此,行业内的分工协作成为必然。在北美地区,20%的维修企业承担了80%的碰撞受损汽车维修业务,就是这种积极变化的一个最好例子。随着汽车科学技术的不断进步,国外汽车维修企业越来越多地采用机械化、自动化、电子化检测维修仪器设备。在国外,维修企业普遍配置发动机综合性能检测仪、四轮定位仪、汽车故障电脑诊断仪(解码器)、电动或液压举升器等;在专业化的维修企业,如车身维修企业,亦配置车身测量及矫正设备、电子调漆设备、喷/烤漆房等,以保证维修质量,提高作业速度,减轻劳动强度,降低维修费用,减少雇佣人数。

在国外的维修企业中,车辆故障不解体检测诊断设备以及维修技术组织,都得到了长足的发展。

（二）国外汽车诊断技术的发展

汽车诊断技术在工业发达的国家早已受到重视，早在 20 世纪中叶，就形成了以故障诊断和性能调试为主的单项诊断技术；进入 20 世纪 60 年代后，汽车诊断技术获得了快速发展，出现了简易的汽车诊断门店；随着汽车工业的发展和电子系统的广泛应用，传统的手摸、耳听、拆拆装装进行故障诊断的方法已难以适用，为此，发达国家的汽车制造公司借鉴 20 世纪 60 年代在航天、军工行业发展起来的机器故障诊断技术，积极开发汽车诊断系统。

20 世纪 80 年代中后期，发达国家的车载诊断系统已成为故障诊断技术的主流。1984 年，车载诊断技术已超过 50 个项目。通用公司 1987 年款的汽车上，车载诊断项目已超过 120 项，在车载设备上可显示故障码和数据，还可存储故障诊断程序，根据显示器的指令进行操作便可获取故障数据，查明故障原因。通用公司的 CAMS（Computerized Automotive Maintenance System）、福特公司的 OLASIS（On-Line Automotive Service Information System）还具有提供维修说明、技术资料目录检索、汽车各项参数及技术条件等咨询功能。

20 世纪 90 年代，美国通用、福特公司推出的诊断装置具有如下特点：①由车上微处理机接收信息，用车外诊断系统进行分析，具有先进的检测功能；②具有汽车诊断专家系统，即模拟熟练汽车维修工思维的计算机程序，将熟练汽车维修工的知识移植于诊断方法中；③可提供详尽的数据及技术信息，为用户与维修厂家、制造厂家之间的沟通交流提供便利。20 世纪 90 年代末，一些发达国家的汽车诊断技术已达到了广泛应用的阶段，给交通安全、环境保护、节约能源、降低运输成本等方面带来了明显的社会效益和经济效益。从 2000 年至今，国外汽车诊断设备发展的重要特征是直接采用各种自动化的综合诊断技术，不断开发新的汽车诊断专家系统，增加难度较大的诊断项目，扩大诊断范围，采用"智能化、自动化"的诊断方式，提高对非常复杂故障的诊断能力和故障预测能力，使汽车诊断技术向新的高度发展。

国外汽车制造厂商也极为重视汽车售后服务，新车型面市时同步推出维修手册等技术资料。各类行业协会、大的信息公司及出版机构常与各制造厂商签有许可协议或购买原厂资料，重新编辑加工后，定期出版年度维修指南，介绍最新车型的全套维修、检验数据，并编制可视诊断维修信息为客户服务。近年来，国外维修信息资料的电子化程度越来越高，在美国，著名的 Mitchel 公司目前的电子信息用户总数已达 3.5 万个，约占美国汽车维修企业总数的 11.7%。

汽车维修从业人员的素质对现代汽车维修企业的生存和发展也有着举足轻重

的作用,市场经济条件下企业之间的竞争在很大程度上可以说是人才的竞争。注重检测诊断技术培训,强化职业教育与培训,提高从业人员素质,在逐渐摆脱传统生产方式的同时,国外维修企业均加强对从业人员受教育程度及素质的要求,大力吸纳经过正规训练的专门技术人员。一般而言,发达国家均要求技术工人首先需要进入职业技术学院(Technical College),经2年专业学习及实习后,方可进入汽车维修企业独立工作。即便如此,各国也都普遍重视从业人员的继续教育,使其能应对汽车技术迅猛发展所带来的挑战。

二、我国汽车检测与诊断技术

我国对汽车检测与诊断技术的研究起步较晚,对汽车故障诊断技术的开发始于20世纪60年代中后期,由交通部科学研究院和天津市公共汽车三厂合作,研制汽车综合试验台,使我国汽车诊断技术的发展迈出了第一步。1977年,国家为了改变汽车维修行业落后的局面,下达了"汽车不解体检验技术"的研究课题,这是汽车诊断方面的第一个国家级研究课题,标志着我国汽车诊断技术有了新的起点。但汽车检测与诊断技术真正受到重视是在20世纪80年代初,当时,我国汽车保有量急剧增加,为保证车辆安全运行,减少交通事故,政府有关部门采取了一系列积极措施,在全国中等以上城市,建成了许多安全性能检测站,之后,陆续建成了综合性能检测站、环保性能检测站,促进了汽车诊断技术的快速发展。

20世纪80年代,由于国产汽车没有应用计算机控制,汽车诊断技术的发展较慢,随车诊断几乎是空白,车外诊断是当时我国汽车诊断技术的主流。进入20世纪90年代后,随着计算机技术的迅猛发展及电子控制系统在汽车上的应用,使得汽车诊断技术在我国产生了革命性的变化。此时,汽车维修检测市场上,不仅出现了大量的诊断硬件设备,同时应用计算机技术的汽车故障诊断专家系统也得到了长足的发展。我国自行研制生产的诊断设备已由单机发展为成套,由单功能发展为多功能,由手工操纵发展为自动控制,并逐步开发出实用的汽车故障诊断专家系统。目前,我国生产汽车诊断设备的企业已有100多家。在研制出并投入使用的汽车检测诊断设备中,用于诊断类的设备主要有发动机无负荷测功机、发动机综合测试仪、电子示波器、点火正时仪、废气分析仪、发动机异响诊断仪、润滑油快速分析仪、铁谱分析仪、油耗仪、汽缸漏气量检测仪等;用于检测类的设备主要有制动试验台、侧滑试验台、转向轮定位仪、车速表试验台、灯光检验仪、底盘测功机等。

随着汽车技术含量的不断提高,汽车故障诊断技术和维修技术也得到了迅猛的发展,使得维修的及时性、准确性大大提高。然而,现阶段有些汽车维修企业的故障诊断技术和维修技术却远远不能满足实际的需要,主要有以下原因。

1. 故障诊断设备不完备

部分汽车维修企业由于规模不大及资金不足,加之现代汽车故障诊断设备投资较大的原因,因此不愿意配备必要的故障诊断设备,使得维修人员对故障诊断、检测还停留在依靠经验判断的阶段,从而造成故障诊断的准确率较低,难以确定故障程度。

2. 从业人员技能素质薄弱

目前我国汽车维修企业数量较多,各个企业的维修人员素质参差不齐,加之部分汽车维修企业不重视人才的培养,对汽车维修人员的培训工作跟不上现代汽车诊断技术的发展,造成汽车维修人员技术水平有限,对现代汽车故障诊断设备的使用不熟练,不能充分发挥故障诊断设备应有的作用,导致不能及时解决维修中的疑难问题。同时,部分学校课程设置与现实脱节,学生专业理论知识不足,专业水平偏低,与现代汽车诊断维修技术专业要求相距较远。

3. 故障诊断技术规范化不够

在我国汽车诊断技术发展过程中,普遍重视硬件技术,对难度大、投入多、社会效益明显的诊断方法和限值标准等基础性技术的研究重视不足,从而造成维修标准不统一、汽车故障维修评估不够全面。

4. 故障诊断新技术开发不够

目前我国的汽车故障诊断技术与发达国家相比,还存在较大的差距,普遍表现在对车辆的故障诊断新技术开发力度不够,常态的诊断设备还只能诊断汽车的部分性能和故障,对某些总成如离合器、变速器、差速器、主减速器、燃烧机体、排放控制、后处理装置、燃油供给系统等的故障诊断,还缺乏高性能的检测诊断设备,仍然以人工经验法为主导进行车辆故障诊断分析。

三、我国汽车诊断技术的发展趋势

现代汽车维修技术的特征表现为“七分诊断,三分修理”,即维修中首先进行检测,主要是诊断,通过诊断定义方案,决定是维护还是修理,汽车维修标准流程中数据是提供诊断的依据,诊断结果是精准制订维修方案的核心,因此诊断与维修有着相辅相成的关系。

我国汽车性能检测经历了从无到有、从小到大的发展,取得了很大的进步,但与世界先进水平相比,还有一定距离。要想赶超世界先进水平,必须在汽车检测技术基础、汽车检测设备智能化和汽车检测管理网络化等方面进行深入研究。目前,我国的汽车检测与诊断技术有如下发展趋势。

1. 向机、电、液一体化检测诊断转型

随着汽车工业的发展,汽车维修方法已经逐渐由机械修理向机、电、液一体化检测诊断修理转变。现代汽车检测技术和汽车故障诊断技术的出现与广泛应用,使汽车维修从传统工艺型向集成电子化、信息处理数字化、应用互联网和移动互联网等一站式信息服务管理转变,革命性地将传统的人工经验判断转向不解体检验和不解体诊断,系统集成电子设备的趋势日益明显。实施标准检测,应用云诊断(智慧诊断)、人工智能(AI)、生态环保的高新技术装置将会改善维修人员的劳动条件,提高设备的使用率,大大提升企业运营效率。

2. 随车诊断技术将大大发展

由于计算机技术的发展和控制技术日趋成熟,利用车载计算机对发动机、传动、制动、转向等系统的故障进行自诊断,并以故障码的方式予以存储和显示,极大地方便了用户,提高了汽车的可靠性,是汽车检测与诊断发展的一个方向。

3. 车辆检测周期延长

由于汽车制造质量、可靠性、寿命和公路路况的不断改善提高,目前在工业发达国家开始出现了延长检测周期的趋势。而我国对于使用强度较低的私家车,实行了六年免检政策。

4. 车外诊断方式向智能化方向发展

监控和预测汽车技术状况是汽车诊断技术发展的必然趋势。检测技术的发展将使检测设备向智能化、多功能、易携带方向发展。故障机理的解析技术、诊断参数信息的传感和识别技术、人工智能技术等,为智能化提供了理论和技术保障。

汽车电子化水平与整车电气化覆盖率也越来越高。因此,需要配套与汽车功能相适应的检测诊断系统。对车辆故障诊断是以大数据分析为基础,维修方式主要以可视化的云智慧诊断分析提供车辆故障解决方案,一站式的汽车维修电子报告,彻底解决"过度维修"问题,科学诊断可大大提高维修质量和作业效率。

5. 汽车诊断数据共享成为可能

汽车故障诊断已发展成为运用现代化诊断设备进行综合分析的过程,先进系

统设备在汽车诊断中的运用为汽车诊断数据共享奠定了基础。汽车维修人员通过对汽车维修数据的查阅与检索,应用现代科学的汽车不解体检测诊断系统完成诊断维修作业流程,对车辆的动力性、经济性、安全性、制动性、排放性能等参数进行检测诊断,对车辆的状态和性能进行标准检测与精准诊断,可以为汽车排放污染治理提供大数据支持,为汽车维修质量的提高提供有效保障。

四、汽车排放污染诊断技术发展

随着汽车排放污染物控制要求的日益提高,汽车排放污染诊断新技术不断涌现,我国汽车维修诊断技术向现代汽车维修诊断技术快速转变。汽车排放污染诊断技术作为汽车检测诊断技术中的一种专项检测诊断技术,其发展道路与汽车检测诊断技术相似,但又不完全相同,主要经历了以下两个阶段:基础诊断阶段和智慧诊断阶段。为满足排放控制的要求,一系列的传感器、执行器和控制系统被应用在汽车上。这些装置的正常工作,确保了在用汽车对污染物排放的有效控制。以汽油车为例,与排放控制相关的主要器件按照传感器、执行器和机件分类排列,可以方便检查,见表1-1。

汽油车排放控制相关的主要器件列表 表1-1

序号	传 感 器	执 行 器	机 件
1	冷却液温传感器	废气再循环(EGR)阀	空气滤清器
2	上游氧传感器	火花塞	活性炭罐
3	下游氧传感器	分火线	曲轴箱强制通风(PCV)阀
4	空气流量传感器	分电器	燃油压力调节器
5	真空压力传感器	点火线圈	三元催化转换器
6	节气门位置传感器	喷油器	汽油滤清器
7	进气温度传感器	怠速电机	真空管
8	爆震传感器	电子节气门	节温器
9	凸轮轴位置传感器	二次空气泵	涡轮增压器
10	曲轴位置传感器	炭罐电磁阀	消声器
11	—	进气歧管驱动单元	进气歧管
12	—	可变气门正时系统(VVT)	排气歧管
13	—	混合比调节器	—

（一）基础诊断阶段

汽车生产厂家根据排放控制需要,采用了表1-1中多项器件的组合,每项器件都有相对应的检测诊断标准。作为基础诊断的项目,维修人员对车辆进行全方位的检测和诊断,确保全车装配的机件都处于良好的状态。对性能不良的机件进行修复,使车辆恢复到接近出厂时的状态,满足排放控制的要求。

1. 经验诊断阶段

随着汽车污染物排放控制要求的提高,排放控制技术飞速发展。汽车排放控制相关的主要机件在不断增加和替代,对全部机件逐一检测诊断,需要花费几十个工时,在讲究高效的现代社会无法满足实际需求的。

维修人员根据经验,将车辆排放污染超标故障的检测诊断分为两个阶段:初级经验诊断阶段和高级经验诊断阶段,两个阶段根据汽车污染物排放值,采用不同的诊断方法。

（1）初级经验诊断阶段。

汽车污染物排放控制的各个机件是相互影响的,诊断时应综合考虑。根据对汽车排放污染物超标原因的经验判断,在初级经验诊断阶段,对汽车排放污染物的单一成分超标,可划分出一个故障范围,对故障范围内的机件进行针对性的检测诊断,范围外的机件可以最后再检测诊断或不需要检测诊断,有效地减少了检测诊断项目,提高了效率。以汽油车为例,单一污染物超标的常见故障源如图1-2所示。

CO超标	HC超标	NO$_x$超标
1.高油压	1.缺火	1.发动机过热
2.进气堵塞	2.真空泄漏	2.废气再循环失效
3.氧传感器故障	3.废气再循环常开	3.正时提前
4.空气流量传感器故障	4.正时提前	4.积炭多
5.歧管压力传感器故障	5.缸压低	5.使用低标号汽油
6.喷油器滴漏	6.三元催化转换器失效	6.冷却液温度传感器故障
7.空气滤芯脏	7.积炭多	7.冷却系统故障
8.加速阀漏	8.冷却系统故障	8.三元催化转换器失效
9.三元催化转换器失效	9.喷油器不良	9.氧传感器故障
……	……	……

图1-2　汽油车单一污染物超标的常见故障源

（2）高级经验诊断阶段。

在实际维修治理中,污染物超标项目不止一项,排放污染物超标诊断是一个复杂的检测诊断过程。发动机排放控制是多系统的集合,各个系统相互影响。排放污染物的产生又互为影响,降低其中某些成分的生成,又会造成另外成分的增加,需要通过诊断来调整各个系统的工作状态,使发动机排放污染物各项成分达到符合排放标准的一个平衡状态。

在高级经验诊断阶段,结合汽车排放污染物的浓度数值,得出了对应排放物浓度的经典对照数值,汽油发动机排放污染物与工作状态的经验对照关系见表 1-2。

汽油发动机排放污染物和工作状态的经验对照关系表　　　　表 1-2

排放物	参考数值	发动机工作状态	主要关联系统
CO	>0.3%	混合气浓	进排气系统、燃油供给系统、排放控制装置及相关机械部分
HC	$>100\times10^{-6}$	汽油不完全燃烧/汽油蒸发	点火系统、燃油供给系统及相关机械部分
NO_x	$>500\times10^{-6}$	高温	冷却系统及相关机械部分
O_2	>1.0%	混合气稀	进排气系统、燃油供给系统、排放控制装置及相关机械部分
CO_2	<13%	燃烧质量差	点火系统、燃油供给系统及相关机械部分

通过对汽车排放物的检测,增加了对 CO_2 和 O_2 数值的判断,对照经典参考数值,高级经验诊断比初级经验诊断可以更快速和准确地定位车辆的超标故障源。

2. 理论分析阶段

利用检测关键数据,根据发动机的工作原理,结合污染物排放控制原理,从理论上可以分析故障原因,精确定位故障范围。

从发动机的工作原理可知,混合气的空燃比决定了五种排放物(排气五气: CO、CO_2、HC、NO_x、O_2)的浓度。空燃比的正常与否,直接体现了发动机的工作状态和控制污染物排放的器件正常与否。而单纯从汽油发动机排气五气的经验数值,并不能真正地体现空燃比浓稀的状态。

汽油发动机的排气五气浓度特征和空燃比的关系示意图如图 1-3 所示。

在排放超标故障诊断上,根据五种气体成分的变化趋势,判断混合气的空燃比是否理想,是汽油车排放超标诊断最重要的基础。当空燃比接近理想值后,通过 CO_2 和 O_2 的浓度,进一步分析发动机的燃烧状况是否理想,最终定位排放超标故障点。

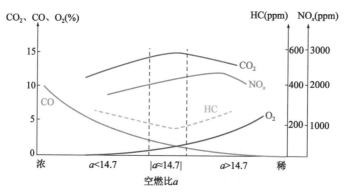

图 1-3　排气五气浓度特征和空燃比关系示意图

注：CO_2、CO、O_2 的单位为%，NO_x 和 HC 的单位为 ppm（10^{-6}），不同发动机的数值有较大区别，图中没有列出数值，但曲线的走势是相同的，为便于分析，经过转换处理，将 NO_x 和 HC 的曲线与 CO_2、CO、O_2 在同一图上显示。

（二）智慧诊断阶段

智慧诊断是在汽车排放污染物超标理论分析阶段的基础上，应用现代信息化技术手段来实现对汽车排放污染物超标故障的诊断。

汽车排放污染治理诊断技术的理论分析阶段，对检测诊断人员的素质要求较高，需要检测诊断人员熟练掌握发动机的工作原理和污染物排放控制原理，对发动机各个系统之间的制约关系非常了解，理论基础和实践经验结合能力强。

为了降低对检测诊断人员的能力要求，提高诊断的精准度和效率，汽车不解体检测诊断工作站应用"物联网+人工智能"的现代计算机技术，将多种检测诊断设备对故障车辆的检测数据共享到云计算平台，根据建立的汽车排放超标诊断模型，对发动机排放污染物各项成分，结合发动机各个系统互相控制、相互影响的关系进行分析和诊断，综合维修治理案例库的大数据分析结果，实现快速、精准地定位排气超标故障源和故障指数，引导诊断人员对超标车辆进行检测诊断，确定超标故障原因。

汽车排放污染诊断技术基础

随着汽车工业的发展,汽车对污染物的排放应用了各项控制技术,其中电子控制技术不可或缺。随着汽车排放法规日益严格,人们对发动机动力性、经济性要求越来越高,电子控制技术的广泛应用使得发动机电控系统越来越复杂,故障诊断难度加大。而电子控制技术的特点使得可以对系统传感器参数进行"自诊断",对异常的传感器信号进行报警。

汽车排放污染诊断中除了传统诊断技术的应用以及诊断人员经验的利用以外,现代诊断技术更强调利用各类检测工具和检测方法,融合各种信息源,经过逻辑推理,使得诊断更加精准和迅速。对基于车载诊断系统的汽车故障电脑诊断仪、汽车专用示波器、汽车排放污染物检测仪等专业检测诊断设备的操作应用,成为汽车排放污染治理维修从业者必须掌握的技能之一。

本章节首先介绍车载诊断系统及其发展,讲解其组成和工作原理,使读者更好地掌握如何利用车载诊断系统对发动机的监测功能进行故障诊断。其次介绍了故障代码和数据流的分析方法。故障代码可以为快速诊断提供判断依据。数据流是掌握控制流的数据信息,可帮助精确推理出故障源。波形图是对电控系统中的传感器、执行器和控制器之间的电信号以视觉输出的方式动态呈现,帮助诊断人员判断故障点。

第一节 车载诊断系统基础知识

一、车载诊断系统简介

车载诊断是车辆基于自身搭载的机械或电子传感器对某一系统(或零部件)的工作状态或工作性能进行直接或间接测量后,根据预先设定的判定逻辑判断该系统是否处于正常状态,并按照一定的规则存储,同时向驾驶员或维修人员提示已检测到故障的一种能力。而常用 OBD 表示的车载诊断系统,是车辆上为了实现车载诊断功能而设计制造的一整套硬件和软件系统的统称。

即便是对于一辆紧凑级车,其车辆上所配备的 OBD 的诊断能力也足以覆盖全部的机电系统,包括发动机、变速器和车身电气系统,在这个层面上所讨论的车载诊断功能可称为广义的 OBD。而本书所讨论的 OBD,是狭义的 OBD,特指与排放诊断相关的 OBD。排放相关 OBD 是广义 OBD 的一个特殊分支,它是出于环境保护的目的而被法律法规所强制要求具备的系统和功能。尽管排放相关 OBD 的损坏或者功能不完整并不会直接导致车辆排放的增加,但鉴于存在缺陷的排放相关 OBD 无法识别导致发动机排放增加的故障并及时告知驾驶员进行有效维修,因此主观故意制造、销售存在缺陷的排放相关 OBD 也是严重的违法行为,面临严重的法律制裁。

早期的排放相关 OBD(以下除非特别说明,均简称 OBD),如 1969 年和 1975 年分别应用于大众 Type3 和日产达特桑 280Z 的装置,主要是针对燃油喷射系统设计的,仅具备故障指示的能力。进入 20 世纪 80 年代,随着机动车排放污染问题的凸显和发动机电控系统的逐步推广,现代 OBD 的雏形初显。通过不同的故障指示灯(Malfunction Indicating Light,MIL)闪烁频率,OBD 已经具备输出故障代码(Diagnostic Trouble Code,DTC)的能力,但彼时的 OBD 尚未被用于排放控制和环保目的,仅作为新车生产线质量检查的现代化手段。直到 1988 年,环境和经济发展矛盾最突出的美国加利福尼亚州(简称加州)制定了一项地方法案,要求在加州销售的新车需配备基础的 OBD 功能,但并未要求车辆制造商采用标准化的数据接口和通信协议,这些问题直到 1996 年具有里程碑意义的 OBD Ⅱ 成为在全美国销售新车的强制性要求才被解决,并在此后逐步发展完善。

鉴于OBD能够有效预防因车辆"带病上路"而产生的额外排放,因此在全球范围内得到了普及。欧盟分别于2001年和2004年要求在成员国销售的汽油和柴油新车必须安装OBD。我国的轻型车和重型车新车OBD强制性安装要求分别始于2008年和2014年开始实施的轻型车国三和重型车国四排放标准。虽然起步较晚,但由于近几年加大了大气环境治理的力度,我国目前执行的国六排放标准中的OBD要求已经实现与欧美标准同步。

经过多年的发展,当前全球范围内已经形成了美国环境保护局(EPA)、加州执行的OBD Ⅱ和欧盟国家执行的EOBD两大技术体系。从诊断项目、诊断频率和诊断要求等方面来看,OBD Ⅱ较EOBD更为严格。在国五排放标准以前,我国的排放标准执行的是与欧盟一致的EOBD体系,但在国六排放标准的修订过程中,吸纳了大量OBD Ⅱ体系的先进经验,从而大幅强化了对机动车在用环节排放的控制力度。

无论是OBD Ⅱ还是EOBD,在经历多年发展后,都已形成严密的技术和监管法规体系,并具备以下共性特征:

(1)OBD已成为新车型式核准、生产一致性和在用复合性检查中的关键环节;

(2)具有明确的诊断要求,包括对象范围、监测频率、激活/消除故障标准;

(3)故障指示灯(MIL)、数据接口等OBD核心部件均有严格标准约束;

(4)故障代码(DTC)为标准化定义,并可通过规范化的通信协议向外部诊断设备(scantool)传输。

近年来,为了进一步强化对车辆实际行驶过程中排放的控制,出现了一种在OBD Ⅱ基础上增加了对外发送数据功能的OBD,即带有远程监控功能的OBD,也被称为"OBD Ⅲ"。这一远程监控理念起源于美国,已被我国的重型车国六排放标准所采纳,并在全国范围内实施。

二、OBD组成及原理

(一)OBD组成

OBD由软件和硬件组成。OBD软件的核心是故障诊断策略,其中主要包括了进行诊断(监测)的触发机制、故障判定逻辑、确认故障后的控制策略调整(除报警外,还可能涉及进入跛行模式以减少排放等),以及故障清除准则等内容。除诊断策略外,软件中的另一块重要内容是OBD的通信。OBD软件内置于发动机控制单元(ECU)中而非独立存在。

OBD 系统硬件主要由 ECU、传感器、执行器、故障指示灯(MIL)、OBD 连接器插口、线路等与发动机排放控制相关的子系统组成,图 2-1 给出了一个典型 OBD Ⅱ硬件构成的示意图。

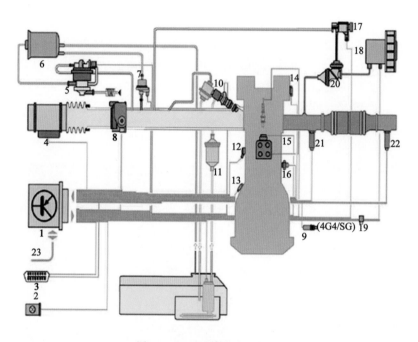

图 2-1 OBD Ⅱ硬件构成示意图

1-发动机控制单元;2-MIL;3-诊断接口;4-空气流量传感器;5-燃油供给系统诊断泵;6-活性炭罐;7-活性炭罐电磁阀;8-节流阀体;9-车速传感器;10-1-4 缸喷油器;11-燃油滤清器;12-爆震传感器;13-发动机转速传感器;14-相位传感器;15-点火模块;16-冷却液温度传感器;17-二次空气电磁阀;18-二次空气泵;19-二次空气泵继电器;20-二次空气组合阀;21-前氧传感器;22-后氧传感器;23-CAN 总线

需要说明的是,OBD 中的绝大多数硬件并非是为了实现 OBD 功能而专门设置的。出于成本和可靠性的考虑,车辆制造商更倾向于采用车辆已有的硬件来实现诊断功能,例如发动机的失火监测就是借助曲轴或凸轮轴传感器提供的转速信号来实现的。但是,当现有硬件不足以支持 OBD 诊断需求时,制造商也会新增传感器以满足排放法规不断提升的诊断要求,用于监测三元催化转换器和颗粒捕集器性能的后氧传感器和压差传感器就是非常典型的例子。

（二）OBD 原理

当车辆处于正常工作状态时,电控系统中各传感器的输出信号通常呈现规律性或周期性的变化。而当一个系统或零部件故障出现时,这种规律性或周期性将会被打破,这一特征构成了 OBD 诊断的基本逻辑。仍以失火监测为例,当发动机不存在失火时,曲轴或凸轮轴传感器所检测到的稳态转速信号是与转速成正比的周期性高低电平方波,而一旦出现失火,这种周期性将被破坏。另外一些监测中,虽然周期性不一定被破坏,但是传感器的输出可能会与正常值存在显著差异,如对三元催化转换器储氧能力的诊断。

应当说明的是,在实际车辆上进行诊断时,由于各系统部件工作时都不可避免地受到振动、热和电磁场的影响,加之多变的车辆工况,OBD 的诊断策略比上述原理性介绍要复杂得多。为了剥离存在的各种影响,常常还会采用多传感器输出配合的故障判定逻辑,具体方法因车辆配置和诊断设计思路的不同而存在很大的差异。

当一个故障首次出现时,根据轻型车国六排放标准的要求(同美国 OBD Ⅱ),OBD 应在 10s 内存储一个未决故障代码,并同时指示出可能存在的故障。如果这一故障没有在下一次诊断时复现,则可以清除未决故障代码。如果存储为未决故障代码的故障在进行下一次诊断时再次出现,则 OBD 将存储一个确认故障代码并且点亮故障指示灯(MIL)。

在 MIL 被点亮后的至少三个连续驾驶循环(从车辆起动到熄火的过程被定义为一个驾驶循环)中,如果该故障未被再次检测到,并且也未出现其他符合 MIL 点亮规则的故障时,则可以熄灭 MIL。需要注意的是,清除确认故障代码的要求较熄灭 MIL 要严格得多,只有在确认故障代码被存储后的 40 个连续暖机驾驶循环中都未检测此前的故障或均未达成点亮 MIL 条件时,才可以清除确认故障代码。

三、排放相关 OBD 监测

（一）OBD 主要监测项目

自我国排放标准中增加 OBD 要求以来,对于装用点燃式发动机的汽车,主要要求对以下几类故障进行诊断监测:

（1）催化器/加热型催化器监测;

（2）失火监测;

(3)蒸发系统监测;

(4)二次空气喷射系统监测;

(5)燃油供给系统监测;

(6)排气传感器监测;

(7)废气再循环(EGR)系统监测;

(8)曲轴箱强制通风(PCV)系统监测;

(9)发动机冷却系统监测;

(10)冷起动减排策略监测;

(11)汽油车颗粒捕集器(GPF)系统监测;

(12)综合部件监测。

对于装用压燃式发动机的汽车,主要要求对以下几类故障进行诊断监测:

(1)非甲烷碳氢(NMHC)催化器系统监测;

(2)氮氧化物(NO_x)催化器系统监测;

(3)失火监测;

(4)燃油供给系统监测;

(5)排气传感器监测;

(6)废气再循环(EGR)系统监测;

(7)增压压力控制系统监测;

(8)NO_x吸附器监测;

(9)柴油车颗粒捕集器(DPF)系统监测;

(10)曲轴箱强制通风(PCV)系统监测;

(11)发动机冷却系统监测;

(12)冷起动减排策略监测;

(13)可变气门正时(VVT)系统监测;

(14)综合部件监测。

(二)OBD 主要监测项目原理

1. OBD 对催化效率的监测

为监测催化转换器效率,即催化转换器将 HC 转化为 CO_2 和 H_2O 的能力,具有 OBD 功能的控制系统在三元催化转换器下游增加氧传感器,通过监测下游氧传感器的输入变化来确定催化转换器的储氧能力。催化转换器上游的氧传感器检测进入排气管的废气中氧的浓度,当发动机稀燃时,进入排气管的废气中氧的浓度较高,上游氧传感器发出较高频的电压信号,废气经过催化转换器时,催化转换器储存废气中的氧,催化转换器下游氧传感器发出的电压信号频率将低于上游氧传感器发出电压信号频率。如果催化转换器性能下降或损坏,催化转换器下游氧传感器发出的电压信号频率将接近或等于上游氧传感器电压信号频率,当两者电压信号频率之差小于某个限值时,电控系统将视为故障,如果在三个行驶循环中都发生,故障指示灯将点亮,如图 2-2 所示。

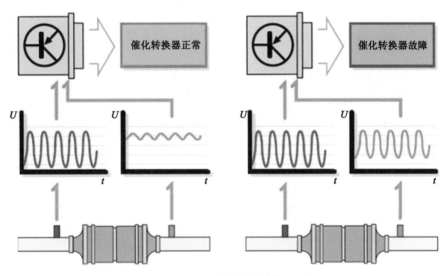

图 2-2　OBD-Ⅱ对催化转换效率的监测

2. 发动机失火监测

发动机一旦失火(某个汽缸混合气未能点燃燃烧),未燃烧的含有大量 HC 的混合气将排入排气管,再进入催化转换器,当催化转换器将大量的 HC 转化为 CO_2 和 H_2O 时,催化转换器将过热,甚至多孔状载体可能被烧融成为实心状,而使转换效率降低甚至丧失,因此必须对发动机失火进行监测。

对发动机失火的监测方法主要是通过曲轴转角传感器检测曲轴做功行程的转速加速度,即监测每个汽缸对发动机功率的贡献。发动机正常工作情况下,每个汽缸做功行程曲轴都有一个稳定的加速度,如果某个汽缸失火,该汽缸做功行程曲轴加速度将异常,从而被判定失火。

发动机失火会导致发动机曲轴转速不稳。根据这一特性,发动机 ECU 根据发动机的曲轴转速传感器来监控发动机曲轴旋转平稳情况。发动机失火会改变曲轴的圆周旋转速度。通常发动机转动不是匀速的,每缸在做功时都有一个加速,不做功就没有加速。四缸机每转动 720° 应有 4 个加速。

正常情况下,发动机压缩、做功,先是减速后是加速,属于正常现象。当发动机失火时,除了发动机压缩期间转速瞬时有所减缓外,由于发动机失火,缺乏做功时的加速,因此,发动机失火时的转速波动极大。发动机 ECU 可以通过安装在曲轴上的转速/位置传感器来感知瞬时的角速度变化情况,从而确定哪一缸出现失火,如图 2-3 所示。

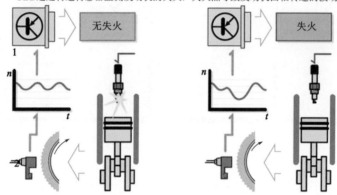

图 2-3　OBD-Ⅱ 对发动机失火的监测

3.氧传感器监测

发动机排放最主要的影响因素是发动机燃油供给系统,根据发动机工况适时地调节发动机燃油供给量是排放控制最重要的工作。燃油供给量是通过氧传感器反馈的电压信号进行闭环控制的。当稀混合气燃烧时,排出废气中的氧含量较多,氧传感器反馈较高频的电压信号,控制单元判定发动机处于稀燃状况,系统将保持现有燃油供给,以利于排放控制;当浓混合气燃烧时,排出废气中的氧含量较少,氧传感器反馈较低频的电压信号,控制单元判定发动机处于富油燃烧,即调节喷油器喷射脉宽,减少喷油量。因此,对氧传感器的监测至关重要。

对氧传感器的监测方法是:当氧传感器反馈信号总保持高频率或低频率,此时系统将多次改变燃油供给量检验传感器响应,如果传感器响应缓慢或无响应即判定传感器有故障,此外氧传感器信号超出正常范围也判定为故障,故障码将被储存在控制单元中,当两个行驶循环均出现,故障指示灯将点亮。如图 2-4 所示为对氧传感器的监测。

氧传感器是进行 λ+控制的关键部件,OBD对氧传感器的监测包括:
- 氧传感器加热
- 氧传感器电气特性的测试
- 氧传感器的响应特性和老化特性

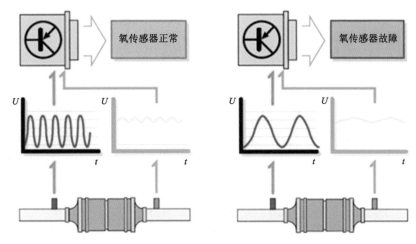

图 2-4　OBD-Ⅱ对氧传感器的监测

4.废气再循环监测

配装废气再循环(EGR)装置的发动机,系统将对废气再循环系统工作状况进行监测。监测方法一般有两种,一种是在废气再循环阀下方设计一个量孔,在量孔两侧都用压力管与压力监测传感器相通,检测量孔两侧的压力,通过压力差即可直观地判定废气再循环的工作情况,并可了解 EGR 阀的关闭情况。另一种方法是 EGR 阀设计一个升程传感器,直接检测 EGR 阀开启和关闭情况,缺点是 EGR 阀封闭不严或漏气时无法监测。

监测系统根据设定的压力差关系判定废气再循环系统工作是否符合规定要求。出现异常系统将判定为故障,故障码将被储存在控制单元中,当两个行驶循环均出现,故障指示灯将点亮,如图 2-5 所示。

5.燃油蒸发控制系统监测

为防止燃油箱燃油蒸气直接排放大气,对其排放控制的方法是通过活性炭进行吸附,然后再利用发动机进气管的真空度吸入汽缸参与燃烧。活性炭罐与发动机进气管间设计有常闭的控制阀,控制单元根据发动机工况按预先设定开启控制阀,利用发动机进气管的真空度将燃油蒸气从活性炭罐脱附并吸入发动机燃烧。

OBD对废气再循环系统的监测:

　　OBD通过空气流量传感器监测废气再循环阀的开关状态,当废气再循环阀打开的情况下,发动机控制单元必须接收到空气流量减少的信号

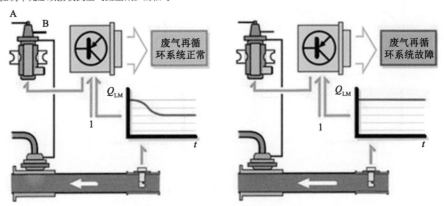

图2-5　OBD-Ⅱ对废气再循环系统的监测

　　燃油蒸发控制系统的工作情况,一般是通过监测开启控制阀的开闭状况得到,在控制阀的两端设计有真空度传感器,不仅监测控制阀的开启,还可监测管路是否泄漏以及油箱盖是否丢失,每个行驶循环都要进行监测,发现异常故障指示灯将点亮,如图2-6所示。

6.二次空气喷射系统监测

　　为更彻底地将排气中的 CO 和 HC 氧化成 CO_2 和 H_2O,较多的汽车都配装有二次空气喷射装置,配装二次空气喷射装置的汽车,排气催化转换器一般有两个转换床。第一节为还原床,将排气中的 NO_x 还原成 N_2 和 CO_2。第二节为氧化床,二次空气喷射到氧化床之前,在氧化床中过量的 O_2 将废气中的 CO 和 HC 烧掉。

　　配装有二次空气喷射装置的汽车允许较浓混合气,以满足汽车各种工况混合气下排放要求。二次空气的喷射是通过空气喷射泵、管路、控制阀将空气喷入排气管,控制阀根据发动机工况通断进入排气管的二次空气流,在发动机浓混合气工况时,引入空气流。

OBD对燃油蒸发控制系统的监测：

OBD通过前氧传感器对燃油蒸发控制系统进行功能监测。电磁阀的工作会导致空燃比发生变化，此时氧传感器输出的电压必须变化，对应的λ值也发生变化

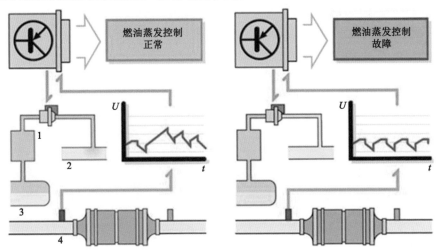

图2-6 OBD-Ⅱ对燃油蒸发控制系统的监测

对二次空气喷射系统的监测有被动监测和主动监测。被动监测是通过空气喷口下游的氧传感器信号对空气喷射的情况进行监测，当空气泵工作时，此时氧传感器的电压信号应该是低频电压，当空气泵关闭，氧传感器的电压信号应该是高频电压，否则系统将判定为有故障，系统将进行主动监测。一旦进入主动监测程序，系统控制单元将交替接通和关闭进入排气管的空气流，同时监测氧传感器电压信号的变化情况以及对燃油喷射量调节，当空气流接通时，氧传感器应反馈低频电压信号，并短暂调高燃油喷射量。如连续两次测试不通过，故障指示灯将点亮，并在控制单元中储存故障码，如图2-7所示。

7. 综合部件监测

为使系统各部件按设定协同工作，保证发动机工作在理想的状态，系统设计有综合部件监测器，对输入和输出进行监测（监测的目的不一定都是排放控制的需要，更有汽车的动力性、经济性的考虑）。

对输入信号监测主要是判断是否存在短路、断路或输入信号超出正常范围，并通过其他相关传感器反馈信号进行推理和逻辑判断，确定输入是否正常，系统主要监测以下输入：

（1）氧传感器；

（2）进气空气流量传感器；

（3）冷却液温度传感器；

（4）进气温度传感器。

系统通过下列传感器的基础信号对监测的输入进行推理验证：

（1）点火位置传感器（识别曲轴上止点）；

（2）汽缸识别传感器（识别压缩终了）；

（3）曲轴转速传感器（感知曲轴转速）；

（4）点火检测传感器（感知点火电压脉冲）；

（5）车速传感器（感知车速）。

OBD对二次空气喷射系统的监测：

OBD通过前氧传感器对二次空气喷射系统进行功能监测，在二次空气喷射系统工作的情况下，氧传感器输出的电压极低，对应的λ值达到上限

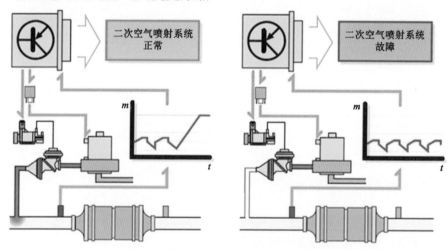

图 2-7　OBD-Ⅱ对二次空气喷射系统的监测

如：通过发动机曲轴转速传感器感知的曲轴转速来推理验证进气空气流量传感器流量信号和节气门位置传感器信号的变化，节气门位置保持不变时转速升高，空气流量应上升，否则将判定为有故障。

对输出信号的监测方法是：控制单元监测输出端的电压，如执行线圈、继电器的端电压。如控制单元指令接通则电压应该下降、指令断开时电压应该升高，当回路短路、断路，再根据指令状态即可判定故障。系统主要监测以下输出：

(1)空调自动切断继电器(当大负荷时自动切断空调);

(2)自动变速器换挡电磁阀(电磁阀通断组合实现换挡动作);

(3)变矩器锁止电磁阀(接通时变矩器锁止);

(4)自动变速器油压控制电磁阀(调节变速器控制油压);

(5)氧传感器加热器(使氧传感器升温达到工作状态);

(6)冷却风扇控制继电器(根据发动机冷却液温度控制风扇转速)。

第二节　故障码分析

一、诊断模式

一辆正常运转的汽车,其电控系统内部传递的信息通常有正常和请求两种发送模式。正常信息是在无须请求的情况下,由控制系统主动发送的,往往被用于车辆的控制。而绝大多数 OBD 给出的诊断信息则属于请求信息,即 OBD 在收到另一个控制器发出对某些特定字段的信息发送请求后,才会输出相应的数据信息,这种工作模式有时也被称为轮询或事件驱动方式。

OBD 收到的诊断信息发送请求在大多数情况下都是通过外部诊断设备(scantool)发送的。为了满足不同的 OBD 使用需求,在当今的 OBD 中都预设了 10个不同的诊断模式(mode)/服务(service),表 2-1 中给出了每个代码对应的模式功能。

OBD 诊 断 模 式　　　　　　　　　　　　　　　表 2-1

代码	定　　义
$01	请求提供当前动力总成诊断数据
$02	请求提供动力总成的冻结帧数据
$03	请求与排放有关的诊断故障代码(确认 DTC)
$04	清除/重置与排放有关的诊断信息
$05	请求氧传感器监测测试结果
$06	请求获得特定系统部件的诊断监测状态
$07	请求在当前或最后完成的驾驶循环中检测到的与排放有关的诊断故障码(待决 DTC)
$08	请求控制车载系统、测试装置或组件

续上表

代码	定 义
$ 09	请求提供车辆信息
$ 0A	请求与排放有关的永久诊断故障代码(永久 DTC)

1. 模式 $ 01(请求提供当前动力总成诊断数据)

模式 $ 01 是 OBD 中最关键和最常用的诊断模式。该模式下,可以查看当前发动机所支持的全部运行参数的实时值,也就是维修行业中广泛应用的数据流。根据 SAE J1979 标准中的定义,在模式 $ 01 下,OBD 理论上可以输出超过 100 项运行参数。但由于不同车辆搭载的硬件存在差异,以及制造商提供的数据权限问题,大多数车辆可以读取的信息为 40~60 个参数。

2. 模式 $ 02(请求提供动力总成的冻结帧数据)

模式 $ 02 的目的是在 OBD 存储一个确认故障代码(confirmed DTC)时,将该时刻的全部可读取运行参数截取保留,以便后续进行维修和排放缺陷调查。由于模式 $ 02 中保存的数据信息仅是 DTC 存储时刻的单一数据,因此通常被称为冻结帧(freezeframe)数据。

3. 模式 $ 03/04[请求/清除与排放有关的诊断故障代码(确认 DTC)]

模式 $ 03 下显示目前存在的确认 DTC 和对应的故障信息,或者也可以理解为导致 MIL 点亮的 DTC 信息,待决 DTC 的信息在模式 $ 07 中显示。而模式 $ 04 更像是一个开关,该模式中并不存储任何 OBD 诊断数据,触发该模式后将会被询问是否确认清除当前 OBD 中的确认 DTC(永久 DTC 无法通过模式 $ 04 清除)。

4. 模式 $ 05(请求氧传感器监测测试结果)

模式 $ 05 对于 2008 年以前年款的车型可以显示与氧传感器监测相关的数据信息,但是随着基于控制器局域网(CAN)总线技术的 ISO 15765—4 协议在新款车型上的普及,模式 $ 05 的功能已经被整合进入模式 $ 06,对于采用 ISO 15765—4 协议的车型,该模式无效。

5. 模式 $ 06(请求获得特定系统部件的诊断监测状态)

模式 $ 06 中汇总了连续监测(如汽油车的失火监测)和非连续监测(如催化转换器系统)系统部件的诊断监测状态。模式 $ 06 中的信息对于环境主管部门开展的 OBD 功能性检查(如在用车年检中的 OBD 查验)至关重要,因为模式 $06 中所显示的各系统部件的诊断监测状态(就绪、未就绪、不适用),是确定在当前状态下车辆 OBD 是否已完成对相关系统部件诊断的根据。简单举例,如果一辆被检车辆显示当前无 MIL 和确认 DTC,但是其模式 $06 中的各系统部件监测状态为"未就绪",则需怀疑该车的 OBD 是否刚刚执行过模式 $04 操作,各系统部件的监测条件尚未达成,以至于无法给出故障指示。

6. 模式 $07[请求在当前或最后完成的驾驶循环中检测到的与排放有关的诊断故障码(待决 DTC)]

模式 $07 获取当前或最后完成的驾驶循环中检测到的与排放有关系统部件的待决 DTC,也可以理解为在类似工况下只被检测到一次的故障。需要注意的是,模式 $07 中显示的待决 DTC 可能反映了一个偶发性的故障,也可能是由于外部条件干扰而形成的一个假性故障。按照前面介绍的 OBD 工作原理知识,模式 $07 中存储的待决 DTC 并不会导致 MIL 点亮。但一旦模式 $07 中存储的故障在接下来的驾驶中复现,则该故障将成为一个确认 DTC 被存储进入模式 $03 中,同时 MIL 将被点亮。模式 $07 与模式 $03 在 DTC 存储格式上是相同的,所不同的是存储的 DTC 状态。

7. 模式 $08(请求控制车载系统、测试装置或组件)

模式 $08 的目的是使外部诊断设备能够控制车载系统、测试装置或组件的运行。数据字节是根据 SAE J1979-DA 中每个测试 ID 的需要而指定的,并且对每个测试 ID 来说都是唯一的。这些数据字节通常有以下用途:

(1)打开车载系统/测试装置/组件的电源;

(2)关闭车载系统/测试装置/组件;

(3)循环车载系统/测试装置/组件"n"s。

响应信息中这些数据字节的主要用途是反馈系统状态或测试结果。模式 $08 在维修中的应用广泛,这个模式对于 OBD 数据收集而言并无用处。

8. 模式 $09(请求提供车辆信息)

模式 $09 提供车辆的识别信息,在较早标准的 OBD 中,车辆识别信息可能只包括车辆识别代码(VIN)。而随着排放法规的进步,为了防止可能的发动机系统和标定数据篡改行为,当前的 OBD 中还需提供软件标定识别码(CALID)和标定验证码(CVN),以便检验车辆的标定信息是否与制造商申报的版本一致。

9. 模式 $0A[请求与排放有关的永久诊断故障代码(永久 DTC)]

模式 $0A 显示车辆当前存在的永久 DTC 信息。在一个点火循环结束前,如果已有一个确认 DTC 正在导致 MIL 点亮,则该 DTC 应被存储为永久 DTC 并写入非易失存储器(NVRAM)中。永久 DTC 在故障确认消失前,无法通过切断 ECU 电源或使用外部诊断设备清除,也就是模式 $04 对于永久 DTC 无效。只有在车辆经过正确维修并行驶充足里程,OBD 达到足够监测次数且被记录的永久 DTC 故障未复现时,永久 DTC 才能自行消除。

二、故障代码

无论对于生态环境主管部门还是维修人员,故障代码都是 OBD 中最关键和有价值的信息。前面已经介绍过,在 OBD 的 10 个诊断模式中,模式 $03(确认 DTC)、模式 $07(待决 DTC)和模式 $0A(永久 DTC)都与 DTC 直接相关。在轻型车执行的 SAE J1979 标准中,故障代码由第一位字母和后四位数字共同组成。SAE J1979 为故障代码定义了四个前缀字母 P、B、C、U,分别指示分属于动力总成、车身、底盘和网络系统的故障。

图 2-8 所示为 SAE J1979 标准中以 2 字节形式给出的五位故障代码释义。第一字节的前两位以二进制形式表达一个 16 进制数,用于表示故障代码所属的系统(即 P、B、C、U),前两位为 00 时代表 P,为 01 时代表 C,为 10 时代表 B,为 11 时代表 U。第三位和第四位也以二进制表达一个 16 进制数(对应 0~3 的数值),当第三位和第四位为 00 或 10 时(对应 16 进制数字 0 或 2),则表示该故障代码是由 SAE 标准定义的,为 01 或 11 时(对应 16 进制数字 1 或 3)表示该故障代码为制造商自定义。第一字节的后四位、第二字节的前四位和后四位分别共同表示一个 16 进制数,对应故障代码的后三位数字。其中,故障代码的第二位数字代表了动力总成中不同的分系统,0 和 9 目前为预留、1 和 2 均为燃油和进气计量(2 特指与喷油器有关)、3 为点火系统或失火、4 为辅助排放控制系统、5 为车速和怠速控制系统、6 为控制单元输出电路、7 和 8 为变速器和传动系统。

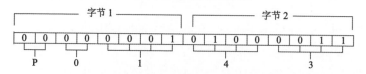

图 2-8 SAE J1979 故障代码释义

图 2-8 中的故障代码为 P0143,解读前三位可知,这是动力系统的故障、由 SAE 标准定义、与燃油和进气相关。因为该故障为 SAE 标准定义,通过查询 SAE J1979 标准的电子附件(DA)或 SAE J2012 可知,故障代码的后两位 43 代表 Bank1Sensor3 位置的氧传感器电路输出电压低。

第三节 数据流分析

汽车电子控制系统的出现,使得汽车故障诊断技术变得更为复杂,机电热一体化、机电光一体化、机电声一体化使汽车成为高新技术综合应用的一个组合体,一旦汽车出现故障,故障诊断就变成多种技术的复合应用,要在这个多样的、复杂的技术集合中找到故障的最终发生位置即故障点,需要各种检测试验技术的综合应用。为此,首先了解汽车电子控制系统与电子控制汽车系统的区别以及汽车电子控制系统测量方式特点是非常有必要的。

汽车电子控制系统是指以计算机为核心的汽车控制系统,例如:发动机电子控制系统、自动变速器电子控制系统等。汽车电子控制系统由硬件和软件两个部分组成:硬件包括传感器、控制电脑和执行器,软件主要是指控制程序。从故障诊断的角度来看,汽车电子控制系统的控制程序对故障诊断的影响要比硬件结构大得多。硬件系统的故障是比较容易从测试中发现的,如果对控制过程和控制逻辑了解不够就很难正确把握故障。

与汽车电子控制系统不同,电子控制汽车系统在汽车电子控制系统之上加入了机械和液压控制系统。例如,自动变速器电子控制系统主要包括传感器、控制电脑和执行器,而电子控制变速器系统则是在传感器、控制电脑和执行器的基础上,加入液力变矩器、齿轮变速机构和液压控制装置等组成的。

对于电子控制汽车系统,在故障诊断中还要充分注意到其机电液一体化的特征,机液传动和电子控制之间是相互影响的,可以说是机中有电、电中有机,也就是说机械故障可以表现为电控症状,电控故障也可以表现为机械症状。在测试分析电控系统故障时,不要忘记机械系统的影响。同样,在测试分析机械系统故障时也不能忽视电控系统的影响。

一、数据流输出

汽车数据流是通过专业诊断设备从 OBD-Ⅱ 诊断接口读取出来的汽车电控系

统实时监测数据,包括传感器检测数据、执行器控制数据和 ECU 之间进行交流的数据参数变化等。由于数据流显示的是一段时间之内汽车的信息,因此在不同时间以及不同环境之下数据流都会产生变化,通过汽车数据流的变化能够轻松掌握传感器传达的信息、执行器工作的控制及反馈,这些信息能够为汽车维修人员提供有效的参考。

数据流的输出方式包括电压、电流、频率、压力、开关状态、占空比等形式。数据流有一定直观性,响应速度较快。其中发动机控制系统的数据流最为常见。了解发动机控制系统数据流的原理是排除发动机故障的前提条件之一。

发动机数据流包括了发动机各系统、各传感器、执行器的工作状况,彼此之间紧密联系,但是,不同故障码的数据流也不完全相同,不同工况下相同故障码的数值也不都是相同的,认清其相互关系是正确理解数据流的先决条件。常见数据流列表见表 2-2。

常见数据流列表 表 2-2

参 数 名 称	数 值	单 位	控 制 模 块
发动机校准监测	不存在	—	发动机控制模块
发动机校准监测标识符	未编程	—	发动机控制模块
发动机转速	842	r/min	发动机控制模块
发动机正时	已同步	—	发动机控制模块
发动机冷却液温度传感器 1	93	℃	发动机控制模块
发动机冷却液温度传感器 2	97	℃	发动机控制模块
进气温度传感器	38	℃	发动机控制模块
进气温度传感器 2	48	℃	发动机控制模块
环境空气温度	31	℃	发动机控制模块
发动机润滑油温度传感器	94	℃	发动机控制模块
发动机润滑油温度	94	℃	发动机控制模块
冷起动	否	—	发动机控制模块
总发动机质量空气流量	3.01	g/s	发动机控制模块
质量空气流量传感器	2.99	g/s	发动机控制模块
发动机负荷	21.2	%	发动机控制模块
加速踏板位置	0	%	发动机控制模块
节气门位置	10	%	发动机控制模块

参 数 名 称	数 值	单 位	控 制 模 块
歧管绝对压力传感器	27	kPa	发动机控制模块
增压压力传感器	100	kPa	发动机控制模块
涡轮增压器旁通电磁阀指令	不活动	—	发动机控制模块
涡轮增压器废气门位置传感器	0	%	发动机控制模块
凸轮轴位置执行器系统指令状态	高升程	—	发动机控制模块
大气压力传感器	100	kPa	发动机控制模块
曲轴箱通风软管接头压力传感器	0.00	kPa	发动机控制模块
计算的大气压力	0	kPa	发动机控制模块
环境温度	22	%	发动机控制模块
空气/燃油当量比指令	1.00	含氧传感器	发动机控制模块
燃油控制回路状态	已关闭	—	发动机控制模块
喷油器占空比	0.77	ms	发动机控制模块
加热型氧传感器 1	1.01	含氧传感器	发动机控制模块
加热型氧传感器 2	0.71	V	发动机控制模块
短期燃油修正	1	%	发动机控制模块
长期燃油修正	2	%	发动机控制模块
燃油修正记忆单元	14	—	发动机控制模块
功率增强	不活动	—	发动机控制模块
减速燃油切断	不活动	—	—
燃油经济性模式	不活动	—	—
燃油经济性	1.0	L/h	—
蒸发排放吹洗电磁阀指令	0	%	—
蒸发排放吹洗电磁阀指令	通风	—	发动机控制模块
燃油箱压力传感器	1.5	V	发动机控制模块
燃油箱内的剩余燃油	59.2	%	发动机控制模块
点火正时	2.0	°	发动机控制模块
动力模式	运行	—	发动机控制模块
点火电压	12.7	V	发动机控制模块
点火 1 信号	点亮	—	发动机控制模块

续上表

参 数 名 称	数 值	单 位	控 制 模 块
蓄电池电压	12.5	V	发动机控制模块
点火附件信号	点亮	—	发动机控制模块
发动机控制点火继电器指令	点亮	—	发动机控制模块
发动机控制点火继电器反馈信号	12.6	V	发动机控制模块
发动机控制点火继电器反馈 2 信号	12.6	V	发动机控制模块
降低发动机功率历史	无	—	发动机控制模块
DTC 请求故障指示灯	是	—	发动机控制模块
巡航控制	停用	—	发动机控制模块
限速/警告	不活动	—	发动机控制模块
燃油压力传感器	453	kPa	发动机控制模块
燃油导轨压力传感器	11.6	MPa	发动机控制模块
当前燃油类型	汽油	—	发动机控制模块
燃油导轨压力调节器指令	18	%	发动机控制模块
燃油消耗率	0.20	g/s	发动机控制模块
驻车挡/空挡位置开关	在挡位	—	发动机控制模块
当前挡位	未知	—	发动机控制模块
制动踏板位置传感器信号	已释放	—	发动机控制模块
制动踏板位置传感器	0	%	发动机控制模块
空调压缩机离合器继电器指令	关闭	—	发动机控制模块
发动机润滑油油位开关	确定	—	发动机控制模块
发动机润滑油压力	184	kPa	发动机控制模块
发动机润滑油绝对压力传感器	288	kPa	发动机控制模块
计算的发动机润滑油压力	188	kPa	发动机控制模块
车速传感器	0	km/h	发动机控制模块
自清除 DTC 起的预热	0	计数	发动机控制模块
无排放故障的预热	0	计数	发动机控制模块
无非排放故障的预热	0	计数	发动机控制模块
自清除 DTC 起行驶的距离	0	km	发动机控制模块
发动机运行时间	00:12:37	—	发动机控制模块

数据清单可以显示车辆的数据和参数。车辆不同,数据清单的选项中就可能会有不同的数据列表。查看数据清单时,采用上下导航箭头按键来滚动选择参数。左右箭头按键用于数据列表翻页,以便节省时间,如图 2-9 所示。

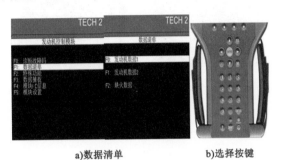

a)数据清单　　　　　　　　b)选择按键

图 2-9　数据清单和选择按键

在数据清单选项下,最多只可能锁定五组数据参数。锁定参数时请按下"选择项目"软键,如图 2-10 所示。

使用上下箭头键在参数显示界面上移动高亮显示栏,以便于选择参数,然后按下"ENTER"键。选中的参数将出现星号。锁定参数后,按下"接受"键以便于返回到数据显示界面,如图 2-11 所示。

图 2-10　"选择项目"键　　　　　图 2-11　数据显示的"接受"按键

清除某一数据:按下"选择项目"键,然后再次选择该参数。清除所有参数:按下"清除所有"键,然后按下"接受"键,即可清除所有锁定的参数。清除按键如图 2-12 所示。

从数据清单界面上选择"快速信息捕捉"键,即可进行数据获取。按下该键后即开始记录数据,若存储装置中之前已存储了两组数据,则本次捕获的数据将会替换掉其中的一组。

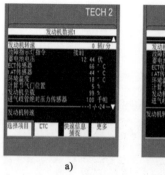

图 2-12　数据显示的清除按键

　　还有其他多个键。"前一画面"和"下一画面"软键用于在数据清单之间转换而不用退出,"更多"键可以显示其他的键选项。

二、故障数据存储

(一)数据捕捉

图 2-13　数据捕捉功能界面

　　数据捕捉功能可以即时存储汽车控制器内的数据,此功能常用于诊断间歇性故障。进行数据捕捉时,可以从数据捕捉主菜单进入。如果要执行"快速数据捕捉",则可以使用"数据清单"中的软键来操作(图 2-13)。快速数据捕捉捕获的是触发点后的数据。

　　触发类型和触发点可以在数据捕捉菜单中进行选择。触发类型选项主要用来决定数据捕捉是如何来触发的。高亮度显示的为数据捕捉的默认选项。为改变默认选项,可使用上下箭头和"ENTER"按键进行选择。

　　1. 手动触发

　　按下"触发"键,即可启动手动触发数据捕捉程序,即使当使用"任一代码"或者"单一代码"时,仍然可以使用该功能。

　　2. 任一代码

　　当选择"任一代码"时,任何一个故障码都会触发数据捕捉功能。若在开始数据捕捉之前故障码已存储于个人计算机卡(PCMCIA 卡)中,则 Tech2 将马上被触发。因此,应确保在选择触发点之前清除任何不必要的故障码。

3. 单一代码

只有当用户指定的故障码被设置时,才会触发数据捕捉。

（二）触发点

触发点是进行数据捕捉的基准点。触发点可在数据捕捉的起点、中点或终点位置进行设置。

1. 起点

起点触发是指从触发点处开始记录信息。直到存满存储空间或用户手动按下"EXIT"按键来停止数据捕捉。

2. 中点

中点触发可以捕获触发点之前和之后的数据,以方便使用者比对数据。

3. 终点

终点触发捕获的是触发点之前的数据。

（三）记录快检数据

设置触发点选项后,按下"记录数据"软键即可开始记录。

1. 选择数据

选择一个数据列表来记录数据,只有显示屏上列举的数据方可进行记录。

2. 数据列表

可以按照数据清单中同样的方法来处理所选择的数据,例如,可以锁定数据参数。

3. 触发

当预设定的触发发生时,字符"触发"将会在右上角闪烁,表明数据正在被记录在存储卡上。

4. 数据记录

除非 Tech2 存储卡的容量不足或者用户按下"EXIT"按键,否则数据记录将一直运行。若在数据记录过程中,按下"EXIT"按键,则会减少数据的记录量。当完成数据记录后,Tech2 显示屏上将显示提示信息。按下"继续"软键即可显示存储的快检数据。

5. 完成数据记录

表明已经完成数据记录,这帧是触发点的数据,存储的数据捕捉信息将以帧的形式显示。显示触发点之前的信息时,会有负号(−)出现。

(四)数据导航

使用"前一画面"和"下一画面"软键来对整个数据捕捉的页面进行导航,如图 2-14 所示。

按下"更多"软键即可看到更多的键选项。"自动向前"和"自动向后"键可以快速浏览存储的页面。如果想查看特定的存储页面,按下"停止"键即可。如图 2-15 所示。

图 2-14　画面软键

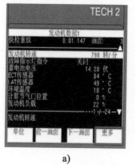

图 2-15　更多及自动软键

(五)存储快检数据

在存储快检数据前,先要根据存储的日期和时间进行存储数据选择;为方便进行存储数据选择,应务必确保 Tech2 内部的时间是准确的,如图 2-16 所示。

(六)查看获取数据

查看存储数据的另一个方法就是在 Tech2 开启时选择主菜单上的"查看获取数据"选项。

运用绘图功能可以将已存储的快检数据以图形的形式查看。通过目测方法可以确定数值的改变情况,如图 2-17 所示。

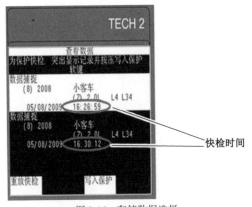

图 2-16 存储数据选择 　　　　　　　图 2-17 绘图功能软键

1. 选择项目

使用上、下箭头和"ENTER"按键,来选择需要绘图的参数,被选定参数的左侧会出现星号。最多可以选择三组参数,完成选择后,点击"接受"键进行图形绘制,如图 2-18 所示。

2. 移动软键

使用相关的移动键可以将绘制的数据曲线向前或向后移动,如图 2-19 所示。

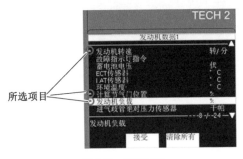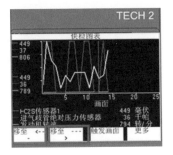

图 2-18 选择项目 　　　　　　　　图 2-19 移动软键

3. 图注

图形的左侧是用于确定每组数据参数的图注。图注上部的数据用于显示整个快检范围之内的最大和最小参数值,如图 2-20 所示。

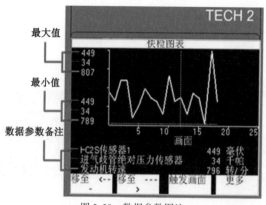

图 2-20　数据参数图注

4. 最小值—最大值

最小值—最大值功能能够使维修人员快速了解参数是否正常。例如进气压力传感器(MAP)的标准压力范围为 10 ~ 105kPa。过大或过小的数值都代表可能出现故障。图 2-21 的压力读数一直为 34kPa,这代表在数据捕捉过程中数值没有变化,且处于正常范围之内。

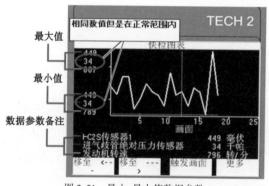

图 2-21　最小、最大值数据参数

(七)冻结故障状态/故障记录

若某些特定的车载诊断系统有故障时,冻结故障状态/故障记录将自动存储在动力控制模块(PCM)中。储存的是车辆发生故障时的数据参数,当需要维修与诊断故障码相关的故障时,可以参考此数据。表 2-3 是故障码 DTC P146700 燃油蒸发排放控制系统(EVAP)吹洗泵速度不足的冻结数据帧。

DTC P1467 冻结数据帧记录表　　　　　　　　　　　　　　　　　表 2-3

冻结帧故障记录	DTC	故障症状字节	说　　明	故障症状说明
冻结帧	P1467	00	EVAP 吹洗泵速度不足	—
故障记录 1	P1467	00	EVAP 吹洗泵速度不足	—

参 数 名 称	数值	单　　位	控 制 模 块
燃油控制回路状态	已关闭	—	发动机控制模块
发动机负荷	25.9	%	发动机控制模块
短期燃油修正	−1	%	发动机控制模块
长期燃油修正	4	%	发动机控制模块
燃油压力传感器	402	kPa	发动机控制模块
发动机转速	846	r/min	发动机控制模块
车速传感器	0	r/min	发动机控制模块
点火正时	4.0	°	发动机控制模块
进气温度传感器	42	℃	发动机控制模块
质量空气流量传感器	3.28	g/s	发动机控制模块
节气门位置传感器	18	%	发动机控制模块
发动机运转时间	00:00:23	—	发动机控制模块
蒸发排放吹洗电磁阀指令	0	%	发动机控制模块
燃油箱内的剩余燃油	60.8	%	发动机控制模块
自清除 DTC 起的预热	0	计数	发动机控制模块
自清除 DTC 起行驶的距离	0	km	发动机控制模块
大气压力传感器 1	100	kPa	发动机控制模块
加热型氧传感器 1	0.26	MPa	发动机控制模块
加热型氧传感器 2	1.00	含氧传感器	发动机控制模块
计算的催化剂温度	321	℃	发动机控制模块
点火 1 信号	13.4	V	发动机控制模块
空气/燃油当量比指令	1.00	含氧传感器	发动机控制模块
环境空气温度	31	℃	发动机控制模块
所需的节气门位置	10	%	发动机控制模块

续上表

参 数 名 称	数值	单 位	控 制 模 块
当前燃油类型	汽油	—	发动机控制模块
发动机润滑油温度	74	℃	发动机控制模块
自第一次故障起行驶的距离	0	km	发动机控制模块
自最近一次故障起行驶的距离	0	km	发动机控制模块
自第一次发生故障起有故障的点火循环次数	1	计数	发动机控制模块
自最近一次发生故障起没有故障的点火循环次数	0	计数	发动机控制模块
自第一次发生故障起未完成测试的点火循环次数	1	计数	发动机控制模块

三、数据流分析

数据流分析是采用汽车故障电脑诊断仪对汽车控制系统传感器、执行器运行参数和电脑控制过程参数进行多路同时测量,并对显示结果进行测试分析。它以诊断仪的数据流测试功能为基础来完成,数据流具有动态同步、多参数同时显示的特点,因此对汽车故障诊断具有独特的测试优越性,是快速便捷的测试形式。无论是采用故障码诊断分析法还是症状诊断分析法,都可以在使用故障诊断流程图表之前,首先进行数据流分析,因为数据流测试连接方便快捷,数据信息量大,可以为汽车故障的快速分析提供极大的方便。

(一)数据流的显示方式

数据流通常采用数值(包括开关量和模拟量)方式来显示,在有些诊断仪中还可以采用条形图甚至波形的方式来显示,不仅使得数据显示形象化,而且还可以分析数据之间的相位关系。诊断仪还可以将数据以表格或波形的方式记录下来,冻结数据帧就是以数据表格方式对发生故障时的控制电脑数据进行快速照相的结果。

1. 数值显示方式

数值显示方式是数据流最常见的显示方式,它以数据名称和数据数值的方式表达,数据数值随时间变化以 2~3 次/s 的速率在显示屏幕上刷新。在数据显示数量上分为全组显示、选择显示和成组显示三种。

(1)全组显示方式。

全组显示是将汽车某一电控系统所能传送的数据都显示在屏幕上,如果数据数量超出一屏显示的范围,就采用翻页的方式现实。

（2）选择显示方式。

选择显示是根据要观测的数据,选择部分显示在屏幕上,左侧数据流显示发动机转速、空气流量计输出信号、冷却液温度、氧传感器信号电压输出、氧传感器信号 5 个项目。右侧数据流仅仅选择发动机转速、车速和变速器 P/N 挡位置 3 个项目显示。选择显示具有分析内容明显集中的优点,便于观看数据的变化,适合对某个项目、某个装置或某个系统进行相关数据的分析,使得有关数据在一个屏幕上集中显示出来,不必换屏观察。

（3）成组显示方式。

成组显示是指数据流在显示时以一组一组的形式显示在屏幕上,每次观察数据流时要先输入要观察数据流的分组编号,然后诊断仪会根据分组编号自动显示出该组数据流的全部数据数值。很显然这种方式是选择显示的一种特殊形式,选择显示是由诊断仪操作者根据自己的需要任意挑选数据项目和数量来进行观察,而成组显示则是由操作者输入数据流的分组编号,由诊断仪根据编号自动生成相应的数据组显示,诊断仪根据不同的测试需要预先设定了不同的数据流分组。

2. 条形图显示方式

条形图显示也称柱状图显示,这种数据数值显示是一种模拟指针仪表的显示方式,具有很好的观察数值变化过程的特点,条形图（或柱状图）中的黑色条状（柱状）图形随数值的大小而左右（上下）变化,给观察数据的数值大小变化趋势提供了很好的视觉效果。条形图显示是数值在一维数轴上显示的较好表现形式。

3. 波形显示方式

波形显示是数据流的图形显示方式,这种方式不仅动态地显示出数据的变化,而且还完整地反映出数值变化的过程趋势。波形显示是数据数值与时间的二维坐标显示方式,这种显示方式可以方便地表达出数据数值随时间变化的趋势和动态,是时频分析的有力工具。

对于多路数据同一屏幕的波形显示,在显示各路数据变化过程的同时,还具有了数据与数据之间的时间相位分析功能。这在汽车电子控制系统故障分析中是非常有用的分析工具,它可以清晰地表示出各路数据信号之间的联系,例如因果关系和关联关系。

（二）数据流的分析方法

数据流提供的数据有两种存在形式，即模拟量和开关量。对于电压信号可以从 0V 连续变化到 1V（或 5V、12V）的称为模拟量。模拟量可以直接用物理量表示，例如：时间（ms、s）、压强（kPa）、温度（℃/℉）、转速（r/min）、流量（g/s、Lh）等。对于电压信号只能由 0V 跃变为 5V（或 8V、10V、12V）的称为开关量，开关量还可以用状态来表示，例如：开或关（on/off）、开环/闭环（open/close）、浓或稀（rich/lean）等。

数据流分析方法是分析数据流的工具，从实践中总结出如下 5 种常用方法可供参考，其中值域分析法和时域分析法是对某一数据进行具体分析的方法，因果分析法和关联分析法是对多个数据之间相互关系进行具体分析的方法，比较分析法是将同一车辆或同一车型的数据组与该车辆或车型过去存储的数据组进行比较的分析方法。

1. 值域分析法

值域分析法研究某一数据的数值大小和范围变化规律，并通过数值的大小和范围来判断故障，是对数据数值的一维数轴分析方法。值域分析首先是根据故障码判定法中数值范围是否超出限值来确定电路的短路和断路故障，例如：发动机冷却液温度传感器（ECT）以串联电阻的方式与发动机控制电脑传感器 5V 参考电源连接，当 ECT 电路发生短路和断路时，控制电脑的测量值应小于 0.15V 或大于 4.85V。

在数据流显示中温度是以℃或℉的单位显示的，因此，当冷却液温度传感器电路出现短路和断路时，数据流数值通常表现为一个固定的高温或低温（例如：120℃或-40℃）指示值。

其次，值域分析主要通过维修手册给出的不同工况下各个传感器输入和执行器输出数值的大小区间来判定是否发生异常现象。例如：奥迪 A6 轿车发动机空气流量传感器输出信号在怠速时的数值应该在 2~4g/s，如果数据流显示在此工况下的实际数值大于或小于上述规定值域，如实测达到 7g/s，则说明空气流量传感器测试数据异常，应该进一步检查空气流量传感器及其电路的状况是否正常。

2. 时域分析法

时域分析法主要考察数据的变化频率和变化周期，研究某一数据随时间变化的规律，通过对数据数值随时间变化的规律来判断故障，是对数据与时间坐标的二维平面分析方法。时域分析最典型的应用就是氧传感器在闭环控制时的数值变化频率,在发动机热车时氧传感器的输出信号在 0.45V 上下变化次数必须大于 4次/10s,这是燃油反馈控制系统正常工作的限值,在进行数据流观察时注意氧传感器的数据流显示方式有两种。一种是表示前氧传感器一侧电压,另一种是计算氧传感器信号的浓稀变化频率。显然从后一种(浓稀指示)显示方式观察要比前一种(电压指示)精确。更加完善的显示方式是采用数据流的波形显示方式。

3. 因果分析法

因果分析法研究多个数据之间的因果规律,并通过研究数据之间的因果关系来判断故障,通常表现为一因一果、一因多果、多因一果、多因多果等形式。

因果分析是指在数据流中对数据与数据之间具有因果关系的两个或多个数据进行因果关系是否成立的判断,例如:空调开关打开时,数据流中相应的开关量数据(ACSW)显示由 OFF 变为 ON。打开空调开关是原因,而数据流中(ACSW—ON)是结果,这对因果关系反映出,空调开关到发动机控制电脑之间的电路信号是否正常。

当控制电脑收到空调开关打开命令后,会根据控制程序对喷油时间、点火正时和怠速转速加以调整,这时,在数据流中空调开关(ACSW—ON)信号成为原因,而喷油时间(INJ×××ms)、点火正时(IGNBTDC××.×°)和怠速转速(RPM××××r/min)的变化成为了结果。前面空调开关打开导致数据流中信号从 OFF 变为 ON,这是一因一果,后面数据流中信号 ACSW—ON 导致了喷油时间、点火正时和怠速转速的相应改变,这是一因多果。

4. 关联分析法

关联分析法研究多个数据之间相互关联变化的规律,通常采用分析某一工况下两个或多个数据数值大小的相互联系来判断故障。

关联分析是根据数据之间的相互关系来判断是否发生异常,例如:发动机进气压力传感器(MAP)与节气门位置传感器(TP)之间有着相互关联的关系,节气门开度小时,节气门位置传感器(TP)输出信号低,进气真空度就高,进气压力传感器的输出信号电压就低,反之,节气门开度大时,进气真空度就低,进气压力传感器的输出信号电压就高。这是一组有着关联关系的数据信号,根据这组数据可以判定两个传感器的输出信号是否发生异常。

5. 比较分析法

比较分析法是将某一故障车辆在某一工况下的数据组与该车辆在无故障时相

同工况下的数据组进行比较分析的方法,或者是将同一车型在相同工况下的数据组与之比较来判断故障点的方法。

例如,对一台发动机测量,显示数据流数值为负荷数值超过 2.5ms。比较此型发动机正常数值:怠速时的正常显示范围为 1~2.5ms;海拔高度每升高 1000m,发动机负荷(输出功率)降低约 10%;当外界温度很高时,发动机输出功率也会降低,最大降低幅度可达 10%。因此,经过比较分析,此发动机故障主要原因有:空气流量传感器及线路损坏,节气门控制单元损坏。

第四节 波形图分析

汽车示波器的诞生为汽车维修人员快速判断电子设备故障提供了有利的工具。通用示波器测试电子设备时,困难的是示波器的设定,即调整示波器的各个按钮,使显示的图形更清楚、更完整和波形形状更细致。汽车示波器将汽车电子设备的测试设定变得非常简单,只要像点菜单一样,选择要测试的内容,无须任何设定和调整就可以直接测试出波形了。这是因为汽车示波器可以自动选择量程,是专门为汽车维修人员设计的"傻瓜"式示波器。

示波器与万用表相比有着更为精确及描述细致的优点,万用表通常只能用一两个电参数来反映电信号的特征,适用于静态信号测量。而示波器则用电压随时间的变化图形来反映一个电信号,它适用于动态信号测量。

有些汽车电子设备的信号变化速率非常快,变化周期达到了千分之一秒,如果要保证其分析精度,按照采样定理,测试仪器的扫描速度(采样频率)应该是被测试信号频率的 3~10 倍,汽车示波器完全可以胜任这个速度。汽车示波器不仅可以快速捕捉电路信号,还可以通过存储手段用较慢的速度来回放显示这些波形,以便诊断人员一边观察、一边分析。无论是高速信号,如喷油嘴间歇性故障信号,还是慢速信号,如节气门位置变化及氧传感器信号,用汽车示波器来观察都可以得到想要的波形。一个好的示波器就像一把尺子,它可以去测量计算机系统工作状况,通过汽车示波器人们可以观察到汽车电子系统是如何工作的。

此外,汽车示波器能够帮助检验确认故障是否真的被排除了,而不仅仅是知道故障码是否尚未清除。

一、传感器波形分析

（一）曲轴位置传感器波形分析

磁感式传感器是产生交流模拟信号的传感器。它们通常由一个缠绕在条形磁铁上的线圈和两个接线端子组成。绕组或线圈的两个端子是传感器的输出端子。当齿圈转过传感器时,在绕组中产生一个电压,齿圈上加工一致的齿形产生一系列具有相同形状的正弦脉冲,其振幅与齿圈(如曲轴或凸轮轴)转动的速度成比例,其频率也基于齿圈的转速。传感器磁条端部与齿圈之间的间隙严重影响传感器信号的振幅。它们被用于通过"同步"脉冲来确定上止点的位置。同步脉冲是由齿圈上的缺齿或使某些齿的齿间距靠近产生的。

动力控制模块(PCM)使用曲轴位置(CKP)传感器来检测失火。当失火发生时,完成一个完整循环所用的时间增加。若在曲轴 200r/min 或 1000r/min 间隔内,PCM 检测到过多的失火数,失火的故障码(OBD-Ⅱ故障码)将会产生。

OBD-Ⅱ故障码:P0340～P0349,P0365～P0369,P0390～P0394 分别表示无法起动或起动困难、断续失火、行驶性问题。

1. 检测步骤

(1)将示波器通道 A 测试线接传感器信号输出端或高电位端,搭铁线接传感器输出低电位端或搭铁。

(2)使发动机怠速运转,或控制节气门开度使发动机加、减速,或根据需要行驶汽车以重现行驶性或排放故障现象。

(3)使用杂波捕捉模式,在"同步"脉冲产生时,捕捉缺失或稳定波形。

2. 故障排除提示

确定波形的频率与发动机转速要对应,且每个脉冲间隔的时间仅在"同步"脉冲显示时才会变化,而且只有当齿圈的缺齿或多齿经过传感器时才会改变。除此之外,脉冲间隔时间的任何其他变化都意味着可能发生故障。寻找与发动机燃烧不良的"劈啪"声或行驶性问题相符的异常波形,当观察到异常波形后,在认定传感器损坏前,先确保不存在磨损的线路或不良的线束接头,线路也没有短路,部件旋转正常。

3. 参考标准波形

磁电式曲轴位置(CKP)传感器标准参考波形如图 2-22 所示。

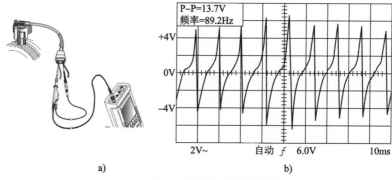

图 2-22　磁电式曲轴位置传感器波形图

波形的振幅和频率随发动机转速提高而增加,对相同工况,波形的振幅、频率和形状都应一致,并可重复和可预见。一般来讲,高于或低于 0 点电平的每个波形可能不会像镜像一样一致,但对大多数传感器来讲,波形应相对一致。

霍尔式和磁感应式曲轴位置传感器波形图如图 2-23 所示。

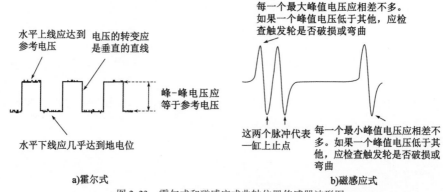

图 2-23　霍尔式和磁感应式曲轴位置传感器波形图

每个脉冲的波形在振幅、频率和形状应完全一致。波形的振幅通常等于供给传感器的电压。脉冲的时间间隔应相等(除了"同步脉冲"),其形状应一致和可预见,其中一致性是关键。

（二）磁感式凸轮轴位置传感器波形分析

磁感式凸轮轴位置(CMP)传感器是产生交流模拟信号的传感器。工作原理与 CKP 传感器一致。它们被用于通过"同步"脉冲来确定上止点的位置。同步脉冲是由齿圈上的缺齿或使某些齿的齿间距靠近产生的。PCM 或点火模块使用 CMP 传感器触发点火或喷油事件。磁感式 CMP 和 CKP 传感器易受到由点火高压线、汽车电话或汽车上其他电子装置产生的电磁干扰(EMI 或 RF),将会引起行驶问题或产生故障码(DTC)。

OBD-Ⅱ故障码:P0340~P0349,P0365~P0369,P0390~P0394 分别表示起动时间长、燃油经济性差和排放超标问题。

1. 检测步骤

(1)将示波器通道 A 测试线接传感器信号输出端或高电位端,搭铁线接传感器输出低电位端或搭铁。

(2)起动发动机并怠速运转,控制节气门开度使发动机加、减速,也可根据需要行驶汽车以重现行驶性或排放故障现象。

(3)使用杂波捕捉模式,在"同步"脉冲产生时,捕捉缺失或稳定波形。

2. 故障排除提示

确定波形的频率与发动机转速要对应,且每个脉冲间隔的时间仅在"同步"脉冲显示时才会变化。这个时间只有当齿圈的缺齿或多齿经过传感器时才会改变。除此之外,脉冲间隔时间的任何其他变化都意味着可能发生故障。寻找与发动机燃烧不良的"劈啪"声或行驶性问题相符的异常波形。

3. 标准参考波形

磁感式凸轮轴位置传感器标准参考波形如图 2-24 所示。

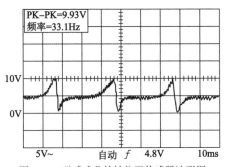

图 2-24 磁感式凸轮轴位置传感器波形图

波形的振幅和频率随发动机转速提高而增加,对相同工况,波形的振幅、频率和形状都应一致,并可重复和可预见。

（三）爆震传感器波形分析

产生交流信号的爆震传感器是一种压电装置,用来感知发动机爆震时的振动或机械应力(敲击)。它们与大多数其他产生交流信号的传感器(如转速传感器或位置传感器)完全不同。由点火正时提前过大引发的发动机爆震会导致发动机严重损坏。爆震传感器可向 PCM(有的是通过点火控制模块)提供爆震监测,PCM根据此信号推迟点火正时以防止进一步爆震。当爆震敲击和振动出现时,爆震传感器产生一个小交流电压尖峰信号。敲击或振动越大,尖峰信号也越大。爆震传感器通常设计为对发动机缸体 5～15kHz 范围的振动频率非常敏感。

爆震传感器故障一般为故障码 P0324～P0334,表示所有爆震传感器无交流信号产生。

1. 检测步骤

(1)将示波器通道 A 测试线接传感器信号输出端或高电位端,搭铁测试线接发动机缸体或传感器上的低电位端(若内部搭铁)。

(2)测试 1:打开点火开关,发动机运转,给发动机一定的负荷,同时观察示波器的显示。波形的峰值电压和频率将随着发动机负荷和转速增加而增加。若发动机由于点火正时提前过大产生爆震或轻度爆震,振幅和频率将增加。

(3)测试 2:打开点火开关,发动机不起动,用小榔头或棘轮把轻击传感器附近的缸体,振荡的波形将随敲击立即显示。敲击越重,显示的振荡幅值越大。

2. 故障排除提示

爆震传感器非常耐用,通常损坏都是由于传感器本身物理损坏。若在发动机加速或轻击传感器附近时,波形始终平坦,则可能是爆震传感器故障,大多数普通型爆震传感器故障时会因物理损坏而完全不能产生信号。此时,先检查传感器和仪器的连接,确认电路没有搭铁后,才能确定传感器损坏。

3. 标准参考波形

爆震传感器标准参考波形如图 2-25 所示。

（四）控制燃油的传感器波形分析

1. 模拟式空气流量传感器波形分析

空气流量(MAF)传感器有两种主要类型:热线式和叶片式。热线式 MAF 传感器使用加热的金属箔感应元件测量进入进气歧管的空气流量。该感应元件加热到约77℃,高于进气的温度。当空气流过感应元件时,使元件冷却,导致其阻值降低,使电流相应增加,提供电压随之降低。这个电压降变化的信号(高空气流量=高电压)发送给PCM,用作空气流量的指标。PCM使用此信号计算发动机负荷,确定与相应空气量对应的正确喷油量、点火时间、EGR控制、怠速控制和变速器换挡等。叶片式MAF传感器大体上可认为是一个可变电阻(电位计),它将叶片气门所处的位置信号传输给PCM。当发动机加速时,较多空气通过叶片式MAF传感器时,进入的空气推动叶片气门。叶片气门转动的角度与通过它的空气量成正比例。叶片式MAF传感器有一个连接气门的触点,它可滑过电阻材料部分。电阻材料安装在与滑动触点相连的旋转枢轴周围。电阻材料上任一点的电压,通过滑动触点测得,该电压与叶片气门转过的角度成正比例。由于急加速引起的气门较大地转动,这个信息传送给PCM,用于加速、加浓混合气。

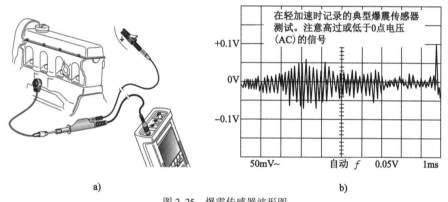

图 2-25 爆震传感器波形图

OBD-Ⅱ故障码:P0100~P0104,表示发动机转速不稳、失速、功率不足、怠速不良、燃油消耗过大和排放故障。

1)检测步骤

(1)将示波器通道A测试线接传感器信号输出端或高电位端,搭铁线接传感器输出低电位端或搭铁。

(2)关闭所有附件,发动机怠速运转,变速器处于P或N挡,怠速稳定后检查怠速信号电压。

(3)以中等加速方式从怠速开始提高发动机转速直至节气门全开(此动作不要超过2s,以避免超速)。

（4）在 2s 内迅速加大节气门开度使发动机返回怠速。

（5）以非常快的速度再次提高发动机转速至节气门全开,然后返回怠速。

（6）按保持(HOLD)键冻结波形以便仔细检查。

2）故障排除提示

需要注意观察是否有脉冲不全、多余尖峰和拐角圆滑的问题,这些都将造成"电子通信"的错乱,从而导致行驶或排放性能的问题。若传感器已具有偶发性故障,则应更换。

3）标准参考波形

空气流量传感器标准参考波形如图 2-26 所示。

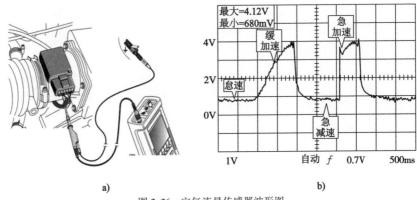

图 2-26　空气流量传感器波形图

热线式空气流量传感器电压范围:怠速时稍大于 2V,节气门全开时稍大于 4V,在急加速时的电压应稍低于怠速时的电压。

低频空气流量传感器标准参考波形如图 2-27 所示。

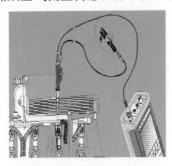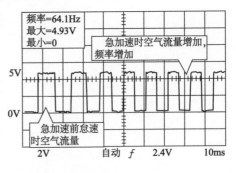

图 2-27　低频空气流量传感器波形图

当空气流量稳定时,频率稳定。急加速时空气流量增加,频率增加。检查信号振幅应接近 5V,电压跃变线应为直线并垂直。搭铁电压不应超过 400mV。若大于 400mV,检查传感器或搭铁是否良好。

2.模拟式进气歧管绝对压力传感器波形分析

大部分车型所使用的进气歧管绝对压力(MAP)传感器在设计上都是模拟信号类型的,福特公司使用的 MAP 传感器除外。模拟式的 MAP 传感器产生一个变化的电压输出信号,该信号的大小直接与进气歧管真空度成比例。PCM 使用此信号确定发动机的负荷。传感器一般是三线的:一根提供 5V 参考电压,一根搭铁线,一根输出至 PCM 的信号线。当发动机在大负荷时,歧管压力高,而在很小的负荷下,歧管压力低(高真空度)。不良的 MAP 传感器会影响发动机加、减速时的空燃比,也会对点火时间和 PCM 其他输出具有某些影响。MAP 传感器连接不良会触发 MAF、TP 或 EGR 传感器的故障码。

OBD-Ⅱ 故障码:P0105~P0109,表示动力不足、失速、发动机转速不稳、过量燃油消耗和排放故障。

1)检测步骤

(1)将示波器通道 A 测试线接传感器信号输出端或高电位端,搭铁线接传感器输出低电位端或搭铁。

(2)关闭所有附件,发动机怠速运转,变速器处于 P 或 N 挡,怠速稳定后检查信号电压。

(3)以中等加速方式,从怠速开始提高发动机转速直至节气门全开(不可超过 2s,以避免超速)。

(4)在 2s 内迅速加大节气门开度使发动机返回怠速状态。

(5)以非常快的速度再次提高发动机转速至节气门全开,然后返回怠速。

(6)按保持(HOLD)键冻结波形以便仔细检查。

注意:也可使用手动真空泵连接至传感器,检查在规定真空度下的输出信号电压是否正确。

2)故障排除提示

模拟式进气歧管绝对压力传感器故障排除框图如图 2-28 所示。

不良的数字式 MAP 传感器会产生频率不正确、脉冲不全、多余尖峰和拐角圆滑,这些都将造成"电子通信"的错乱,从而导致行驶性或排放性能的问题。

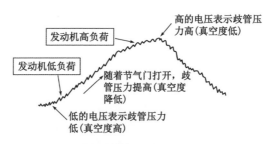

图 2-28　模拟式进气歧管绝对压力传感器故障排除框图

3）标准参考波形

模拟式进气歧管绝对压力传感器标准参考波形如图 2-29 所示。

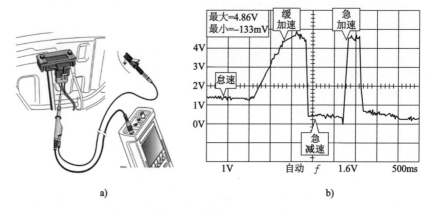

图 2-29　模拟式进气歧管绝对压力传感器波形图

参考厂家技术规范,确定一定真空度所对应的准确电压范围,并与显示的读数进行比较。一般来讲,在急速时的电压为 1. 25V,在节气门全开时的电压接近 5V,急减速时接近 0。高的真空度产生低的电压,低的真空度产生高的电压。

注意:只有少数 MAP 传感器设计与上述相反(高真空度=高电压)。某些克莱斯勒(Chrysler)车型的 MAP 传感器失效时,不管真空度的变化如何,仅保持在一个固定的电压。一般 4 缸发动机真空波形会有杂波,这是因为进气冲程之间真空波动较大。

3. 冷却液温度传感器波形分析

大多数冷却液温度(ECT)传感器是负温度系数(NTC)类型的热敏电阻。这意味着它们是两线模拟式传感器,且随温度降低阻值升高。由 PCM 向其提供一个 5V 参考电压并反传 PCM 一个与发动机冷却液温度成比例的电压信号。当仪器被连接至来自 ECT 传感器的信号时,示值是跨接传感器 NTC 电阻的电压降。典型的 ECT 传感器阻值范围从约 $100000\Omega(-40℃)$ 至约 $50\Omega(130℃)$。PCM 使用 ECT 传感器信号控制闭环运行、变速器换挡点、变矩器离合器和冷却风扇的工作。

症状 OBD-Ⅱ故障码:P0115~P0116,P0117~P0119,表示无法起动或起动困难、高燃油消耗、排放超标和行驶性问题。

1)检测步骤

(1)将示波器通道 A 的测试线和搭铁线探针从 ECT 传感器插头背面插入。

(2)怠速运转发动机,随着发动机温度升高,传感器信号电压应降低(起动发动机,在 2500r/min 保持节气门开度直到信号轨迹穿过整个显示屏幕)。

(3)设置仪器的时基为 50s/格,以便观察传感器全部工作范围(从完全冷机状态至正常工作温度)。

(4)按保持(HOLD)键冻结显示的波形以便仔细检查。

(5)为测量其阻值,在改变仪器至高斯混合模型(GMM)模式前,先取下传感器接头,然后将通道 A 测试线和搭铁线接传感器两端子。

2)故障排除提示

关于准确的电压范围标准,应参考厂家的技术规范。一般来讲,ECT 传感器电压范围在完全冷机状态下为 3~5V(仅在 5V 以下),在正常工作温度时降至 1V 左右。良好的传感器在任何给定的温度下必须能产生确定的信号幅值。ECT 传感器电路开路将呈现跃至参考电压(VRef)的尖峰信号。ECT 传感器电路对搭铁短路将呈现降至搭铁电平的尖峰信号。

3)标准参考波形

冷却液温度传感器标准参考波形如图 2-30 所示。

4. 普通氧化锆型氧传感器波形分析

氧传感器根据排气中的氧含量提供一个输出电压。PCM 用此电压在混合气稍浓和稍稀状态间调整燃油混合气的空燃比(A/F)。氧化锆型的氧传感器在混合气过浓时输出较高的电压,在混合气过稀时输出较低的电压。氧化钛型的氧传感器在燃油混合气的氧含量变化时其阻抗发生改变,这将导致在混合气过浓时输出低电压,在混合气过稀时输出高电压。大多数多点燃油喷射(MFI)系统使用氧化锆型氧传感器。

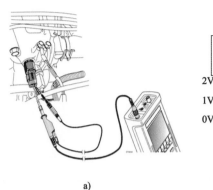

a)

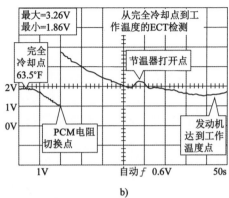

b)

图 2-30　冷却液温度传感器波形图

电压在 $100 \sim 900 mV$ 之间波动表示氧传感器正常发送信号给 PCM 以便控制燃油混合气。

OBD-Ⅱ 故障码：P0130 ~ P0147，P0150 ~ P0167，反馈燃油控制系统（FFCS）不能进入闭环控制、排放高、燃油经济性差。

1）检测步骤

（1）连接带屏蔽的测试线至示波器 A 通道输入端口，将测试线的搭铁线接至传感器输出低电位端或搭铁线，测试线探针接传感器信号输出端或高电位端（参考受检车辆电路图，确定至氧传感器信号线色或 PCM 控制单元针脚编号）。

（2）起动发动机，转速控制在 2500r/min，暖机加热氧传感器 2 ~ 3min，然后怠速运转 20s。

（3）在 2s 间隔内，从怠速至节气门全开，加速 5 ~ 6 次，注意转速不要超过 4000r/min，此目的仅是为得到发动机的加速和全减速。

（4）用保持（HOLD）键冻结显示的波形，检查氧传感器的最大、最小电压和混合气从浓至稀的相应时间。

2）故障排除提示

由于氧传感器的老化和中毒，其相应时间会增加。上下峰值间（P—P）电压至少为 600mV，或平均电压大于 450mV。若波形严重杂乱，检查是否由于混合气过浓/过稀、点火不良、个别缸真空泄漏、喷油器流量不一致或气门积炭导致失火。

警告：在用仪器分析氧传感器波形时，不要同时使用解码器。因为使用解码器将激活诊断功能，可能导致 PCM 进入不同的控制策略。

3）标准参考波形

氧传感器标准参考波形如图 2-31 所示。

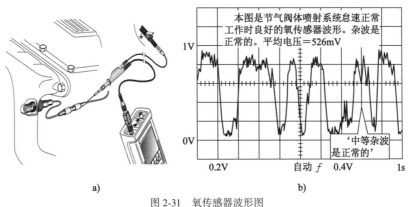

图 2-31　氧传感器波形图

在混合气强制加浓时,最大电压应大于 800mV;在强制减稀时,最小电压应小于 200mV,从浓到稀的最大允许响应时间应小于 100ms。注:对氧化钛型氧传感器的测试,纵坐标范围改为 1V/格。

双氧传感器的标准参考波形如图 2-32 所示。

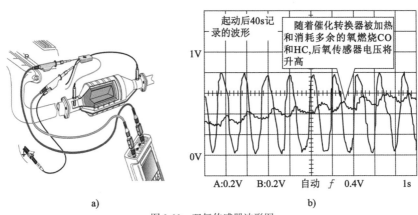

图 2-32　双氧传感器波形图

在 100~900mv 间波动的良好氧传感器输出表示氧传感器正向 PCM 发送适当信号以控制燃油混合气。后氧传感器信号的波动比前氧传感器要小得多。当催化转换器"起燃"达到正常工作温度,该信号将变高,这是因为催化转换器开始存储和消耗氧,使排气中的氧越来越少。

当催化转换器完全劣化后,其转换效率由于储氧能力基本丧失而急剧降低。因此对一个已经劣化的催化转换器来讲,前后氧传感器信号彼此相似(图2-33)。

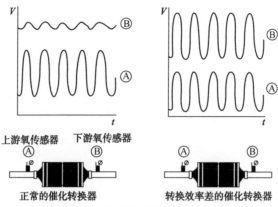

图2-33　前后氧传感器信号波形图

(五)饱和开关型喷油器波形分析

喷油器自身结构决定其断开时的尖峰高度。喷油驱动器(开关型晶体管)决定了波形的大部分特征。一般来讲,喷油驱动器安装在PCM内部,它驱动喷油器的开和关。不同类型的喷油驱动器(饱和开关型、峰值保持型、BOSCH峰值保持型和PNP型)产生不同的波形。懂得识别喷油器波形(确定开启时间、参考峰值高度、鉴别不良驱动器等)对确定行驶性和排放性能故障的维修方案来讲是一种非常宝贵的诊断能力。饱和开关型喷油驱动器主要用于多点燃油喷射(MFI、PFI和SFI)系统,其喷油器采用分组或顺序工作。确定喷油器的开启时间是非常容易的,当PCM将控制电路搭铁使喷油器接通时,是开启时间的起点,当PCM断开控制电路搭铁时,是喷油开启时间的结束点。由于喷油器是一个线圈,当PCM关闭喷油器时,其电场的衰减会产生一个尖峰。饱和开关型喷油器具有单个上升沿。喷油器开启时间可用于观察燃油控制系统的反馈控制是否进行。

喷油器故障症状:发动机转速不稳,怠速工作粗暴,怠速偶尔失火,燃油经济性差,排放检测不合格,加速时功率不足。

1.检测步骤

(1)将示波器通道A的红色测试线连接来自PCM的喷油器控制信号,搭铁测试线接喷油器搭铁线。

（2）起动发动机,保持节气门开度使发动机在 2500r/min 运转 2~3min,充分暖机,反馈燃油控制系统进入闭环(必要时可通过氧传感器信号进行确认)。

（3）关闭空调和所有其他附件,变速器处于 P 或 N 挡。稍稍提高发动机转速,观察加速时喷油器开启时间应增加。

（4）向进气中喷入丙烷使混合气变浓。若系统工作正常,喷油器开启时间将减小。

（5）人为制造真空泄漏使混合气变稀,此时喷油器开启时间将增加。

（6）提高发动机转速并保持稳定在 2500r/min,当系统控制混合气时,喷油器开启时间将从稍大向稍小调整。一般来讲,控制混合气从最浓至最稀的喷油器开启时间在 0.25~0.5ms 之间变化。

注意:若喷油器开启时间没变化,系统可能工作在开环怠速模式或氧传感器不良。

（7）使用杂波捕捉模式,观察喷油器开启时间的突变。

2. 故障排除提示

喷油器开启过程中的尖峰或过高的关闭尖峰表示喷油驱动器故障。

3. 标准参考波形

饱和开关型喷油器标准参考波形如图 2-34 所示。

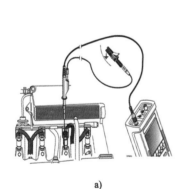

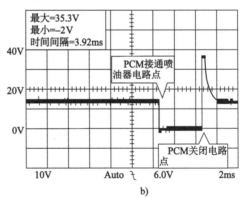

图 2-34　饱和开关型喷油器波形图

保持型喷油器标准参考波形如图 2-35 所示。

当反馈燃油控制系统正常控制燃油混合气时,调制的喷油器开启时间从怠速时的 1~6ms 至冷起动或节气门全开时的 6~35ms。喷油器线圈断开时的尖峰值一般为 30~300V。若断开时的尖峰小于 30V,表示喷油器线圈可能短路。起始驱动电压应接近 0V,否则可能喷油器驱动器不良。

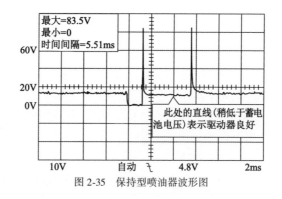

图 2-35 保持型喷油器波形图

(六)怠速控制器波形分析

怠速空气控制器(IAC)由电子控制单元控制,以调整发动机怠速和防止熄火。某些怠速控制系统采用步进电机来控制进入气门旁路的空气量(ISC),其他系统使用旁路控制阀,它受控于 ECU 发出的方波信号。由于线圈阻抗的关系,这些方波的形状可能有所差异。

1.测量条件

将仪器接到空气控制阀后起动发动机,监测在发动机冷车、暖车和热车时的状况;有意造成小的真空泄漏,并注意来自电子控制单元的信号如何调整阀门的打开。

2.按键顺序

示波器按键顺序如图 2-36 所示。

图 2-36 示波器按键

3. 波形参考

息速空气旁路阀门的波形如图 2-37 所示。可能有独特的形状,其中的锯齿状是由感抗所引起的。

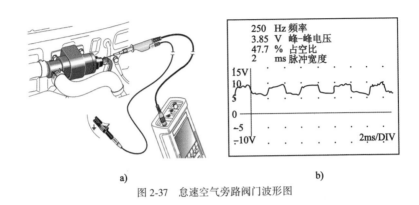

a)   b)

图 2-37 息速空气旁路阀门波形图

(七)废气再循环系统控制电磁阀波形分析

废气再循环(EGR)系统通常是在燃烧温度超过 1371℃ 和空燃比较稀时,通过降低空气-燃油混合气氧含量从而限制 NO_x 的生成。在进入汽缸的混合气中,掺混一定量的燃烧废气(相对惰性的气体),其效果是起到一种化学的缓冲作用或对燃烧室内空气与燃油分子的冷却作用。这将防止混合气过快地燃烧,甚至产生爆震,这两者都会导致燃烧室温度升至 1371℃ 以上。EGR 流量限制了 NO_x 的最初生成,之后是催化转换器再利用化学方式减少进入大气中的 NO_x 数量。EGR 何时工作和循环流量多少对排放和行驶性能非常重要,为精确地控制 EGR 流量,PCM 向真空控制电磁阀发送脉宽调制信号控制 EGR 阀的真空。当提供真空时,EGR 阀打开,允许 EGR 流过,当关闭真空时,EGR 停止。大多数发动机控制系统在发动机的起动过程、暖机过程和息速时不允许 EGR 系统工作。在加速工况,EGR 被精确控制以获得最佳的发动机转矩。

EGR 故障症状:发动机转速、功率不足、失速、NO_x 超标和发动机爆震。

1. 检测步骤

(1)将示波器通道 A 的红色测试线连接来自 PCM 的 EGR 控制信号,搭铁测试线搭铁。

（2）起动发动机，保持节气门开度使发动机在 2500r/min 运转 2~3min，充分暖机，反馈燃油控制系统进入闭环（必要时可通过氧传感器信号进行确认）。

（3）关闭空调和所有其他附件。在正常驾驶模式行驶车辆，从完全停车后依次进行起步、缓加速、急加速、定速和减速。

（4）在 EGR 工作状态下，确认信号的振幅、频率、形状和脉宽完全正确、一致和不缺失。

（5）确认进气歧管、EGR 阀和真空电磁阀上的所有软管和连接管完整、连接良好和不泄漏。确认 EGR 阀的真空膜片能保持适当的真空（指不泄漏），确认发动机上的 EGR 流动通道清洁和未被积炭阻塞。

（6）使用杂波捕捉模式，观察信号是否缺失。

2. 故障排除提示

若波形具有较矮（变短的）的尖峰高度，则可能 EGR 真空电磁阀短路。

若波形只是一条平线（完全没有信号），可能为 PCM 故障：PCM 认为 EGR 条件未满足，线路或接头有问题。过量的 EGR 流量会导致发动机转速不稳、功率不足，甚至失速。而 EGR 流量不足会引起尾气中 NO_x 超标和发动机爆震。

3. 标准参考波形

废气再循环电磁阀标准参考波形如图 2-38 所示。

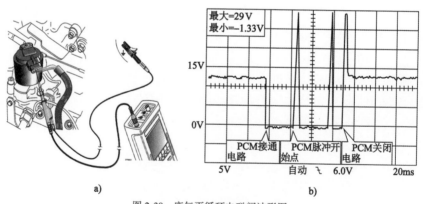

图 2-38　废气再循环电磁阀波形图

一旦发动机达到预先确定的 EGR 要求状态，PCM 应开始发出脉宽调制信号至 EGR 电磁阀以打开 EGR 电磁阀。在加速时的 EGR 流量指令较高。

二、点火波形分析

（一）无分电器点火系统初级电路波形分析

无分电器点火系统(DIS)初级电路的检查对于确定与电子点火(EI)点火线圈相关的点火问题是非常有效的。点火波形之所以有用是因为出现在点火次级电路的燃烧将通过初、次级线圈的互感作用而感应回初级电路。此波形主要用于：

①分析每缸的点火线圈闭合角(线圈充电时间)；

②分析点火线圈和次级电路性能(根据点火线)；

③确定每缸空燃比(A/F)是否正常(根据燃烧线)；

④确认火花塞是否污染或损坏，它会导致失火(根据燃烧线)。

点火次级波形除可以有效检查点火系统的部件外，在检查发动机机械部件和燃油供给系统方面的问题时也同样有效。

点火系统故障症状：不能起动或起动困难、失速、失火、发动机转速不稳、燃油经济性差。

1.检测步骤

(1)将示波器通道 A 测试线连接点火线圈初级信号(被驱动电路侧)，搭铁测试线连接车身搭铁。

(2)打开点火开关，运转发动机，控制节气门开度使发动机加、减速，或根据需要行驶车辆以使行驶性问题或失火出现。

(3)确认各缸之间波形的幅值、频率、形状和脉宽一致。观察与特定部件对应的波形是否有异常。

(4)必要时可调整触发电平以便稳定显示。

2.标准参考波形

无分电器点火系统初级标准参考波形如图 2-39 所示。

此检测不仅可测量点火的峰值电压和燃烧电压，而且可精确地反映点火线圈绕组的转换率。

3.故障排除提示

观察波形下降点，此点是点火线圈开始充电点，并应保持相对一致。它表示各缸闭合角的一致性和点火正时的准确性。观察波形的"电弧放电"电压或点火线应相对一致。过高的点火线表示由于高压线开路/不良或火花塞间隙较大导致点火次级电路阻抗过高。过低的点火线表示由于火花塞污染、开裂或击穿等导致点火次级电路阻抗比正常值低。观察火花或燃烧电压应保持相对一致。燃烧线可表示该汽缸内的空燃比(A/F)。若混合气过稀,燃烧电压会较高,若过浓,则电压比正常值要低。观察燃烧线应相当清晰且没有过多的杂波。过多的杂波表示该缸可能由于点火提前角过早、喷油器不良、火花塞污染或其他原因导致了失火。长的燃烧线(超过2ms)表示不正常的浓混合气,而较短的燃烧线(小于0.75ms)则表示不正常的稀混合气。观察燃烧线后的振荡,至少2次,最好3次以上,它表示点火线圈良好(触点式点火系统中的电容器)。

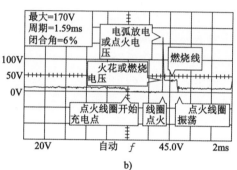

a)   b)

图 2-39　无分电器点火系统初级标准波形图

(二)无分电器点火系统次级电路波形分析

大多数无分电器点火系统在点火分配的方式上使用废火点火。每个汽缸都和行程与其相反的汽缸组成一组。火花同时出现在处于压缩上止点和排气上止点的汽缸。处于排气上止点的汽缸只需要非常小的有效能量即可使火花塞点火,而剩余能量用于处于压缩行程汽缸的点火所需。当该组汽缸行程相反时重复相同的点火过程。次级的做功/废火显示波形可用于测试电子点火系统(或DIS)工作的单独状态。此检测可用于:

①分析单个汽缸的闭合角(线圈充电时间);

②分析点火线圈和次级电路性能(根据点火线);

③确定单个汽缸的空燃比(A/F)是否正确(根据燃烧线);

④确定引起汽缸失火的被污染或损坏的火花塞(根据燃烧线)。

一般在高能点火(HEI)的系统中,点火电压大约为15kV,且远低于30kV。点火电压会随火花塞间隙、发动机压缩比和 A/F 而变化。在双火花的 EI 系统中,废火火花在峰值电压上远小于做功的火花,其点火电压若接近 5kV 是正常的。

1. 检测步骤

(1)将电容型点火次级测试线接至示波器通道 A(CHA)输入端子,其搭铁测试线连接车身搭铁。

(2)将次级测试夹卡在要测的点火线圈次级高压线上。

(3)起动发动机,控制节气门开度使发动机加、减速,或根据需要行驶车辆以再现行驶问题或失火。

(4)若点火线方向是负的,按颠倒波形方向。

(5)依次确认各缸之间波形的幅值、频率、形状和脉宽一致。观察与特定部件对应的波形是否有异常。

注意:必须使用电容型点火次级检测线检测点火次级电路。直接将示波器通道 A 或通道 B 测试线接在点火次级电路上会导致仪器严重损坏或人身伤害。按照检测工具帮助(HELP)中"检测步骤"的引导和图 2-40a)所示连接测试线。

2. 标准参考波形

无分电器点火系统次级标准参考波形如图 2-40b)所示。

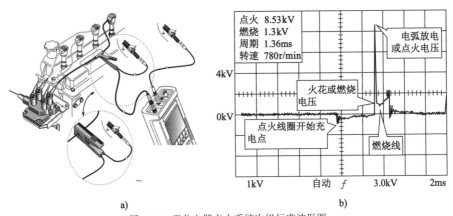

图 2-40 无分电器点火系统次级标准波形图

在发动机负荷和转速变化时仔细观察脉宽(闭合角)的改变。

3. 故障排除提示

观察波形下降点,此点是点火线圈开始充电点,并应保持相对一致。它表示各缸闭合角的一致性和点火正时的准确性。观察波形的"电弧放电"电压或点火线应相对一致。过高的点火线表示由于高压线开路/不良或火花塞间隙较大导致点火次级电路阻抗过高。过低的点火线表示由于火花塞污染、开裂或击穿等导致点火次级电路阻抗比正常值低。观察火花或燃烧电压应保持相当一致。燃烧线可反映该汽缸内的 A/F。若混合气过稀,燃烧电压会较高;若过浓,则电压比正常值要低。观察燃烧线应相当清晰且没有过多的杂波。过多的杂波表示该缸可能由于点火提前角过早、喷油器不良、火花塞污染或其他原因导致了失火。长的燃烧线(超过 2ms)表示不正常的浓混合气,而较短的燃烧线(小于 0.75ms)则表示不正常的稀混合气。观察燃烧线后的振荡,至少 2 次,最好 3 次以上,它表示点火线圈良好(触点式点火系统中的电容器)。

第五节 汽车排放污染数据分析

汽车排放污染治理首先是要判定超标车辆。因此,排放污染超标车辆的故障诊断就应当以汽车排放污染检测数据为基础,分析各项排气成分的数据并作为最初的诊断依据。汽车排放污染物检测分为汽油车检测和柴油车检测,因此检测结果的分析也必然以此来分类。

一、汽油车排放检测分析

在全国范围内,装配了使用车用汽油、车用液化石油气(LPG)或车用天然气(NG)等燃料的点燃式发动机的汽车,进行汽车环保定期检验应采用《汽油车污染物排放限值及测量方法(双怠速法及简易工况法)》(GB 18285—2018)所规定的简易工况法,对无法使用简易工况法的车辆,可采用标准所规定的双怠速法。

GB 18285—2018 标准中所规定的简易工况法包含:稳态工况法(Acceleration Simulation Mode, ASM)、瞬态工况法和简易瞬态工况法。目前我国绝大多数省(自治区、直辖市)采用简易瞬态工况法。

(一)汽油车排放检测报告单

汽油车排放检测报告单涉及了多项检测内容,样表见表 2-4。

汽油车排放检测报告单(部分)　　　　　　　表 2-4

OBD 检查			
OBD 故障 指示器	OBD 故障指示器	□合格　□不合格	
	通信	□通信成功　□通信不成功	
		通信不成功的(填写以下原因): □接口损坏　□找不到接口　□连接后不能通信	
	OBD 故障指示器报警	□有　□无	
	故障代码及故障信息 (若故障指示器报警)		
就绪状态	就绪状态未完成项目	□无　□有 如有就绪未完成的,填写以下项目 □催化器　□氧传感器　□氧传感器加热器 □废气再循环(EGR)/可变气门正时(VVT)	
其他信息	MIL 灯点亮后的行驶里程(km):		
CALID/CVN 信息	发动机控制单元	CALID	CVN
	后处理控制单元 (如适用)	CALID	CVN
	其他控制单元 (如适用)	CALID	CVN
OBD 检查结果	□合格　□不合格		检验员:
排气污染物检测			
检测方法	□双怠速　□稳态工况法　□瞬态工况法　□简易瞬态工况法		

检验结果内容					
双怠速法					
排气污染物 检测		过量空气 系数(λ)	低怠速		高怠速	
			CO(%)	HC(10^{-6})	CO(%)	HC(10^{-6})
	实测值					
	限值					
	瞬态工况法					
		CO(g/km)			HC+NO_x(g/km)	
	实测值					
	限值					

续上表

检验结果内容						
排气污染物检测	简易瞬态工况法					
		HC(g/km)		CO(g/km)		NO$_x$(g/km)
	实测值					
	限值					
	稳态工况法					
		ASM5025			ASM2540	
		HC(10^{-6})	CO(%)	NO(10^{-6})	HC(10^{-6})	CO(%)	NO(10^{-6})
	实测值						
	限值						
	结果判定	□合格 □不合格					
	检验员:						
燃油蒸发测试	进油口测试	□合格 □不合格		油箱盖测试		□合格 □不合格	
	结果判定	□合格 □不合格					
	检验员:						
排气污染物检测结果	□合格 □不合格						
授权签字人							
批准人			单位盖章				
1. 本检测方法按标准 GB 18285—2018 执行; 2. 本报告无批准人签字、无加盖检测专用章、涂改数据、复印件均无效; 3. 本报告一式二份:车辆单位和检测单位各持一份; 4. 对本报告中检测数据如有异议,请收到之日起 15 日内向本站有关部门提出申诉; 5. 举报投诉电话(检测单位):×××××××××; 6. 检测场地地址:×××市××区××路××号。							

在 GB 18285—2018 中对四种排放污染物检测方法的限值进行了规定,分限值 a 和限值 b 两类。在用汽车排放污染物检测应符合限值 a。对于汽车保有量达到 500 万辆以上,或机动车排放污染物为当地首要空气污染源,或按照法律法规设置低排放控制区的城市,应在充分征求社会各方面意见基础上,经省级人民政府批准和国务院生态环境主管部门备案后,可提前选用限值 b,但应设置足够的实施过渡期。全国范围实施标准规定的限值 b 具体时间,国务院生态环境主管部门另行发布。

对于实测值超过限值的,排放污染物检测结果判定为不合格。

(二)汽油车排放污染物数据分析方法

1. 排放污染物超标故障原因分析

从汽车排放污染物检测规定来看,排放检测主要涉及 HC、CO、NO_x、λ、CO_2 和 O_2 六项数据。各排放检测数据结果都应小于相应检测方法下的限值要求。

1)HC 排放超标的原因分析

汽车排放中的 HC 成分是未经燃烧或不完全燃烧的燃油,以气体形态排出的结果。混合气过浓或过稀时都会使 HC 排放升高。混合气过浓时,燃油没有与 O_2 充分燃烧而排出;混合气过稀时,可能会无法点燃燃油,也会造成 HC 排放升高。

HC 的检测数据高一般是以下原因引起的:汽缸压力低、发动机温度过低、油箱中油气蒸发、混合气由燃烧室向曲轴箱泄漏、混合气过浓或过稀、点火正时不准确、点火间歇性不跳火、温度传感器不良、三元催化转换器损坏、ECU 损坏、喷油器漏油或堵塞、油压过高或过低等。

2)CO 排放超标的原因分析

CO 是燃油在缺氧的情况下燃烧生成的。CO 的检测值是 0 或接近 0,说明混合气充分燃烧。混合气过浓将产生大量的 CO,混合气过稀引起缺火将生成过多 HC。一般情况下 CO 排放超标意味着混合气过浓或是雾化不良。

CO 的含量过高,表明燃油供给过多、空气供给过少,可能是燃油供给系统和空气供给系统有故障,如喷油器漏油、燃油压力过高、空气滤清器脏污或涡轮增压不良。或者问题可能是活塞环胶结阻塞,曲轴箱强制通风系统受阻,燃油蒸发控制系统、冷却液温度传感器有故障,排气系统堵塞,汽缸压力过低,三元催化转换器损坏,ECU 损坏等。

3)NO_x 排放超标的原因分析

NO_x 是在高温、高压、富氧的条件下生成的。

NO_x 排放超标主要是 EGR 工作不良、发动机工作时出现爆震、发动机存在混合气过稀故障(如油路、喷油器堵塞、喷油量不够)、三元催化转换器失效、三元催化转换器温度过低导致催化效率低、缸压过高(燃烧室内积炭过多)、涡轮增压压力过高等原因引起的。

4)λ 排放超标的原因分析

过量空气系数 λ 是指燃烧 1kg 燃料实际供给的空气量与理论上所需空气量的

质量比,而汽车排放污染物检测仪上的过量空气系数 λ 是气体分析仪根据检测结果中尾气成分的浓度自动计算出来的一个数据,表示混合气稀浓程度的一个参数。

理论空燃比为 14.7：1,即 14.7 份的空气与 1 份的汽油(质量比)在一起能完全燃烧,排放物全部为 CO_2 和 H_2O,此时的 λ 为 1。当混合气偏浓时,λ 值小于 1;当混合气偏稀时,λ 值大于 1。

λ 检测值小于 0.95 表示混合气过浓,可能是燃油压力过高、冷却液温度传感器故障、氧传感器故障等原因引起的;λ 检测值大于 1.05 表示混合气过稀,可能是燃油压力过低、喷油器堵塞、进气漏气、排气管漏气、空气流量传感器故障、进气压力传感器故障等原因引起的。

5)CO_2 排放分析

CO_2 是可燃混合气燃烧的产物,其高低反映出混合气燃烧的好坏,即燃烧效率。可燃混合气燃烧越完全,CO_2 的读数就越高,混合气充分燃烧时排放尾气中 CO_2 的含量达到峰值 13% ~ 16%。当发动机混合气出现过浓或过稀时,CO_2 的含量都将降低。当排气管尾部的 CO_2 低于 12% 时,要根据其他排放物的浓度来确定发动机混合气的浓或稀。燃油滤芯太脏、燃油油压低、喷油器堵塞、真空泄漏、EGR 阀泄漏等将造成混合气过稀,而空气滤清器阻塞、燃油压力过高都可能导致混合气过浓。

6)O_2 异常的原因分析

在汽油车排放污染检测的过程中,如果 O_2 超过一定浓度,例如 5%,就会被检测系统直接判定为检测异常(有采样管没有正确插入排气管的嫌疑),检测终止,检测结果无效。

O_2 的含量是反映混合气空燃比的最好指标,是最有用的诊断数据之一。可燃混合气燃烧越完全,CO_2 的读数就越高;与此相反,燃烧正常时,只有少量未燃烧的 O_2 通过汽缸,尾气中 O_2 的含量应小于 1。导致 O_2 异常原因有很多,如点火性能不良、燃油滤芯太脏、燃油油压低、喷油嘴堵塞、真空泄漏、EGR 阀泄漏等。而空气滤清器阻塞、燃油压力过高等都可能导致混合气过浓。

当 CO、HC 浓度高,CO_2、O_2 浓度低时,表明发动机混合气很浓。HC 和 O_2 的读数高,则表明点火系统工作不良、混合气过稀,而易引起失火。

注意:所有检测方法的结果都是经过综合运算,只列出了有限值要求的计算结果。而实际分析需要的数据并不完整,检测诊断时,更多地需要从检测过程数据中获取需要的排放检测数值。特别是反映燃烧状态的 CO_2、O_2 浓度数据需要从检测过程数据中读取。

2. 通过汽车排放量检测故障的方法

通过排放分析,可以检测到以下几个主要方面的故障:混合气过浓或过稀、二次空气喷射系统失灵、喷油器故障、进气歧管真空泄漏、汽缸盖衬垫损坏、EGR 阀故障、排气系统泄漏、点火提前角过大等。不同故障的废气排放影响见表 2-5。

不同故障的废气排放影响　　　　　　　　　　　　　表 2-5

发动机故障原因		对废气排放的影响				
		HC	CO	CO_2	O_2	NO_x
发动机故障	混合气浓	中度增加	大幅增加	有所下降	有所下降	中度下降
	混合气稀	中度增加	大幅下降	有所下降	有所增加	中度增加
	混合气过稀	大幅增加	大幅下降	有所下降	大幅增加	大幅增加
	点火缺火	大幅增加	有所下降	有所下降	中度增加	中度下降
	提前点火	有所增加	无变化或略有下降	无变化	无变化	大幅增加
	推迟点火	有所下降	无变化或略有增加	无变化	无变化	大幅下降
	点火过迟	有所增加	无变化	中度下降	无变化	有所增加
	压缩压力过低	中度增加	有所下降	有所下降	有所增加	中度下降
	排气泄漏	有所下降	有所下降	有所下降	有所增加	无变化
	进、排气凸轮磨损	无变化或有所下降	有所下降	有所下降	无变化或有所下降	无变化或有所下降
	发动机一般磨损	有所下降	有所下降	有所下降	有所下降	无变化或略有下降
	二次空气喷射系统有故障	有所增加	大幅增加	中度下降	中度下降	无变化
	EGR 泄漏	有所增加	无变化	无变化或有所下降	无变化	无变化或有所下降
排放控制系统正常	EGR 工作正常	无变化	无变化	有所下降	无变化	大幅下降

HC 和 O_2 的读数高,是由点火系统工作不良或过稀的混合气失火而引起的。CO、HC 读数高,CO_2、O_2 读数低,表明发动机混合气很浓。

通常情况下,CO_2 的读数和 CO、O_2 的读数相反。燃烧越完全,CO_2 的读数就越高。如果混合气浓,O_2 的读数就低,CO 的读数就高;反之混合气稀,O_2 的读数就高,CO 的读数就低;若混合气偏向失火点,O_2 的读数就会上升得很快,同时,CO 读数低,HC 读数高而且不稳定。

逐缸断火试验。如果每个缸 CO 和 CO_2 的读数都下降,HC 和 O_2 的读数都上升,且上升和下降的量都一样,则证明每个缸都工作正常。如果只有一个缸的变化很小,而其他缸都一样,则表明这个缸点火不正常或燃烧不正常。

如果一辆车的排气管或汽车排气测量组件的测量管路有泄漏,那么所检测的就是被外部空气稀释的尾气,CO 和 HC 的测量值将降低,O_2 的值将上升。

O_2 的读数是最有用的诊断数据之一。O_2 的读数和其他 3 个读数一起,能帮助找出诊断问题的难点。通常,装有三元催化转换器汽车的 O_2 读数应该是 1% 左右,说明发动机燃烧良好。

维修诊断人员通过向车主询问了解燃油品质及以前的维修内容,参照表 2-5 再配合相应的其他测试,如故障码分析、数据流分析、点火波形分析、真空及压力分析,能快速地诊断汽油车电控喷射发动机故障。

二、柴油车排放检测分析

在全国范围内,装配了使用车用柴油为燃料的压燃式发动机的汽车,进行汽车环保定期检验应采用《柴油车污染物排放限值及测量方法(自由加速法及加载减速法)》(GB 3847—2018)所规定的加载减速法,对无法按加载减速法进行测试的车辆,可采用该标准规定的自由加速法。无法按加载减速法进行测试的车辆,也就是因驱动轴限制无法使用底盘测功机进行检测的车辆。

(一)柴油车排放检测报告单

柴油车排放检测报告单涉及了多项检测内容,样表见表 2-6。

柴油车排放检测报告单(部分)　　　　　　　　表 2-6

OBD 检 查		
OBD 故障指示器	OBD 故障指示器	□合格　□不合格
	通信	□通信成功　□通信不成功
		通信不成功的(填写以下原因): □接口损坏　□找不到接口　□连接后不能通信

OBD 检 查					
OBD 故障 指示器	OBD 故障 指示器报警及故障码	□有　□无			
	故障代码及故障信息 (若故障指示器报警)				
就绪状态	就绪状态未完成项目	□无　□有 如有就绪未完成的,填写以下项目 □SCR　□POC　□DOC　□DPF □废气再循环(EGR)			
其他信息	MIL 点亮后的行驶里程(km):				
CALID/CVN 信息	发动机控制单元	CALID		CVN	
	后处理控制单元 (如适用)	CALID		CVN	
	其他控制单元 (如适用)	CALID		CVN	
OBD 检查结果	□合格　□不合格			检验员:	

排气污染物检测	
检测方法	□自由加速法　□加载减速法　□林格曼黑度法

检验结果内容						
排气污染物 检测	自由加速法					
	额定转速 (r/min)	实测转速 (r/min)	最后三次烟度测量值(m^{-1})			平均值 (m^{-1})	限值 (m^{-1})
			1	2	3	
	加载减速法					
	转速			最大轮边功率		
	额定转速	实测(修正)VelMaxHP		实测(kW)	限值(kW)	
	烟度(m^{-1})			氮氧化物 NO$_x$(10^{-6})		
		100%点	80%点		80%点	
	实测值			实测值		

75

续上表

检验结果内容					
排气污染物检测	限值			限值	
	林格曼黑度法				
	明显可见烟度	□有　□无	林格曼黑度(级)		
	结果判定	□合格　□不合格			
	检验员：				
排气污染物检测结果	□合格　□不合格				
授权签字人					
批准人			单位盖章		

1. 本检测方法按标准 GB 3847—2018 执行；
2. 本报告无批准人签字，无加盖检测专用章、涂改数据、复印件均无效；
3. 本报告一式二份：车辆单位和检测单位各持一份；
4. 对本报告中检测数据如有异议，请收到之日起 15 日内向本站有关部门提出申诉；
5. 举报投诉电话(检测单位)：×××××××××；
6. 检测场地地址：×××市××区××路××号。

　　林格曼烟度法是检测人员把林格曼烟气浓度图放在适当的位置上，将柴油车排气的烟度与图上的黑度相比较，确定柴油车排气口排出气流的林格曼黑度。

　　林格曼黑度是排气污染物颜色与林格曼烟气浓度图对比得到的一种烟尘浓度表示法，分为 0~5 级。对应林格曼烟气浓度图有六种，0 级为全白，1 级黑度为 20%，2 级为 40%，3 级为 60%，4 级为 80%，5 级为全黑。

　　在对柴油车进行自由加速法或加载减速法测量时，如果车辆排放有明显可见烟气或烟度值超过林格曼黑度 1 级，则判定排放检验不合格。

　　对于自由加速法的排放污染物检测限值，分限值 a 和限值 b。限值的选择要求与汽油车相同。

　　对于加载减速法的排放污染物检测限值，分限值 a 和限值 b。限值的选择要求与汽油车相同。

　　补充要求：2020 年 7 月 1 日前限值 b NO_x 过渡限值为 1200×10^{-6}；海拔高度高于 1500m 的地区加载减速法限值可以按照每升高 1000m 增加 $0.25(m^{-1})$ 幅度调整，总调整不得超过 $0.75(m^{-1})$；加载减速过程中经修正的轮边功率测量结果不得低于制造厂规定发动机额定功率的40%,否则判定为检验结果不合格。

（二）柴油车排放污染物数据分析方法

柴油车排放污染检测不同的不合格项目原因分析如下。

1. 林格曼黑度不合格

当柴油车有明显的烟雾排放时,为避免烟度计和氮氧化物分析仪被浓烟污染,造成设备测量误差,使用林格曼烟气浓度图对比排放烟雾,达到1级以上,直接判定不合格。

林格曼黑度不合格,主要是柴油发动机燃烧性能大幅下降,柴油燃烧不完全产生了大量黑色颗粒物造成的。此时,柴油发动机动力已经明显下降,需要对柴油发动机进行大修。主要涉及了发动机缸体和活塞的密闭性修复、燃油油路的清洗、喷射性能的修复、进气系统的修复、增压器和中冷器的修复。

2. 功率不合格

使用加载减速法测试,出现功率不合格的原因是:检测到发动机的动力性能已经明显下降,达不到制造厂规定发动机额定功率的40%。加载减速法功率不合格的车辆是不会继续进行烟雾和氮氧化物测试的。

造成功率不合格的原因,首先要排除人为因素,其中包括:加载加速法的测试人员没有正确操作,例如挡位的选择不正确,发动机功率没能作用到底盘测功机上;为了降低烟度测试结果,人为调低了柴油发动机的喷油量,这种方式可以通过自由加速法测试,但因为功率不足,无法通过更严格的加载减速测试。

排除人为因素后,为找到功率不合格的原因,应先观察柴油发动机烟雾排放的情况,如果有较浓的黑烟,可以判断该发动机需要大修。与林格曼黑度不合格一样,功率不合格故障主要涉及了发动机缸体和活塞的密闭性修复、燃油油路的清洗、喷射性能的修复、进气系统的修复、增压器和中冷器的修复。如果排放黑烟不明显,从燃油供给系统开始检测诊断,先确定燃油供给系统的性能是否良好,再检测诊断涉及进气的管路以及增压器和中冷器的性能是否良好。最后检测诊断发动机排气后处理装置,以及是否因堵塞引发排气背压问题导致。

3. 烟度不合格

柴油发动机烟度不合格,主要原因就是燃烧性能不良,导致颗粒物的激增。对于同时发生 NO_x 排放不合格的车辆,在检测诊断上就要先对后处理系统进行检测。必要时,需要对发动机进行大修。

对于加载减速法,如果是100%点烟度不合格,不一定进行80%点的测试,没有 NO$_x$ 检测结果在100%点烟度合格,80%点烟度不合格时,NO$_x$ 排放是合格的。此时自由加速法和加载减速法对烟度不合格诊断分析方式相同,先检测是否安装 EGR 阀,并且 EGR 阀的性能是否良好。其次对后处理系统进行检测,检测后处理系统是否堵塞,颗粒捕集器是否需要进行再生。接着对进气状况进行检测,检测是否存在进气不足或增压中冷故障。然后检测汽缸压力是否正常,最后检测燃油供给系统是否良好。

4. 氮氧化物(NO$_x$)排放不合格

在《柴油车污染物排放限值及测量方法(自由加速法及加载减速法)》(GB 3847—2018)中增加了对柴油车 NO$_x$ 排放的检测要求。从技术上来说,如果同时出现烟度和 NO$_x$ 超标,该车的柴油发动机已经严重偏离了车辆制造企业的设计性能,需要对发动机进行大修。

对于大多数柴油车来说,主要还是 NO$_x$ 的单项不合格,而柴油车涉及 NO$_x$ 排放控制的主要就是 EGR 和选择性催化还原装置(SCR)。这两项的检测诊断可以参考本书后续章节。

在车辆实际使用中,也有部分用户为了加大动力等原因,在进气管路上自行改装增加进气增压器,可改善柴油发动机的燃烧性能,降低烟度排放,但 NO$_x$ 排放会增加,这也是造成 NO$_x$ 超标的可能原因之一。

第三章

M站诊断设备配置及技术要求

党中央、国务院及生态环境主管部门针对大气污染防治已开展了多项污染治理工作。机动车污染防治,尤其是在用汽车排放污染治理,已经得到长足的进步。2017 年底,由环境保护部依据相关法律法规发布的《机动车污染防治技术政策》公告强调了要"加强机动车检测与维护,对检测(包括外观检验)不合格车辆应及时进行维护(包括修理)"。并且针对机动车排放污染维修治理企业(M 站)提出了"应配备符合相关技术要求的排放检测、诊断及维修设备,确保维修后的机动车在规定的保质期内稳定达标。加强机动车检测与维护信息共享,实现机动车检测与维护闭环管理"的要求。

排放不合格车辆必须到经行业主管部门认证的维修企业进行维护。车辆维护后送检测站复检,检测合格后方能得到年检排放合格证。按此维修路线,《汽车排放污染维修治理站(M 站)建站技术条件》和《汽车排放系统性能维护技术规范》等行业标准也正在制定中。法律法规及标准规范的支撑为推行 I/M 制度奠定了良好的基础条件。

本章首先介绍了 M 站诊断设备的功能要求,并以此为基础介绍了配置的诊断设备;其次介绍了以汽车不解体作业为基本要求的智能化排放污染诊断系统,重点介绍系统功能、工作原理和组成;最后分别介绍了在用汽车排放污染物检测诊断各种常用设备、仪器的功能和技术要求。

第一节　M 站诊断设备功能要求及配置

汽车排放污染维修治理站(简称 M 站)对超标车辆进行汽车排放污染治理诊断,需要配置相应的检测诊断设备。

一、M 站诊断设备功能要求

汽车污染物排放超标诊断是一个复杂的检测诊断过程,涉及发动机机械系统、进排气系统、燃油供给系统、点火系统(汽油发动机)、排放控制等,各个系统相互影响,同时很多污染物排放超标故障现象不明显,导致故障诊断复杂。仅靠诊断人员凭借经验进行检测和故障分析,精准度低、效率不高,严重制约 M 站排放超标治理工作。因此,M 站需配置符合发动机排放控制技术和汽车排放检测诊断技术发展要求的诊断设备,才能快速准确诊断出故障部位。

正确的汽缸压缩、强有力的点火(汽油发动机)及适合的混合气是影响发动机燃烧的三大要素,发动机燃烧状况影响车辆的污染物排放。车辆要解决排放超标问题,根本上是从控制燃烧及尾气后处理两个角度来展开实施的。

对于 M 站而言,要具备对发动机燃烧状态及尾气后处理装置的检测诊断能力,就要从发动机及排放相关机械系统、电控系统及车辆排放控制装置等方面配置设备。

1.发动机及排放相关机械系统检测

发动机及排放相关机械系统工作状态是发动机电控系统控制的基础、依据和保证。通常情况下,车辆的电控系统无法直接对发动机的机械状态进行监测,无法通过汽车故障电脑诊断仪得到发动机和排放相关机械系统的真实工作状态。而机械系统性能的下降甚至出现故障,将严重影响电控系统对车辆燃烧的控制,并造成电控系统对车辆排放故障的误判,从而误导 M 站技术人员对于车辆排放故障的诊断,将大大降低 M 站技术人员对排放超标车辆的治理效率,这就要求 M 站必须具备对发动机及排放相关机械系统的检测诊断能力。

对发动机及排放相关机械系统主要的检测类别有:压力测量(汽缸压力、进气压力、排气背压、燃油压力、机油压力),密封性检测(汽缸测漏气量、烟雾检漏量),压力测量(真空元件驱动测试),温度测量(发动机冷却液温度、进排气管温度)等。

相对应 M 站需要配置的设备有:汽缸压力表、汽缸漏气量测试仪、燃油压力表、进排气压力测量仪、手动真空泵等。

2. 发动机电控系统通信式诊断(Vehicle Communication Interface,VCI)

车辆诊断对几乎所有可能影响排放超标的电控部件、排放控制装置及相关系统进行监控,当 OBD 判断车辆排放可能超过环保法规规定的限值时,就会以可被汽车故障诊断仪读取的故障码形式记录车辆故障,一切关于故障的重要信息也会被储存在 OBD 中,并在仪表上进行报警提示(Malfunction Indicator,MI),以便于指导维修人员对于排放超标车辆进行维修。

车辆自动诊断系统的重要性在于:①OBD 将随时监测在用汽车影响排放性能的零部件和系统的故障,保证汽车在整个使用寿命周期中排放不超过法规要求;②在车辆故障诊断过程中利用 OBD 的监测信息,可以简化车辆检测和维修的程序,从而指导故障准确维修、缩短维修时间;③OBD 会持续监测汽车排放控制装置的劣化过程,大幅减少由于故障造成的在用汽车超标排放;④OBD 的实施可保障汽车污染控制装置的生产一致性,减小汽车零部件和系统的散差,提高零部件和系统的耐久性。

生态环境部发布的国家标准《柴油车污染物排放限值及测量方法(自由加速法及加载减速法)》(GB 3847—2018)和《汽油车污染物排放限值及测量方法(双怠速法及简易工况法)》(GB 18285—2018)中明确规定:新生产汽车下线检验、注册登记检验和在用汽车检验中均需要对 OBD 进行检查。并要求 OBD 诊断仪应将检验过程的逐秒数据流信息上传生态环境主管部门,并且详细规定了上线检测 OBD 实时数据流的具体内容,见表 3-1 和表 3-2。

柴油车实时数据流项 表 3-1

项 目 名 称	单 位	项 目 名 称	单 位
节气门开度	%	氮氧化物浓度	$\times 10^{-6}$
车速	km/h	尿素喷射量	L/h
发动机输出功率	kW	排气温度	℃
发动机转速	r/min	颗粒捕集器压差	kPa
进气量	g/s	EGR 开度	%

续上表

项 目 名 称	单 位	项 目 名 称	单 位
增压压力	kPa	燃油喷射压力	bar❶
耗油量	L/100km		

汽油车实时数据流项　　　　　　　　表 3-2

项 目 名 称	单 位	项 目 名 称	单 位
节气门绝对开度	%	计算负荷值	%
车速	km/h	前氧传感器新高	λ
发动机转速	r/min	进气量	g/s

　　未来在用汽车环保检查重点也会逐步转向对 OBD 功能的检查,所以车辆故障电脑诊断仪是 M 站车辆排放故障诊断最基本、最迅速、最有效且必不可少的诊断设备。越来越多的汽车故障电脑诊断仪在满足环保法规要求的情况下,还为用户提供故障索引、维修指导及车辆的维修资料信息。

　　3. 发动机电控及排放相关系统在线式检测(Vehicle Measurement Interface,VMI)

　　对于排放超标车辆,仅仅依靠车辆电控系统的通信式诊断(VCI)是不全面的,通信式车辆故障电脑诊断方式虽然非常便捷高效,但不足之处同样十分明显,这就需要采用在线式(直接测量电路、电控部件及电控系统的实际值)的检测方式进行补充、验证、确认。

　　使用通信式汽车故障电脑诊断仪的不足在于:①汽车电脑故障诊断仪只能实现对车辆上的电控系统的诊断,而非电控系统的电气部件同样会严重影响车辆的污染物排放。②如果电气元件(传感器和执行器)本身的性能参数出现偏移,电控系统没有能力对电气元件的参数特性进行判断,电控系统会根据错误的传感器信号进行错误的控制,增加了车辆排放超标的风险。③数据流是处理过的信息,不是真实的信号。它表示 ECU"认为"它看到的,而不是通过 ECU 端子检测到的实际值。数据流也可以表示 ECU 的默认值,而非实际测量值,有些则是替代值(有故障

---

❶　1bar＝0.1MPa。

时）。④在显示输出命令时,数据流显示计算值的输出,而无法判断驱动电路是否执行。⑤电控系统只能对低电压系统进行检测诊断,无法对真实的点火能量进行检测和监控。

因此,需要 M 站具备对电控系统部件、装置的性能参数直接检测的能力,能够使用示波器测量车辆传感器、执行器等信号波形,能够进行发动机性能测试(起动性能、充电性能、蓄电池性能、压缩性能、点火性能、排放性能、燃油反馈控制性能等)。一些高端设备还具有信号发生器功能,它可以模拟传感器向控制电脑输入正确或故障的传感器信号,从而判断传感器的好坏及对车辆排放性能的影响,同样也可以模拟控制电脑向执行器输出指令信号以判断执行器的工作状况,从而检测车辆排放的改善情况。这类设备主要包括:万用表、示波器、汽车专用示波器、发动机综合分析仪、车辆系统分析仪等。

4. 排放控制系统部件和装置的功能要求

(1)环保法规对汽油车和装用点燃式发动机汽车排放控制系统部件和装置要求有以下功能:

催化器监测、加热型催化器监测、失火监测、蒸发系统监测、二次空气喷射系统监测、燃油供给系统监测、排气传感器监测、废气再循环(EGR)系统监测、曲轴箱强制通风(PCV)系统监测、发动机冷却系统监测、冷起动减排策略监测、可变气门正时(VVT)系统监测、汽油车颗粒捕集器(GPF)监测、综合部件监测、对其他排放控制或排放源监测、例外情况监测。

(2)环保法规对柴油车和装用压燃式发动机汽车排放控制系统部件和装置要求有以下功能:

非甲烷碳氢(NMHC)催化器监测、氮氧化物(NO_x)催化器监测、失火监测、燃油供给系统监测、排气传感器监测、废气再循环(EGR)系统监测、增压压力控制系统监测、NO_x 吸附监测、柴油车颗粒捕集器(DPF)监测、曲轴箱强制通风(PCV)系统监测、发动机冷却系统监测、冷起动减排策略监测、可变气门正时(VVT)系统监测、综合部件监测、对其他排放控制或排放源监测。

二、M 站诊断设备配置

M 站配置的检测诊断设备主要包括发动机及排放相关机械系统检测设备、发动机电控系统通信式诊断设备(VCI),发动机电控及排放相关系统在线式检测诊断设备(VMI),排放控制部件、装置、系统专用检测诊断设备。

（一）发动机及排放相关机械系统检测设备

发动机及排放相关机械系统检测设备见表3-3。

发动机及排放相关机械系统检测设备　　　　　表3-3

设备名称	主要作用	主要参数或结构	图　　片
汽缸压力表	用于测试发动机汽缸压力； 用于判断汽缸磨损程度，是否有积炭，活塞环及进、排气门密封状况	10/12/18/14mm 长短转接头，适用于所有汽油发动机，转接管端部有止回阀，防止压力泄漏，保证测量的准确性； 量程：0 ~ 300psi❶ 或 0 ~ 2100kPa，精准度高； 带快速连接头的 25in❷ 导管，方便快速连接； 压力释放阀设计：防止因压力释放过快，损伤表针，采用高强度抗疲劳材料，压力超过量程10%，不损坏表针，可与碟形加长杆配合使用	
汽缸漏气量测试仪	用于测试发动机汽缸密封性，根据所测漏气率，判断活塞环与汽缸壁的磨损状况，可以推断发动机是否需要大修	测试范围：0 ~ 100psi，量程：0~700kPa； 压力调节旋钮，可调节所需压力源； 配有 14mm 转接头导管，配带快速接头； 配有 10mm、12mm、18mm 转接头，适合所有汽油发动机，采用高强度抗疲劳材料，压力超过量程10%，不损坏表针，耐磨工具盒，便于携带	

❶ 1psi＝6.89kPa。

❷ 1in＝2.54cm。

续上表

设备名称	主 要 作 用	主要参数或结构	图　片
烟雾检漏仪	烟雾检漏仪可以用于任何有泄漏嫌疑的车辆低压系统,例如:燃油蒸发排放控制系统、进气/排气系统、真空系统,以及查找门窗、天窗密封条的泄漏位置。另外,还可以用于电磁阀的功能检验和组件测试	高度:33.0cm,长度:33.0cm,宽度30.5cm; 重量:8.6kg; 电源:12V 直流; 功耗:15A; 烟雾发生液容积:355mL; 输出压力:0.032bar❶; 出气量:12L/min; 出烟管长度:3m; 供电线路:3m; 运行温度范围:0~50°C; 最大相对湿度:温度60°C 时为80%	
燃油压力表	可测试发动机工作状态下的燃油压力,燃油导轨、燃油滤芯、燃油喷射、压力调节阀和燃油泵的工作状况;配有进气道喷射(PFI)、节气阀体喷射(TBI)、连续燃油喷射(CIS)、电控燃油连续喷射(CISE)和 K-Jetronic 燃油喷射系统的接头	安全方便的快速接头,使操作简洁、安全; 50 多种转接头,车型覆盖广; 带保护套的压力表,避免划伤车身; 燃油压力释放阀设计合理,保护表针; 3.5in 表盘,清晰易读; 0~100psi 或 0~700kPa 量程,精度、准度高; 采用高强度抗疲劳材料,压力超过量程 10%,不损坏表针	
真空/压力测量仪	用于检测排气背压、增压压力,发动机 EGR、PVC 系统的测试,真空控制系统检测,制动真空助力器的检测	易读的 3.5in 表盘,0~30inHg,0~700mmHg❷真空刻度; 0~15psi,0~100kPa 压力刻度; 配有胶管和转接头,带保护套的压力表	

❶　1bar=0.1MPa。

❷　1inHg=3.39kPa、1mmHg=0.133kPa。

续上表

设备名称	主要作用	主要参数或结构	图 片
手动真空泵	用于检测汽车上真空驱动的元件,包括暖风和空调挡板、PCV和EGR阀等	24in橡胶管,配有多种转接头; 内有活塞复位弹簧,可使手柄迅速复位; 真空度0~760mmHg、0~30inHg量程显示	
红外测温仪	测量发动机及相关部件表面温度,用于判断车辆的故障	内置红外芯片,结构紧凑,质量轻; 新型光学镜头,测量精度高,温度测试范围宽; 激光指示器容易锁定测试区域; 可测量表面温度达1000℃的物体; 可设定报警温度(最低和最高温度)	
柴油套件1	柴油低压油路排查	压力表0~16bar,压力表-1~5bar; 多种进油三通; 回油三通; 多种连接头	
柴油套件2	柴油管路排空气	抽气手泵; 连接头; 油管	
柴油套件3.1	柴油高压油路排查	2000bar压力管、600bar压力管; 迷你轨; 集油器; 压力显示器; 多种连接头	

（二）发动机电控系统通信式诊断设备（汽车故障电脑诊断仪）

目前对车辆电控系统进行诊断的设备是汽车故障电脑诊断仪,主要包括汽油车用故障电脑诊断仪及柴油车用故障电脑诊断仪,见表3-4。

发动机电控系统通信式诊断设备　　　　　　　表3-4

设备名称	主要作用	主要参数	图片
汽油车故障电脑诊断仪	丰富的内置维修帮助,高级功能/匹配功能使用指导,诊断模式提供汽车维修帮助; 一键式清除所有故障码并提供冻结帧帮助,一键免费升级,自主选择所需车型数据下载安装; 数据流显示支持数值/波形显示,同时支持数据流记录及对比功能,易于客户获得信息和分析; 支持功能包括节气门匹配、制动片更换、蓄电池更换、防抱死制动系统排气等常用功能,及方向角传感器复位、胎压复位及尾气后处理等一系列高级功能	处理器:ARMCortex-A9 双核/800MHz; 操作系统:Linux3.0.35 工作电压:DC 7~32V 运行内存:1GB DDR3 存储内存:8GB eMMC; 防护等级:IP52; 无线:Wi-Fi802.11B/G/N; USB:USB2.0 高速; 诊断接口:OBD-II(12/24V:兼容)	
柴油车故障电脑诊断仪	年检预检:可快速预检车辆状态是否符合年检要求; CAN 节点侦测:可快速判断是否为 CAN 总线问题,指导维修人员下一步操作; 灾备恢复:为防止车载 ECU 由于检修导致应用数据遭到破坏而影响车辆正常使用的情况发生,可使用该功能将预先备份的车辆应用数据恢复至车载 ECU; 专业的维修资料及故障解析:包括 DPF 和 DNO_x 后处理系统的测试方法,以及针对故障现象,指导用户解读故障码及部件检测; 学习平台:配件产品培训,设备使用培训,高级诊断功能操作视频等; 对天然气发动机进行诊断;	处理器:ARMCortex-A9 双核/800Mhz(VCI); 操作系统:Linux3.0.35(VCI); 显示屏:10.1 英寸 IPS屏,1280×800(平板); 运行内存:1GB DDR3(VCI); 存储内存:8GB eMMC(VCI); 无线:Wi-Fi802.11B/G/N(VCI); 充电模式:点烟器/快充(平板); 电池容量:13000mAh(平板)	

续上表

设备名称	主 要 作 用	主 要 参 数	图　　片
柴油车故障电脑诊断仪	标定功能:支持怠速调整、空调控制、排气制动控制、多功能开关、巡航控制、发动机起动控制、发动机传感器、进气预热控制、发动机怠速微调、最高车速限制、车速传感器特征、双踏板控制、智能节油开关、加速踏板参数校正、风扇控制、中央车身控制单元(CB-CU)参数设置、遥控钥匙匹配、维护灯归零、喷油嘴编码、VIN 编码、泄压阀复位; 尾气后处理诊断:尿素泵车上驱动测试、DPF 再生等		

（三）发动机电控及排放相关系统在线式检测设备

万用表可以测量电压、电阻、电流、电路通断,高档的数字式万用表还可以测量信号的频率及占空比信号,通常情况下使用万用表无法得到连续的车辆电气部件信号。通用示波器不仅可以连续检测车辆上的电信号并能以电压、电流的形式进行连续记录,连续信号更容易使维修人员捕捉到车辆的故障。而汽车专用示波器则对车辆上的传感器和执行器有单独的检测项目设置,并对测量该信号时触发电压、信号幅值、信号频率、时机等参数进行了预设定,大大方便了维修人员的检测工作,减少了维修人员对于设备的设置操作。汽车发动机分析仪则带有高压点火系统的检测功能,可以测量点火系统的次级高压波形,并可以实现多个发动机子系统的性能测试。汽车系统分析仪则几乎涵盖了车辆检测的所有检测类别,并提供车辆诊断维修的技术信息。发动机电控及排放相关系统在线式检测设备见表 3-5。排放控制部件、装置、系统专用检测诊断装置见表 3-6。

发动机电控及排放相关系统在线式检测设备　　　　　　　　　表 3-5

设备名称	主 要 作 用	主要参数或结构	图　　片
万用表	直流与交流电压测试; 连续测试与电阻测量; 电容与二极管测试; 频率测试; 交流与直流电流测试	电压测量精度:0.1mV; 电阻测量精度:0.1Ω; 电容测量精度:1mV; 频率测量精度:1Hz; 电流测量精度:0.1mA	

续上表

设备名称	主 要 作 用	主 要 参 数 或 结 构	图　片
汽车专用示波器	可以连续测量车辆上电路及电控系统电信号,并以波形的方式进行记录	转速测量: 450~6000r/min,100~12000r/min,250~7200r/min,100~500r/min; 油温测量:-20~150°C; 蓄电池电压:0~60V DC 端子; 初级 15 端电压:0~60V DC 端子; 初级 1 端电压:0~10V; 通过起动机电流的相对压缩:0~200%; ASS 发生器电压波动:0~200%; 起动机电流:0~1000A; 关闭角:0~100%、0~360°; 关闭时间:0~50ms、50~100ms; 压强(空气):-80~150kPa; 占空比:0~100%; 预热时间:0~20ms	
汽车发动机分析仪	四通道示波仪可以同时检测 4 个部件; 车辆点火系统的初级和次级波形的检测; 万用表可以完成电流、电压、电阻和二极管的检测; 测量压力和真空信号	符合人体工程学防振的手持柄; 20cm(8in) TFT 彩色显示器(VGA,640×480); 易于上手的触摸屏幕操作方式,同时也可以使用 11 硬键操作方式; 1MHz 采样频率; 6MHz 峰值采样频率; 储存及调取测量曲线及测量值; 机身重量仅为 1.4kg; 外观尺寸:261mm × 248mm ×44.5mm	

续上表

设备名称	主 要 作 用	主要参数或结构	图　　片
汽车系统分析仪	由 MTM 模块(包括各种传感器、信号模拟输出和示波器功能)、ESI 模块、KTS 模块以及 050 尾气分析仪集成的 FSA740 已从单纯的发动机综合分析功能整合成汽车故障综合诊断仪,可覆盖车载控制系统的诊断、部件查询、技术资料支持(包括维修技术资料和仪器操作连接的随机帮助)以及提供专家指导模式,甚至工时管理等,为维修厂提供整体的强大技术平台	车辆故障诊断的分析测量类别: 故障码分析; 数据流分析; 波形分析; 执行器驱动分析; 传感器模拟分析; 真空分析; 压力分析; 温度分析; 排放分析	

排放控制部件、装置、系统专用检测诊断装置　　　　表 3-6

设备名称	主 要 作 用	主要参数或结构	图　　片
压差表	检查 GPF 压差	量程:-10~+10kPa	
曲轴箱窜气量测试仪	曲轴箱窜气量测试仪是一种气体流量计,专门用于测量通过汽缸活塞组摩擦间隙窜入曲轴箱的气体量,以评定发动机汽缸活塞组技术状况,检测发动机磨合情况,检测汽缸漏气等	气体流量计:测量范围 1~100L/min; 标定压力:1.8kPa; 标定温度:25℃; 试压:0.6MPa; 测试仪质量:4kg	

续上表

设备名称	主要作用	主要参数或结构	图　片
喷油器回油量测量仪	轿车、轻型车共轨喷油器回油量测量	有6个集成于一体的圆柱量杯、软管、连接头、带挂钩的皮带，最小刻度1.8mL	
喷油器静态回油量检测仪	中重型商用车共轨喷油器静态回油压降速度检测	有压力和温度探测带手动泵、多段软管、油壶、主控箱，与手机或平板电脑之间进行蓝牙连接测试	
尿素液路检测仪Denoxtronic2	博世 DNO$_X$2.1&DNO$_X$2.2、DNO$_X$6-5尿素系统液路功能测量	尿素喷射压力和喷射量测量，带母喷嘴、称重装置、多个量杯、管路三通、压力表、折射仪、试纸	
共轨喷油器试验台	满足最新技术型号的共轨喷油器性能测试	轨压2500bar，测试4只共轨喷油器只需15min，Window系统，数据云端升级、易操作、易维修	

第二节　汽车不解体检测诊断系统

汽车不解体检测诊断系统具有检测和智慧诊断两大主要功能,是汽车排放污染物超标综合检测诊断设备。

一、汽车不解体检测诊断系统功能、原理及组成

(一)系统简介

汽车不解体检测诊断系统,在不对汽车解体(或仅卸下个别小件)情况下,运用先进的手段进行检测(包括外观、尾气、波形、感应、声响等),并利用先进故障诊断技术(包括故障树分析、大数据分析、专家系统、模型推理等智慧诊断)对车辆故障作出分析和判断,确定故障部位、器件、电路。汽车不解体检测诊断系统包括检测和诊断两大核心系统(图 3-1),具有诊断和检测高度组合集成、硬件软件模块化、诊断智能化、服务网络化的特点。汽车不解体检测诊断系统是一个集检测、智能诊断、汽车数据综合服务和训练于一体的综合检测诊断系统。

集成15种汽车检测设备功能,
可同时对车辆进行多个项目的检
测(电控系统检测、尾气排放测
量等),为诊断提供基础数据

可对车辆故障(尤其是排放超
标故障)进行云智慧诊断,引导
维修人员对故障进行诊断,快
速排除故障

a)　　　　　　　　　　　b)

图 3-1　汽车不解体检测诊断两大核心系统

汽车不解体检测诊断系统应用在 M 站时,须依据我国现行的汽车污染物检测标准及相关环保标准,设计污染物排放超标故障的检测、诊断专用流程,以及检测与维修数据闭环的模块和接口。基于排气特征数据库、发动机工作特性数据库、排放控制数据库、排放超标诊断原理数据库、排放超标治理案例数据库等建立污染物

排放超标分析模型,对污染物排放超标的车辆进行快速准确诊断并引导维修人员排除故障。

(二)主要功能和基本原理

随着智能化社会加速到来,我国正从数字化社会向智能化社会演进,以云计算、大数据、物联网(Internet of Things,IOT)等为核心的信息和通信技术(Informationand Communication Technology,ICT)是智能化社会的重要基石,"云"成为数字化转型的必然选择。汽车不解体检测诊断系统的智慧诊断既是检测平台也是诊断平台,是一个综合了物联网应用,具有不解体检测、云技术计算、大数据分析的智慧诊断平台,为汽车排放污染治理诊断技术的发展提供动力,为一直困扰在经验诊断阶段的维修人员提供了一个有效的解决方案。

1.物联网的应用

物联网是新一代信息技术的重要组成部分,也是"信息化"时代的重要发展阶段。顾名思义,物联网就是物物相连的互联网。这有两层意思:其一,物联网的核心和基础仍然是互联网,是在互联网基础上延伸和扩展的网络;其二,其用户端延伸和扩展到了物品与物品之间,进行信息交换和通信,也就是物物相息。

在汽车排放超标诊断中,需要对超标车辆进行各种数据监测,需要采集汽车排放数据,汽车传感器和执行器的数据、波形。应用物联网技术,可将各种汽车检测设备的检查数据转换为数字信息,通过互联网标准数据接口进行数据传输和共享,为大数据分析和大数据应用提供最基础的数据支持。

2.云计算分析

以云计算分析平台为依托,基于排气特征数据库、发动机工作特性数据库、排放控制数据库、排放超标诊断原理数据库、排放超标治理案例数据库等,运用故障树分析、大数据分析、专家会诊等智慧诊断分析推理模型,对排放污染物超标进行全面的故障诊断,在有迁移学习能力的维修治理案例库数据的支撑下,基于故障源的故障指数进行诊断。云计算分析平台如图 3-2 所示。

云计算分析平台从排放检测数据库中读取超标车辆的排放检测数据,依据排气特征数据库、排放超标诊断原理数据库和排放控制数据库的数据,建立诊断分析模型。结合发动机工作特性数据库,特别是在发动机排放监控系统未报故障码的情况下,对传感器和执行器的检测数据、波形进行分析和诊断。最后匹配维修治理案例库,进行大数据比对,计算出超标车辆的故障源和故障指数。

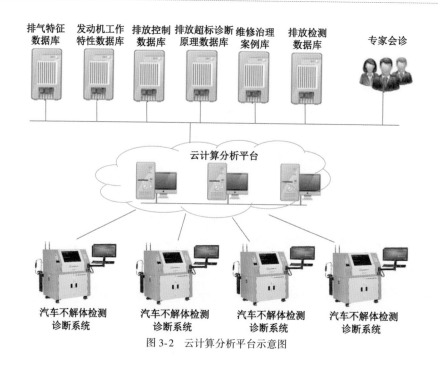

图 3-2　云计算分析平台示意图

3. 汽车不解体检测诊断系统的主要功能

汽车不解体检测诊断系统的主要功能有：汽车不解体集成检测功能、汽车污染物排放超标故障诊断功能、检测诊断数据管理、标准数据接口。

(1)汽车不解体集成检测模块集成了多种汽车检测设备的功能,目的是为诊断提供基础数据,集成不是简单地将各个设备整合在一起,而是要通过信息技术将各种检测数据规范化,制定污染物排放超标的标准检测流程,才能为准确诊断提供必要的检测数据和诊断参数。集成系统包括汽油车电控系统诊断、柴油车电控系统诊断、OBD 诊断、维修归零、尾气排放测量、不透光烟度测量、汽油车点火正时测量、柴油车喷油正时测量、发动机转速测量、点火系统高压探测、真空压力测试、汽车传感器示波等功能。

(2)汽车污染物排放超标故障诊断。根据汽车的污染物排放数据,通过排气特征数据库、排放控制数据库等建立故障检测流程;然后依据故障检测流程采集各种动态工况下的 OBD 数据流、尾气排放值、发动机分析仪波形数据,经由系统的故障诊断分析模块自动分析诊断。系统的故障诊断分析模块会建立汽车排放超标诊断分析推理模型,结合发动机各个系统相互控制、相互影响的关系,对发动机排放污染物各项成分进行分析和诊断,综合维修治理案例库的大数据分析结果,快速、准确、高效地对发动机故障进行定位,解决双怠速法、自由加速法等汽车在怠速下污染物排放超标故障诊断的问题,并解决稳态工况法、瞬态工况法/简易瞬态工况法、加载减速法等汽车在有负荷工况下污染物排放超标准确诊断的问题。汽车污染物排放超标故障诊断功能如图3-3所示。

图3-3　汽车污染物排放超标故障诊断功能

(3)检测诊断数据管理。实现入厂检测、过程检测、竣工检测数据电子化,签发诊断报告,建立维修电子档案,并可通过 web service 接口上传数据,实现节能减排数据统计分析,如图3-4所示。

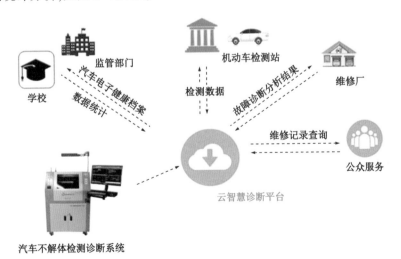

图3-4　检测诊断数据管理和标准数据服务接口

（4）标准数据接口。标准数据接口包括两种：第一种是汽车不解体检测诊断系统第三方检测设备联网的接口，如内窥镜、OBD 诊断仪、发动机专用示波器、工况法污染物排放检测系统等，实现更加全面、准确的检测；第二种是 IM 闭环数据接口及诊断服务数据接口，如 I 站检测数据接口、汽车维修电子健康档案数据接口、车主服务 App 接口等，如图 3-4 所示。

（5）专家诊断系统。汽车污染物排放超标维修治理是一个专业性很强的领域，它既包括了常规汽车修理的内容，也包括了污染物排放控制技术等方面的专业知识。为了满足越来越严格的排放限制要求，单一的排放控制技术已经不能满足需要。各个汽车生产商会采用不同控制技术的组合来实现对污染物排放量的控制。而同一控制技术的应用，因为各家生产商产品的设计不同，装配方式也不尽相同。

专家诊断平台针对不同车型，联合了各地、各个品牌的车辆诊断维修专家，对排放超标车辆进行远程专家会诊。解决超标车辆的"疑难杂症"。同时可以为维修治理案例库提供特殊案例积累，有效地提高智慧诊断的精准度。

（6）数据监测和统计。排放超标诊断的过程是一个信息化、电子化的过程。车辆排放污染物检测和维修的全部过程，包括数据、照片、专家的指导意见等都将在云计算分析平台内记录并保存。对过程中的异常数据进行监测，同时为维修治理的减排效果统计提供第一手数据支持。以张家港实施 I/M 制度的统计数据为例，治理车辆进厂前和出厂后排放污染物平均浓度的对比如图 3-5 所示。

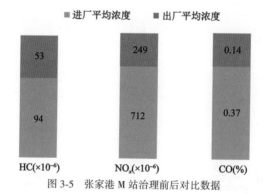

图 3-5　张家港 M 站治理前后对比数据

（三）主要组成

汽车不解体检测诊断系统由汽车故障电脑诊断模块、发动机综合检测模块、汽车排气检测模块、烟度检测模块和汽车故障云诊断服务器组成,其中汽车排放检测、烟度检测等也可以通过连接第三方设备实现。汽车不解体检测诊断系统架构图如图3-6所示。

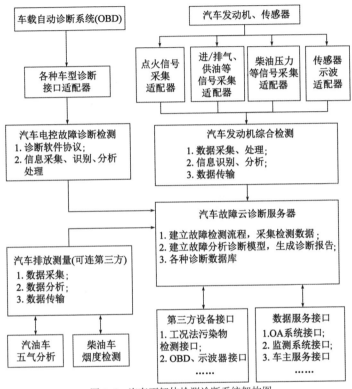

图 3-6　汽车不解体检测诊断系统架构图

二、汽车不解体检测诊断系统主要作用

(一)故障检测诊断

汽车不解体检测诊断系统可以对点燃式和压燃式发动机污染物排放超标进行故障诊断。系统通过对汽车排放数据精准检测(或从第三方设备获取),云智慧诊断数据库分析,对排放超标故障范围定位,最后生成诊断报告。诊断报告包含车辆技术状况、维修方案、建议维修项目以及建议更换的配件,并建立包含车辆入厂检测报告、维修报告、出厂检测报告等的完整电子档案。

发动机排放控制由多种控制系统完成,各个系统相互控制、相互影响,导致污染物排放超标诊断比较复杂,对诊断人员的能力和经验要求很高,诊断人员需要经过长时间培训,这严重制约了 M 站运行发展。通过汽车不解体检测诊断系统,可以降低对诊断人员的技术要求,同时又能提高诊断效率和准确度,促进 M 站良性运行。

汽车不解体检测诊断系统平台可实现互联网、移动互联网终端服务,量身打造智慧诊断平台,针对汽车污染物排放超标故障源,把握"科学检测车辆、智慧诊断故障、高效清洁排放"的脉络,创新推动汽车维修企业向"汽车排放医院"的连锁经营服务模式转型升级。

不同尾气排放测量方法,对车辆排放超标的判定是不一样的。因为测量方法的不同,对车辆尾气排放控制的要求也不一样,这需要建立不同的数据诊断模型进行分析。汽车不解体检测诊断系统针对不同的尾气排放检测方法,建立了不同的排放数据诊断模型。云分析平台根据汽车排放检测数据、发动机特性数据建立诊断模型,逐一分析车辆传感器和执行器的工作参数、测试波形等数据。在诊断分析过程中,会提示诊断人员使用汽车不解体检测系统的检测设备,连接超标车辆,采集相关车辆数据。

采集的超标车辆数据包含但不限于以下信息。

①车辆信息:车辆识别代号(VIN)、型式检验时的 OBD 要求(如:EOBD,OBD-Ⅱ,CN-OBD-6)、车辆累计行驶里程(ODO)。

②OBD 相关信息:控制单元名称、控制单元 CALID、控制单元 CVN。

③故障信息:故障代码、MIL 点亮后的行驶里程。

④OBD 就绪状态描述:故障诊断器描述、就绪状态。

⑤汽车排放实际监测频率(IUPR)相关数据:应记录监测项目名称、监测完成次数、符合监测条件次数以及 IUPR 率。

⑥传感器检测数据:节气门绝对开度、计算负荷值、前氧传感器信号、过量空气系数、发动机转速、进气量、进气压力、节气门开度、发动机输出功率、增压压力、耗油量、氮氧传感器浓度、尿素喷射量、排气温度、颗粒捕集器压差、EGR 开度、燃油喷射压力。

⑦车辆污染物排放数据:车辆污染物排放检测方法、检测报告结论、所有排放检测结果数据及检测过程数据。

云分析平台采集到车辆检测诊断数据后,综合维修治理案例数据库,进行大数据比对和分析,快速、精准地定义超标车辆的故障源和故障指数。

1.汽车不解体检测诊断系统可检测项目

汽车不解体检测诊断系统可检测项目见表3-7。

汽车不解体检测诊断系统可检测项目表　　　　　表3-7

序号	功　　能	功　能　描　述
1	电控读取故障码功能	读取车辆当前故障码、历史故障码
2	电控清除故障码功能	清除车辆当前故障码、历史故障码
3	电控读取数据流功能	读取车辆数据流信息
4	电控元件动作测试功能	对车辆终端元件进行测试
5	读取电控单元版本信息功能	检测车辆ECU电控单元版本号
6	电控特殊功能	系统匹配、单元编码、维修归零等操作
7	汽油车点火系统测量	初级点火数据
8		次级点火数据
9		初级点火波形
10		次级点火波形
11		单缸波形
12		真空度、正时灯
13	汽油车喷油系统测量	喷油器波形
14		喷油正时
15	汽油车供电系统测量	交流发电机输出波形
16		起动、充电图形
17		各缸真空度
18	汽油车功率平衡	手动断缸
19		自动断缸
20		无负载测功
21	柴油车喷油系统测量	柴油喷油器波形
21		柴油压力波形
23		柴油喷油正时
24	柴油车供电系统测量	交流发电机输出波形
25		起动、充电图形
26	示波器测试(可从第三方设备获取)	示波A通道测试
27		示波B通道测试

续上表

序号	功　能	功能描述
28	点燃式车型尾气排放通用测量 （可从第三方设备获取）	HC、CO、CO₂、O₂、NOₓ 的五气测量
29	点燃式车型尾气排放双怠速测量 （可从第三方设备获取）	按 GB 18285—2018 设计的双怠速测量
30	压燃式车型尾气排放实时测量 （可从第三方设备获取）	实时测量数值显示
31		波形显示
32	压燃式车型尾气排放自由加速测量 （可从第三方设备获取）	单次测量
33		在用车自由加速测量，按 GB 3847—2018 设计的自由加速测量
34		新生产车自由加速测量

2. 汽车不解体检测诊断系统污染物排放治理可诊断项目

汽车不解体检测诊断系统可以对点燃式和压燃式发动机在双怠速法、自由加速法、稳态工况法、瞬态工况法/简易瞬态工况法、加载减速法等工况下污染物排放超标的故障进行诊断，主要的诊断项目见表 3-8。

污染物排放治理可诊断项目　　　　　　　　　　　　表 3-8

序号	车　　型	诊 断 项 目
1	汽油车	CO 排放偏高/超标
2		HC 排放偏高/超标
3		NOₓ 排放偏高/超标
4		空燃比偏高/超标
5		空燃比偏低/超标
6	柴油车	颗粒物（PM）排放偏高/超标
7		NOₓ 偏高/超标
8		功率不足

3. 汽车不解体检测诊断系统诊断部件项目

汽车不解体检测诊断系统可诊断部件包括传感器、执行器、机件等。

（二）数据管理服务

1."三单一证"管理

汽车不解体检测诊断系统将维修治理车辆的数据上传到数据中心,形成 M 站"三单一证"的数据闭环。M 站"三单一证"的数据闭环信息包括企业信息、车辆信息、维修治理的"三单一证"(进厂诊断检验单、过程检验单、竣工检验单、竣工出厂合格证)、维修项目、维修工时等数据,如图 3-7 所示。

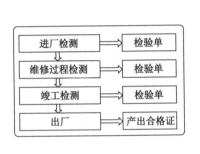

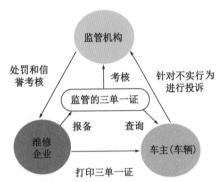

图 3-7　"三单一证"管理示意图

2.汽车排放污染物维修治理数据统计

汽车排放污染物维修治理数据统计包含维修数量统计、排放污染物统计、维修项目统计、治理车辆年份统计、车辆里程统计。

(1)维修数量统计包括治理日期、维修企业、入厂车辆数量、已维修车辆维修数量和维修占比、未维修车辆数量、正在维修车辆数量、维修率、维修合格率的统计。

(2)排放污染物统计包括 HC、CO、NO_x、PM 减排量的统计。

(3)维修项目统计是指统计排放相关配件的维修或更换数量和占比。故障配件统计如图 3-8 所示。

(4)车辆年份统计是指统计排放污染物超标车辆的生产年份和对应此生产年份

图 3-8　故障配件统计

车辆的维修数量。

（5）车辆里程统计是指统计排放污染物超标车辆的行驶总里程和对应此行驶总里程范围车辆的维修数量。

（6）此外，统计信息还包括进厂检测单、过程检测单、竣工检验单、维修竣工出厂合格证。

（三）标准数据通信

汽车不解体检测诊断系统具有开放的数据通信接口，可以和第三方设备、系统联网数据共享，实现检测手段更加丰富多样性、诊断模型更加成熟可靠、数据管理服务更加专业。

汽车不解体检测诊断系统数据接口如图 3-9 所示。

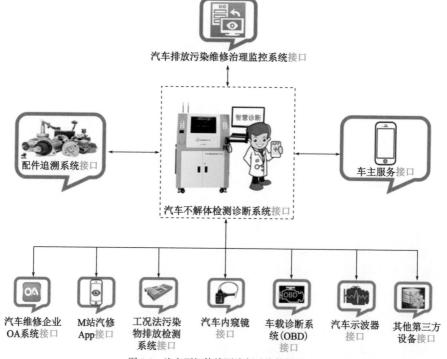

图 3-9　汽车不解体检测诊断系统数据接口

（1）汽车维修企业 OA 系统接口：实现和维修企业的 OA 系统信息互联，在企业原有的信息化系统基础上，实现汽车污染物排放超标治理业务流程的信息化运行。

（2）工况法污染物排放检测系统接口：与第三方工况法污染物排放检测系统和汽车不解体检测诊断系统联网，实现检测诊断信息互联；不合格车辆污染物排放检测数据传输到汽车不解体检测诊断系统进行故障检测诊断。

（3）OBD 诊断系统、示波器接口等接口：实现第三方检测设备与汽车不解体检测诊断系统联网，丰富汽车不解体检测诊断系统的诊断参数。

（4）车主服务接口：实现维修企业原有的车主服务 App 和汽车不解体检测诊断系统互联，车主可以查询超标治理中检测数据、诊断报告等内容。

（5）汽车排放污染物维修治理监测系统接口：汽车不解体检测诊断系统将维修治理电子档案上传到汽车排放污染物维修治理监测系统，实现汽车排放污染物维修治理数据统计分析。

三、汽车不解体检测诊断系统性能指标及技术参数

1. 汽车不解体检测诊断系统工作环境要求

（1）额定工作电压：AC 220×（1±10%）V，50×（1±2%）Hz；

（2）输入电流要求：≥10A；

（3）网络接入要求：宽带网络接口，带宽 2M 以上，有线网络接入；

（4）检测车型蓄电池电压：12V DC，24V DC；

（5）工作温度：0~40℃；

（6）相对湿度：不大于85%；

（7）大气压力：86~106kPa。

2. 汽车不解体检测诊断系统测试数据指标

汽车不解体检测诊断系统测试数据指标见表 3-9。

汽车不解体检测诊断系统测试数据指标　　　　　　　　　　表 3-9

参数类别	测试参数		测试范围	分辨率	示值误差
汽车电控故障诊断检测	K线、L线速率		9600~115200Kbit/s	—	—
	CAN2.0A 和 CAN2.0B	总线速率	5~500Kbit/s	—	—
		总线差分电压（隐性状态）	0V	—	—
		总线差分电压（显性状态）	2V	—	—
		共模电压	2.5V	—	—

续上表

参数类别	测试参数		测试范围	分辨率	示值误差
汽车电控故障诊断检测	J1850总线	脉冲宽度调制(PWM)方式	20~41.6Kbit/s	—	—
		可变脉宽调制(VPW)方式	20~10.4Kbit/s	—	—
		高准位电压	4.25~20V	—	—
		低准位电压	≤3.5V	—	—
汽车发动机综合分析检测	发动机转速		300~1200r/min	—	2.5%
			1200~2400r/min	—	2.0%
			2400~5000r/min	—	1.5%
			5000~7200r/min	—	1.0%
	击穿电压		0~55kV	—	5.0%
	火花电压		0~10kV	—	5.0%
	点燃式发动机点火提前角		0~60°	—	绝对误差±1°
	火花持续时间		0~9.99ms	—	5.0%
	点火初级电压		−20~400V	—	5.0%
	压燃式发动机喷油提前角		0~60°	—	绝对误差±1°
	起动电流		0~500A	—	2.0%
	充电电流		0~40A	—	2.0%
	充电电压		0~40V	—	2.0%
	进气管内真空/压力		20~105kPa	—	2.0%
	电压		−120~300V	—	2.0%

第三节 汽车排放污染物检测诊断配套设备

汽车排放污染物检测诊断所需要的检测诊断设备主要有:用于简易工况法测试的底盘测功机,用于汽油车排放污染物测试的五气分析仪,用于柴油车排放污染物测试的不透光烟度计,用于柴油车排放污染物测试的氮氧化物分析仪。

一、底盘测功机

(一)底盘测功机原理

汽车底盘测功机是一种测量汽车驱动轮输出功率的台架试验装置,可用于检测汽车动力性、排放性能等相关性能的试验,可用于汽车加载调试,诊断汽车在负载条件下出现的故障。底盘测功机与五气分析仪、透射式烟度计、发动机转速计及计算机自控系统一起组成一个综合测量系统,可对汽车各种道路行驶工况进行模拟,测量出汽车驱动轮输出功率,以及多工况排放指标及油耗。

汽车底盘测功机一般由测功台架主体、功率吸收装置(电涡流机)、惯量模拟装置(飞轮组)、举升装置、安全装置(限位导向辊)及相关传感器等组成。具有排放污染物测试功能的工况法底盘测功机除了上述的基本结构外,还需要有反拖装置和惯量模拟装置。底盘测功机的基本结构如图 3-10 所示。

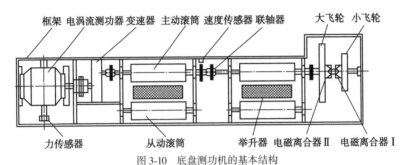

图 3-10　底盘测功机的基本结构

底盘测功机工作原理:设备处于正常运行状态时,举升器处于举升状态,被检车辆驶上测功机台架,驱动轴停在举升器上,并使车轮停在滚筒中央。放下举升器,使车轮落在滚筒上,被检车辆在滚筒上行驶时,滚筒的表面线速度与车辆的行驶速度相等,并带动着惯量模拟装置飞轮组转动,产生转动惯量,通过安装在滚动轴上的速度传感器检测出滚筒的速度并转换成车速。主滚筒组与电涡流功率吸收器相连,通过给电涡流机施加励磁电流,产生与车辆驱动力大小相等、方向相反的阻力,该阻力又由安装在涡流机臂上的力传感器平衡,并由力传感器转换成电信号输出给计算机进行处理与控制,经计算则可得出功率值。

（二）底盘测功机的功能

(1)汽车驱动轮输出功率(外特性和部分特性)、输出转矩(扭力)的检测。

(2)车速表、里程表误差的检测。

(3)汽车加速性能、滑行性能的检测。

(4)汽车传动系统阻滞力的检测。

(5)汽车油耗检测的加载及控制。

(6)汽车排气污染物检测的加载及控制。

(7)符合《汽油车污染物排放限值及测量方法(双怠速法及简易工况法)》(GB 18285—2018)以及《柴油车污染物排放限值及测量方法(自由加速法及加载减速法)》(GB 3847—2018)对底盘测功机设备的要求。

(三)底盘测功机分类

底盘测功机按额定承载质量分为:3t、10t、13t,见表3-10。

底盘测功机的分类 表3-10

额定承载质量(t)	3	10	13
滚筒组合形式	双轴式	双轴式	双轴式或三轴式

(四)底盘测功机工作条件

在以下工作条件下,底盘测功机应能正常工作。

1. 环境

温度:0~40℃;相对湿度:不大于85%。

2. 电源

AC 380(1±10%)V,三相,(50±1)Hz;

AC 220(1±10%)V,单相,(50±1)Hz。

3. 磁场

工业现场的电磁干扰应对测试结果无影响。

(五)底盘测功机检测能力

底盘测功机检测能力要求见表3-11。

底盘测功机检测能力 表3-11

额定承载质量(t)	3	10	13
额定吸收功率(kW)	≥150	≥250	≥300
最高测试车速(km/h)	≥130	≥130	≥130
注:额定吸收功率是指风冷式电涡流机冷态时的最大吸收功率。			

（六）底盘测功机测量参数

底盘测功机测量参数见表3-12。

底盘测功机测量参数 表3-12

项　目	参　数			
	扭力	速度（km/h）	功率	距离
分辨力	1N	0.1	0.1kW	0.1m
鉴别力（阈）	±5N	—	—	—
漂移（30min）	±6N	±0.1	—	±0.1m
示值误差	±1.0%	±0.2	—	±1%
静态零值误差	±2″（满量程）	±0.1	—	—
测试重复性	—	—	≤2kW 或 2%	—

二、五气分析仪

（一）五气分析仪原理

五气分析仪是汽油车排放检测的重要设备,是对汽车排放污染物进行检测、分析,从而判断排出有害气体是否超出标准的设备,可通过汽车废气中 HC、CO_2、CO、O_2 和 NO_x 的成分,计算出 λ 值(过量空气系数)。在实际应用中,五气分析仪也常常作为分析发动机故障的诊断工具。

五气分析仪由不分光红外检测平台、NO 传感器和 O_2 传感器、气体压力传感器、可控电磁阀和可控泵、反吹装置、取样探头、过滤器装置、校准端口、联网接口等组成,如图3-15 所示。

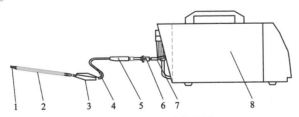

图 3-11　五气分析仪结构图

1-取样探头;2-取样金属软管;3-排气口固定架;4-弯管;5-把手;6-前置过滤器;7-取样管;8-测量主机(含不分光红外检测平台,NO 传感器,O_2 传感器,过滤装置等部件)

（二）五气分析仪功能

（1）能测量汽车排气中的 CO、CO_2、HC、NO_x 和 O_2 五种成分的体积分数（或浓度），并能通过测量结果计算过量空气系数（λ）值。

（2）符合《汽油车污染物排放限值及测量方法（双怠速法及简易工况法）》（GB 18285—2018）中各种测量方法对五气成分测量提出的不同要求。

①双怠速法。

CO、CO_2、HC、NO 的测量应采用不分光红外法（NDIR），O_2 的测量可采用电化学法，或其他等效方法。

②稳态工况法。

CO、HC 和 CO_2 的测量采用不分光红外法（NDIR）。

NO 的测量优先采用红外法（IR）、紫外法（UV）或化学发光法（CLD）。

O_2 浓度的测量可以采用电化学法或其他方法。

③瞬态工况法。

总碳氢化合物（THC）分析采用火焰离子检测器（FID）法，如果采用流量为 $9\sim15m^3/min$ 的定容取样系统（CVS），分析仪的检查曲线应至少覆盖 $0\sim2000\times10^{-6}$ 的量程范围。

CO 分析采用 NDIR 原理，如果采用流量为 $9\sim15m^3/min$ 的 CVS，分析仪的检查曲线应至少覆盖 $0\sim2000\times10^{-6}$ 的量程范围。

CO_2 分析采用 NDIR 原理。如果采用流量为 $9\sim15m^3/min$ 的 CVS，则分析仪的检查曲线应至少覆盖 $0\sim60000\times10^{-6}$（6%）的量程范围。

NO_x 分析应采用化学发光法，测取的 NO_x 是 NO 和 NO_2 的总和。如果采用流量为 $9\sim15m^3/min$ 的 CVS，则分析仪的量程至少应为 $0\sim100\times10^{-6}$；如果采用的是其他流量的 CVS，应对分析仪的上述量程进行调整。分析仪的检查曲线应满足相关标准的规定。

④简易瞬态工况法。

CO、HC 和 CO_2 的测量采用不分光红外法（NDIR）。

NO_x 测量优先采用红外法（IR）、紫外法（UV）或化学发光法（CLD），采用电化学原理的 NO_x 测试仪自 GB 18285—2018 实施后 12 个月内停止使用；若采用其他等效方法，应取得主管部门的认可；氮氧化物（NO_x）是 NO 和 NO_2 的总和，其中 NO_2 可以直接测量，也可以通过转化炉转化为 NO 后进行测量，采用转化炉将 NO_2 转化为 NO 时，转化效率应不小于 90%。

O_2 的测量可以采用电化学法或其他等效方法。

（3）具有发动机转速和机油温度测量功能,或具有转速和机油温度信号输入端口。

（4）具有低怠速和高怠速测量程序。

（5）所有部件应由耐腐蚀材料制成,所用材料对废气成分应无影响,取样探头应能经受排气高温的作用,并具有限位和固定装置。

（6）符合《汽油车污染物排放限值及测量方法（双怠速法及简易工况法）》（GB 18285—2018）的其他要求。

（三）五气分析仪技术要求

五气分析仪技术参数见表3-13。

五气分析仪技术要求　　　　　　　　　　　　　表 3-13

气体种类	量　　程	示值允许误差	
		绝对误差	相对误差
HC	$(0 \sim 2000) \times 10^{-6}$	$\pm 4 \times 10^{-6}$	$\pm 3\%$
	$(2001 \sim 5000) \times 10^{-6}$	—	$\pm 5\%$
	$(5001 \sim 9999) \times 10^{-6}$	—	$\pm 10\%$
CO	$(0.00 \sim 10.00) \times 10^{-2}$	$\pm 0.02 \times 10^{-2}$	$\pm 3\%$
	$(10.01 \sim 14.00) \times 10^{-2}$	—	$\pm 5\%$
CO_2	$(0.00 \sim 16.00) \times 10^{-2}$	$\pm 0.3 \times 10^{-2}$	$\pm 3\%$
	$(16.01 \sim 18.00) \times 10^{-2}$	—	$\pm 5\%$
NO_x	$(0 \sim 4000) \times 10^{-6}$	$\pm 25 \times 10^{-6}$	$\pm 4\%$
	$(4001 \sim 5000) \times 10^{-6}$	—	$\pm 8\%$
O_2	$(0.00 \sim 25.00) \times 10^{-2}$	$\pm 0.1 \times 10^{-2}$	$\pm 5\%$

注:表中所列绝对误差和相对误差,满足其中一项要求即可。

三、不透光烟度计

（一）不透光烟度计原理

不透光烟度计是测量柴油发动机排气中可见污染物（主要是烟尘微粒）含量的仪器,使一定波长的光束通过被测排气（排烟）,并且使得排气在一段给定的长度内测量。由于光被气体吸收和散射,光强被衰减,通过测量排气吸收光的程度,就可以测量得到排气中可见污染物的含量。

其吸收关系遵循比尔-郎伯定律:

$$N = 100(1 - e^{-K \cdot L}) = 100\left(1 - \frac{I}{I_0}\right) \qquad (3-1)$$

式中:N——不透光度;

K——光吸收系数,m^{-1};

L——光路长度;

I——出射光强度;

I_0——入射光强度。

不透光烟度计结构如图 3-12 所示。

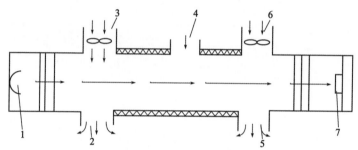

图 3-12　不透光烟度计结构图

1-光源;2-测量室左出口;3-左风扇;4-测量室入口;5-测量室右出口;6-右风扇;7-光电接收器

不透光烟度计的测量室是一根分为左右两部分的导管,被测排气从中间的入口 4 进入,从左出口 2 和右出口 5 排出。光源发光二极管 1 装在左出口的左端,光电接收器 7 装在右出口的右端。光源射出的平行光经过测量室后,光的能量由于烟的关系发生变化,排气中含烟越多,平行光穿过测量室时光能衰减越大,经光电接收器 7 转换的光电信号就越弱。当光电接收器接收到光源的变化感光后,相应将光强转化为电信号,经电路放大处理后显示相应的光吸收系数 K 和不透光度 N 值。光吸收系数 K 是不透光值的基本单位,它与光路长度无关,它可根据气体的温度和压力进行补偿光吸收;不透光度 N 与光路长度有关,为统一起见一般通常设定光路长度为 0.43m。

由于排气中夹带着许多烟尘微粒,如果让排烟直接接触光源发光二极管 1 及光电接收器 7 的表面,烟尘微粒将会沉积在上面,从而影响测量结果。为使光学系统免遭烟气的污染,仪器采用了"空气气幕"保护技术。图 3-12 中的左风扇 3 和右风扇 6 将外界的清洁空气吹入光源发光二极管 1 及光电接收器 7 与测量室的左右出口之间,在光源发光二极管 1 和光电接收器 7 的表面形成"风帘",避免其沾染上烟尘微粒。

排气中含有水分。由于排气管的温度较高,刚进入仪器时,排气中的水分仍保持在气态。如果仪器测量室管壁的温度比排气温度低很多,排气中的水蒸气就要冷凝成雾,影响测量结果。为了防止冷凝的影响,测量室管壁的温度应始终保持在70℃以上,为此测量室装有加热及恒温控制装置。

不透光烟度计主要由控制单元、测量单元、取样部件、连接电缆等部分组成,如图 3-13 所示。

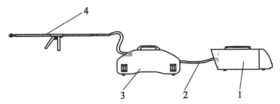

图 3-13　不透光烟度计外观图
1-控制单元;2-连接电缆;3-测量单元;4-取样探头

(二)不透光烟度计功能

(1)可测量汽车排气不透光度。

(2)不透光烟度计显示仪表有两种计量单位:一种为绝对光吸收系数单位,从 0 到趋于 ∞（m^{-1}）;另一种为不透光度的线性分度单位,从 0 到 100%。两种计量单位的量程,均应以光全通过时为 0,全遮挡时为满量程。

(3)符合《柴油车污染物排放限值及测量方法（自由加速法及加载减速法）》（GB 3847—2018）的要求。

(三)不透光烟度计技术要求

(1)不透光度读数。
①示值范围:0~99%;
②分辨力:0.1%;
③最大允许误差:±2.0%;
④重复性:±1.0%;

⑤零点漂移：在 30min 内，烟度计的漂移不得超过±1.0%。

（2）光吸收系数。

①示值范围：0~9.99m^{-1}；

②分辨力：0.01m^{-1}；

（3）仪器的光吸收系数 K 的示值，与按仪器不透光度读数 N 示值用公式计算得到的光吸收系数 K 值之间的差异，不得大于 0.05m^{-1}。

（4）烟度计测量电路的响应时间为不透光的遮光片使光通过暗通道被全遮挡时，仪表从 10%满量程到 90%满量程的时间，响应时间为（1.0±0.1）s。

（5）烟度计的烟气温度示值误差不超过±2℃。

（6）对带有发动机油温显示功能的烟度计，其机油温度示值误差应不超过±2℃。

（7）对带有发动机转速显示功能的烟度计，其转速示值误差应不超过±50r/min。

四、氮氧化物分析仪

在《柴油车污染物排放限值及测量方法（自由加速法及加载减速法）》（GB 3847—2018）对加载减速法的测量中，增加了对 80%点的氮氧化物检测要求。其中对氮氧化物分析仪要求如下：

（1）氮氧化物分析仪可以选择使用化学发光、紫外或红外原理，不得采用化学电池原理。

（2）测量得到的氮氧化物（NO_x）是 NO 和 NO_2 的总和。

（3）其中对 NO_2 可以直接测量，也可以通过将其在转化炉转化为 NO 后进行测量。

（4）采用转化炉将 NO_2 转化为 NO 时，转化效率应≥90%，对转化效率要进行定期检验。

（5）CO_2 浓度监控：具有 CO_2 浓度监控功能，CO_2 浓度采用不分光红外原理测量。

（6）氮氧化物分析仪量程和准确度满足表 3-14。

氮氧化物分析仪量程和准确度要求　　　　　　　　　　　　表 3-14

气　　体	量　　程	相 对 误 差	绝 对 误 差
NO	（0~4000）×10^{-6}	±4%	±25×10^{-6}
NO_2	（0~1000）×10^{-6}	±4%	±25×10^{-6}
CO_2	（0~18）×10^{-2}	±5%	—

注：表中所列绝对误差和相对误差，满足其中一项要求即可。

（7）重复性。

由标定口输入标准气体时记录的所有最高与最低读数之差,以及由探头输入标准气体时记录的所有最高与最低读数之差,都应符合表3-15中的要求。

氮氧化物分析仪重复性要求　　　　　　　　　表3-15

气　体	量　程	相 对 误 差	绝 对 误 差
NO	$(0\sim4000)\times10^{-6}$	±3%	$±20\times10^{-6}$
NO_2	$(0\sim1000)\times10^{-6}$	±3%	$±20\times10^{-6}$
CO_2	$(0\sim10)\times10^{-2}$	±2%	$±0.1\times10^{-2}$

注:表中所列绝对误差和相对误差,满足其中一项要求即可。

（8）抗干扰性。

氮氧化物分析仪的抗干扰性应符合表3-16的要求。

氮氧化物分析仪抗干扰要求　　　　　　　　　表3-16

气　体	量　程	相 对 误 差	绝 对 误 差
NO	$(0\sim4000)\times10^{-6}$	±1%	$±10\times10^{-6}$
NO_2	$(0\sim1000)\times10^{-6}$	±1%	$±10\times10^{-6}$
CO_2	$(0\sim10)\times10^{-2}$	±0.8%	$±0.1\times10^{-2}$

注:表中所列绝对误差和相对误差,满足其中一项要求即可。

（9）响应时间。

氮氧化物分析仪传感器的响应时间应符合表3-17的要求。

氮氧化物分析仪传感器响应时间要求　　　　　　表3-17

序号	NO_x 传感器允许的最大响应时间（s）	CO_2 传感器允许的最大响应时间（s）
T90	4.5	4.5
T95	5.5	5.5
T10	4.7	4.7
T5	5.7	5.7

①上升响应时间:上升响应时间为当某种气体被引入传感器样气室入口时,从传感器的输出指示对输入气体开始有响应起,至输出指示达到该气体最终稳定浓度读数的给定比例,所经历的时间。上升响应时间又分以下两种。

T90:自传感器对输入气体有响应起,至达到最终气体浓度读数90%所需要的时间。

T95:自传感器对输入气体有响应起,至达到最终气体浓度读数95%所需要的时间。

②下降响应时间:下降响应时间为将正在进入传感器样气室入口的某种气体的通路切断时,从传感器的输出指示开始下降的时刻起,至输出指示达到该气体最终稳定浓度读数的给定比例,所经历的时间。下降响应时间又分以下两种。

T10:自传感器的输出指示开始下降起,至达到气体稳定浓度读数10%所需要的时间。

T5:自传感器的输出指示开始下降起,至达到气体稳定浓度读数5%所需要的时间。

五、气体流量分析仪

(一)气体流量分析仪的作用

气体流量分析仪是汽车排气质量分析系统在传统尾气浓度分析系统的基础上,加上流量分析的功能,根据尾气的浓度与流量计算得到尾气排放的质量。稀释气体由排放尾气和环境空气混合而成,利用空气中的 O_2 浓度数据、五气分析仪测得的尾气中 O_2 浓度以及稀释气体中的 O_2 浓度,可以得到进入流量传感器的排放尾气被空气稀释的比例;流量测量的结果经温度和压力修正,获得标准体积流,结合尾气的稀释比例,进而计算排放尾气的实际流量。根据尾气的成分浓度(由五气分析仪测量得到)和尾气的流量,可测出汽油车尾气中排放污染物的质量含量(五气分析仪抽取的尾气流量很小,对流量测量不造成影响)。此数据和底盘测功机测得的发动机实际输出功率相结合,可实时分析车辆在道路负荷工况下排气污染物的排放质量,对于全面评价车辆的排放状况、估算机动车污染物排放总量及制订切实可行的机动车污染控制规划具有重要意义。

(二)气体流量分析仪的组成

气体流量分析仪是简易瞬态工况法(VMAS)中使用的检测设备。它的基本结构如图 3-14 所示,由气室、涡旋流量传感器、氧气传感器、抽气机、温度和压力传感器等组成,主要用来即时地测量排放气体的流量。气体流量分析仪将测量稀释后气体的氧含量,并与原排放气体中的氧含量相比较,求得质量稀释的比例,通过稀释比和气体流量分析仪测得的流量,计算出每一秒的排放体积。然后根据排放体积和五气分析仪测量出来的排放浓度,来计算汽车每一秒排放的污染物质量。

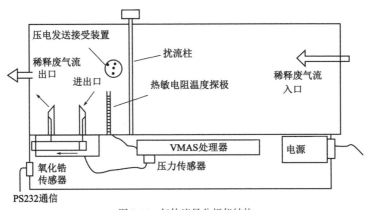

图 3-14　气体流量分析仪结构

1. 氧传感器

氧传感器是用来测量在测试过程中稀释气体氧浓度改变的传感装置,它也用来测量测试开始时环境空气的氧浓度。通过与五气分析仪中测量的氧浓度比较,还可以用来计算稀释比。

对氧传感器的要求为:O_2 浓度测量范围,0～25%;测量结果的不确定度,0.1%;重复性,0.1%;噪声干扰,0.1%;响应时间,0—90%的响应时间小于 4s,90%—10%的响应时间小于 5s。

2. 流量传感器

流量传感器用来测量稀释排气流量,通常使用涡旋流量传感器,支杆是涡旋流量传感器的关键性元件,它使气体流经测量室的交叉部件时形成涡旋。这些涡旋的线速度将与气体流量成一定比例。用压力传感器测量涡旋刚从支杆流出时的波幅和波幅变化频率,确定涡旋的流出速率。经稀释流量的校正、标准压力和温度校正确定排放流量。

在满足流量测量精度要求的前提下,可以采用其他原理的稀释排气流量计。

3. 稀释排气流量控制

采样系统应该通过一个锥形口收集管同时收集车辆排气和环境空气,使用一个鼓风机抽吸稀释排气,鼓风机的流量应控制在 6～12m^3/min,废气收集管的长度一般为 12m 左右,直径为 10cm 左右,鼓风机的润滑油应该能够承受稀释排气的温度。

M站诊断设备使用环境

按照汽车排放污染检测和维修制度及《汽车排放系统性能维护技术规范》的要求,取得汽车维修经营备案的一、二类汽车维修企业和从事发动机维修的三类汽车维修企业,可作为汽车排放性能维护(维修)站(或称汽车排放污染维修治理站,M站),承担汽车排放性能维护职责。各类维修站应满足交通运输部发布的《机动车维修管理规定》(以下简称《规定》)相应要求。《规定》强调,M站除了具有必需的诊断维修设备、场所等硬环境外,还要有掌握相应诊断维修技术的技术、管理人员以及健全的维修管理制度等软环境。

本章介绍了M站的基本运行条件、诊断技术人员的条件和整体人员架构、诊断设备的信息化条件,以及M站的质量控制模式。

第一节 汽车排放污染维修治理站

一、M站类型划分

根据发动机燃烧方式和车辆总质量,M站分为两类。

1.点燃式发动机汽车M站

点燃式发动机汽车包括燃用汽油、天然气或液化石油气等燃料的汽车。点燃式发动机汽车M站按车型可分为:重型车辆M站(车辆总质量>3.5t),简称为M_{Q1}

站;轻型车辆 M 站(车辆总质量≤3.5t),简称为 M_{Q2} 站,如图 4-1 所示。

2. 压燃式发动机汽车 M 站

压燃式发动机汽车主要包括燃用柴油等燃料的汽车。压燃式发动机汽车 M 站按车型可分为:重型车辆 M 站(车辆总质量>3.5t),简称为 M_{C1} 站;轻型车辆 M 站(车辆总质量≤3.5t),简称为 M_{C2} 站,如图 4-2 所示。

图 4-1　点燃式发动机汽车 M 站

图 4-2　压燃式发动机汽车 M 站

二、M 站基本要求

M 站应符合《汽车维修业开业条件　第 1 部分:汽车整车维修企业》(GB/T 16739.1—2014)对汽车整车维修企业的相关要求和《汽车排放系统性能维护技术规范》的相关要求,并经所在地县级及以上交通运输主管部门备案。

M 站应具有现行有效的与汽车排放污染检测、诊断、维修相关的法律、法规、规节、标准等文件资料,并确保完整有效、及时更新;应建立健全组织管理机构,覆盖维修技术、质量控制、配件管理、作业安全、档案管理、设备管理、售后跟踪问访等岗位,并落实责任人;应建立汽车排放污染检测、诊断、维修治理等操作规程。M 站所采用的汽车污染物排放测量方法应符合当地生态环境主管部门的规定。

M 站应按《机动车维修服务规范》(JT/T 816—2021)要求开展维修服务,并明示经营项目、承修车型,公示配件信息和价格信息、汽车排放污染维修治理流程、工时定额收费标准以及质量保证期。

M 站应悬挂统一式样的标志牌,如图 4-3 所示。

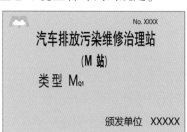

图 4-3　M 站标志牌式样

M 站的数量和分布应满足以下要求：

（1）以每年汽车排放污染维修治理量 5000 辆/站确定 M 站的设置密度。低于上述密度一般不再设置 M 站。

（2）地级市市区内 M 站的设置半径一般为 5km，但在同一行政区域内汽车保有量远超过规定数量的除外。

（3）山区、边远地区的设置规划可依据特殊地理环境等特殊条件区别设置。

三、M 站整体布置

根据《汽车排放污染维修治理站（M 站）建站技术条件》（T/CAMRA 010—2018），M 站建站场地应该满足以下条件：

（1）厂房面积、布局应能满足各类仪器设备的工位布置、作业流程的需要，并与其承修车型和业务量相适应。

（2）厂房内应设有专用的汽车排放污染检测诊断工位和维修治理工位，检测诊断工位和维修治理工位的数量应与承修车型、生产作业规模相适应。检测诊断工位和维修治理工位的尺寸应与承修车型相适应。M_{Q1} 站和 M_{C1} 站的工位面积不小于 $18\times8m^2$；M_{Q2} 站和 M_{C2} 站的工位面积不小于 $8\times6m^2$。

（3）M 站应有与承修车型、经营规模以及业务量相适应的停车场地，停车场地界定标志明显。

（4）M 站应在其经营场所显著位置公示汽车排放检测标准、汽车排放污染维修治理流程、安全操作规程等。

第二节　诊断人员与信息化条件

一、M 站的人员架构

M 站应设有负责人、技术负责人、安全生产管理人员，配备专职诊断人员、维修治理人员和质量检验人员，这些人员是 M 站业务、生产所需的必备人员，人员数量应与承修业务量相适应。

除此之外，M 站还应该配备接待人员、财务人员等必要的行政人员进行企业管理工作。M 站人员架构如图 4-4 所示。

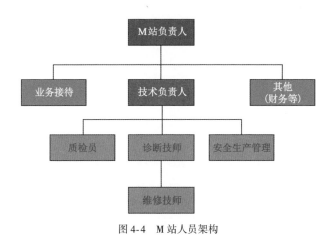

图 4-4　M 站人员架构

（一）负责人

M 站负责人，即站长或总经理，负责 M 站的整体运营管理，应该满足以下要求：

（1）具有企业经营管理及运作能力。

（2）具有治理环境污染的社会责任感。

（3）遵纪守法、诚实守信、征信记录良好。

（4）经过汽车排放污染维修治理专项管理培训。

（二）技术负责人

M 站技术负责人，即 M 站车间经理或技术经理，是 M 站进行检测、维修的管理者，应该满足以下要求：

（1）具有汽车维修或相关专业的大专（含）以上学历，或具有汽车维修或相关专业的中级（含）以上专业技术证书，并有从事汽车维修 5 年（含）以上的工作经历。

（2）具有汽车排放污染超标故障诊断分析能力，能熟练使用检测诊断设备进行检测诊断，解决维修治理中出现的疑难技术问题。

（3）具有制定企业各项技术质量管理制度和工艺文件的能力，可以指导生产实践。

（4）具备新技术学习能力，诚实守信，并有良好的职业操守。

（5）经过汽车排放污染维修治理专项诊断技术培训。

（三）诊断人员

M 站诊断人员,即 M 站的维修诊断技师/维修班组长,是 M 站车辆维修的具体执行者,负责诊断、检测排放故障的原因,确认排除故障所需的维修作业项目、内容,是 M 站维修作业的技术骨干,应该满足以下要求:

(1)具有汽车维修或相关专业的中职(含)以上学历,或具有汽车维修或相关专业的中级(含)以上专业技术职称。

(2)能熟练使用汽车排放污染检测诊断设备,并具有超标车辆故障技术诊断分析的能力。

(3)具备指导维修治理人员进行规范化维修治理作业的能力。

(4)经过汽车排放污染维修治理专项诊断技术培训。

(5)持有与承修车辆相适应的机动车驾驶证。

（四）维修治理人员

M 站维修治理人员,即 M 站的维修作业技师,负责按照诊断人员的维修方案进行维修作业,包括更换损坏部件,对故障部件进行清洗、调整等作业,应该满足以下要求:

(1)至少有一人取得汽车维修工中级(含)以上专业技术证书。

(2)具有完成汽车排放污染维修治理作业的能力。

(3)能熟练使用汽车排放污染维修治理设备和工具,规范作业,精准排除汽车排放污染超标故障。

(4)经过汽车排放污染维修治理专项培训。

（五）质量检验人员

M 站质量检验人员负责对 M 站维修的车辆进行质量检验,确保维修完成的车辆符合标准,所维修的项目达到维修目标,应该满足以下要求:

(1)具备汽车维修质量检验能力。

(2)经过汽车排放污染维修治理专项培训。

(3)持有与承修车辆相适应的机动车驾驶证。

（六）安全生产管理人员

M 站安全生产管理人员负责 M 站的安全生产,应满足以下要求:

(1)熟知国家安全生产法律法规,并具有汽车维修安全生产作业知识和安全生产管理能力。

（2）具备安全生产应急处理能力。

二、诊断设备信息化条件

M站应具备包括汽车维修电子健康档案系统在内的汽车排放污染维修治理信息化系统。汽车维修电子健康档案系统应符合《汽车维修电子健康档案系统》（JT/T 1132—2017）的要求。

汽车排放污染维修治理信息化系统应具有以下功能：

（1）接收、读取、保存机动车排放检验机构（I站）检测过程及结果数据，上传维修治理结果数据和机动车维修竣工出厂合格证，对承修车辆治理前后排放数据进行对比、分类及统计管理。

（2）配件管理、费用结算和汽车排放污染维修治理档案管理。

（3）汽车排放污染超标治理电子化、信息化功能。

（4）车主预约、维修进度查询、维修报告查看、维修评价等服务功能。

（5）数据管理保存期限为3年。

汽车排放污染维修治理信息化系统应预留标准数据通信接口：

（1）预留上传至交通运输、生态环境主管部门的标准数据通信接口。

（2）在汽车检测与维修制度（I/M制度）体系下实现M站与I站数据互通的标准数据通信接口。

第三节　质 量 控 制

一、监督检查

1.依法加强对M站的监管

每年对M站进行至少2次公开检查，检查其营业执照、检测/维修记录、检测数据显示，以及检测、维修人员完成检测和诊断排除故障的能力等；每年对所有的M站进行一次暗访，检查排放不合格车是否复查、检测操作是否符合标准、检测维修质量及收费等。对在汽车排放性能维护（维修）中的弄虚作假行为，各地交通运输管理部门视情形对违规站点处以暂停营业，对检测或维修人员处以停职、强制培训、撤销从业资格等处罚。

2.加强日常巡查监督

各地交通运输管理部门联合生态环境等相关部门不定期对 M 站开展巡查工作,对汽车排放性能维修(维护)过程的规范性、收费的合理性等问题进行监督。

3.完善 M 站数据共享工作

对 M 站上传的汽车维修(维护)数据进行抽样分析,系统评估 M 站数据质量,对于数据上传缺失、错漏的 M 站,通知其开展数据自查整改工作。

4.定期开展公示

加强 M 站诚信管理。对 M 站企业信息、服务质量、信誉考核、违法违规等情况进行定期公示。对流程规范、服务优质的 M 站进行定期表彰。

5.建立 M 站退出机制

各地交通运输管理部门会同生态环境、市场监管部门加强对 M 站的联合执法检查。对存在严重违法违规行为的 M 站,责令其停止从事汽车排放性能维护(维修)作业,并进行公示。

二、设备维护及校准

(一)标准物质管理

1.M 站的标准物质类型

M 站进行维修检测时是需要标准物质作为参照的。M 站标准物质主要类型见表4-1。

M 站的标准物质类型 表4-1

序号	物料名称	规格型号(国家标准)
1	汽油零点标准气体	$O_2 = 20.8\%$ $HC < 1 \times 10^{-6}THC$ $CO < 1 \times 10^{-6}$ $CO_2 < 2 \times 10^{-6}$ $NO < 1 \times 10^{-6}$ $NO_2 < 1 \times 10^{-6}$ 其余为 N_2,纯度99.99%

续上表

序号	物 料 名 称	规格型号（国家标准）
2	汽油低浓度标准气体	$CH_3CH_2CH_3$（丙烷）$= 50×10^{-6}$ $CO<1×10^{-6}$ $CO_2<12\%$ $NO<300×10^{-6}$ 其余为 N_2，纯度 99.99%
3	汽油高浓度标准气体	$CH_3CH_2CH_3$（丙烷）$= 500×10^{-6}$ $CO<5\%$ $CO_2<16\%$ $NO<2000×10^{-6}$ 其余为 N_2，纯度 99.99%
4	柴油零点标准气体	$O_2 = 20.8\%$ $HC<1×10^{-6}THC$ $CO_2<2×10^{-6}$ $NO<1×10^{-6}$ $NO_2<1×10^{-6}$ 其余为 N_2，纯度 99.99%
5	柴油低浓度标准气体	$NO<300×10^{-6}$ $NO_2<50×10^{-6}$ $CO_2<2×10^{-6}$
6	柴油高浓度标准气体	$NO<3000×10^{-6}$ $NO_2<600×10^{-6}$ $CO_2<2×10^{-6}$

2. 标准物质的采购及验收

　　M 站负责人/技术负责人应该定期对存储的标准物质进行盘点，确认仓库存储的以上标准物质能够满足未来一段时间的使用需求，必要时进行采购补充。

　　采购时，务必核实制造商资质的有效性，产品具有标准物质证书，包含产品的批次编号、名称、规格参数等信息。

3.标准物质的存储

M 站应该在干燥阴凉的储存室、储存柜存放标准物质。负责人/技术负责人应该定期检查标准物质的存储情况,确保标准物质在使用有效期范围,无破损、变质情况发生。

(二)计量认证

1.计量工具

M 站应该配备维修、检测车辆的工具、设备,其中需要进行定期检查校准的计量工具见表 4-2。

M 站应配备的计量工具   表 4-2

序号	工具类型	工具名称	校准方式
1	力的量具	定扭力扳手(机械式)	专业机构校准
		定扭力扳手(电子式)	专业机构校准
		扭力扳手(指针式)	专业机构校准
2	长度量具	外径千分尺	自行校准
		内径千分尺	自行校准
		游标卡尺	专业机构校准
3	温度量具	红外测温仪	专业机构校准
		温度表	无须校准
4	压力量具	气压表	无须校准
		真空表	无须校准
		缸压表	无须校准
5	电气量具	万用表	无须校准
		卡钳表	无须校准
6	比重量具	折射仪	无须校准

对于上述计量工具,部分需要送专业机构校准,部分可以自行校准。

2.千分尺校准

除了测量范围为 0~25mm 的千分尺,其他千分尺都有校准量杆。千分尺的校准步骤如下:

（1）清洁校准量杆与千分尺测量端面。

（2）轻轻转动测微螺杆,使测杆和测量端面接触,测量范围为 0~25mm 的千分尺直接使两个测量端面接触即可。

（3）转动测力机构,发出"咔咔"的声响后,即可读数。

（4）读数时,微分筒的零刻线应与固定套管的基准线重合,如果零位不符合要求,则应对零位进行调整。

（5）用千分尺的专用扳手,插入固定套管的小孔内,扳转固定套管,使零线对准。

（6）再重新用校准量杆检查,确认零位符合标准。

（三）设备日常管理、维护

车间生产设备的管理维护对于保障 M 站的安全生产非常重要。在车间安全生产事故案例中,有相当大的比例是由于设备故障引起的。

1. M 站设备管理要点

（1）人员:车间设立设备管理员。

（2）台账:为车间全部工具、设备建立设备档案。

（3）维修计划:制订定期维修计划,确保可追溯性。

（4）定期检查:M 站负责人/技术负责人须定期对工具、设备进行检查。

（5）平时抽查:技术负责人要对车间工具、设备进行抽查,发现问题及时处理。

（6）设备采购:根据车间实际需要,做好工具设备、仪器、仪表的购置计划,经审批后采购。购买时尽量选购有质量保证的名牌优质的产品。

2. 设备工具操作使用

（1）须专人操作的工具设备。

①精密器具指定专人保管使用,其他人不得随便使用。测量及计量仪器定期送专业机构检验鉴定。

②固定不能移动的复杂设备,如尾气分析仪,由专门操作人员保管、维护、修理,其他人一律不得擅自操作。

（2）其他工具设备。

一般公用的工具,如电钻、温度计、专用工具等,由设备保管员保管,使用借出、归还要登记,办理交接手续。由于使用中违反操作规程而损坏的,由使用者赔偿。

图 4-5　M 站设备维护保养卡

3.设备工具的维修

设备管理员应该根据各个设备的具体要求制订所有设备的维修计划,制作设备维护保养卡,落实到人,如图 4-5 所示。举升机之类的重大公用设备,指定专门班组保管并负责维修,由设备管理员巡查监督。

三、维修过程控制

M 站的维修流程如图 4-6 所示。

1.服务接待

M 站接到车辆后,记录车主所述问题,包括收集 I 站检测报告以及其他所需维修事项。

2.诊断人员

诊断人员接到车辆后,对车辆所委托故障进行核实,必要时向车主询问故障发生时的情况,以及其他与故障相关的信息,例如该车辆日常维修的情况等。

验证客户所描述的故障现象后,应该判断该故障是否属实。如果不属于故障范畴,应该予以解释说明;如果属于故障范畴,则应进行以下操作。

(1)分析故障可能的原因。根据确定的故障症状进行分析,按照现象—系统—部件—原因的顺序,从大到小地推断出故障发生的各种原因,并形成排查诊断方法。

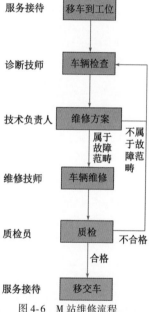

图 4-6　M 站维修流程

(2)诊断故障。根据前面的分析思路,对车辆进行恰当的检测,根据检测结果判断故障的可能原因。检测、故障判断可能不能一次完成,而是要多层次、多步骤地进行,直到最终找到故障原因。

(3)故障维修。根据已经查找到的故障原因,对车辆进行维修,包括更换故障部件,对泄漏、污损部位进行清洁,系统地校准等。

为防止故障再次发生,还应该检查其他与该故障可能有关联的部件,是否有脏污、破损、缺换、老化现象,如有必要,应对该部件进行维修或者更换。

3.技术负责人

技术负责人对诊断人员上报的维修方案进行核实,必要时须对实车进行复检,以确保维修方案的可行性。如果维修方案出现故障判断错误,将造成内、外部返修,导致一次修复率下降,增加维修成本。

4.维修治理人员

维修治理人员负责按照诊断人员的维修方案对车辆进行维修,维修过程中要接受诊断人员、技术负责人的指导,确保维修过程中的操作规范到位。正确规范的操作是维修质量的保障。

维修完毕后,维修治理人员应该与诊断人员一同检查故障是否得到解决,确认故障排除后方可向质检员移交车辆。

5.质量检验人员

质量检验人员负责 M 站内所有维修车辆的质检工作,接到维修竣工车辆后,应该对照维修工单进行检查,并通过尾气检测设备进行检测,打印检测结果,确认故障得到解决后,将检测数据上传到排放检测信息系统。

质量检验人员除检测所委托故障是否维修到位外,还要确保移交给车主的车辆处于安全状态,例如车主因排放故障将车辆送来维修,但车辆同时存在制动时异响的故障,该故障也必须在交车主前维修到位。

6.服务接待

向车主移交车辆和检测结果打印清单,同时出具电子检测合格证,并完成结算工作。

四、安全生产管理

M 站应制定完善的安全生产管理制度。

M 站应有所有工种和所配机电设备的安全操作规程,并将安全操作规程上墙或以其他方式明示。

使用与储存有毒、易燃、易爆物品和粉尘、腐蚀剂、污染物、压力容器等,均应具备相应的安全防护措施和设施。安全防护设施应有明显的警示、禁令标志。

第五章

汽车排放污染诊断实施

汽车排放污染诊断是应用于汽车发动机排放污染超标治理的专用诊断方法和技术。目的在于根据排放污染物产生的机理，按照科学的工作流程，对发动机排放污染物检测过程数据进行分析，结合发动机工作状况、发动机运行原理、排放控制原理来分析、确认故障原因。

汽车排放污染诊断包含"诊"（检查测量、数据分析）和"断"（确认故障点、提出维修方案）。诊断的过程就是由诊断技术人员从汽车排放超标现象出发，熟练应用各种检测设备对汽车进行全面综合的检测，从而完成第一个"诊"的环节，之后，结合汽车原理与结构，对测试的结果进行综合分析后，对故障部位和原因作出确切的判断，完成第二个"断"的环节。汽车排放污染检测的目的是判断被测汽车是否符合环保检测的规定，检测参数超标为不合格，未超标为合格，它只有通过和不通过两个结果。而汽车排放污染诊断的目的是判断出汽车的故障部位和原因，必须对检测结果作出定量分析，之后通过性能试验，为找到故障部位、查明故障原因提供充分的依据。所以，汽车排放污染诊断应该包括技术检测、性能试验和结果分析三个部分。技术检测的主要任务是通过测试仪器和设备对汽车排放污染物和其他相关数据进行测量。性能试验的主要任务是对被检测系统进行功能性动态试验，通过改变系统的状态进行对比试验分析，旨在发现系统故障与检测结果之间的联系。结果分析的目的是对最终的诊断结果作出客观的评价，也就是对故障原因、故障现象以及检测结果之间的内在联系作出理论分析。

在 I/M 制度实施过程中的重要一环就是对排放超标车辆的维修,而维修工作的基础来源于对车辆排放超标故障的诊断。要实现快速、规范、精确的诊断,需要遵循特定的流程、掌握相关原理知识、运用各种诊断方法,并依靠先进、适用的仪器、设备进行科学分析验证。本章以 M 站为应用场景,全方位地介绍诊断流程,之后从诊断方法、诊断系统和设备的角度阐述发动机的机内净化和机外净化技术,最后结合诊断技术概括介绍汽车排放污染诊断的实施过程。

第一节 汽车排放污染诊断一般方法

传统汽车维修作业流程可以规范作业步骤、提高工作效率、保证工作质量,使得不同的人根据作业流程都能快速有效地达到相应要求。例如机动车一级维护、二级维护等维护作业均有相应的操作流程。机动车排放污染诊断工作对各维修企业、M 站的技术人员来说,是一项全新的工作,而使诊断工作流程化、标准化、规范化,是快速提升排放污染治理能力的必要途径。

在进行机动车排放污染超标治理过程中,由于该项工作的专业性较强,诊断人员需要遵循特定的流程,即按照流程中所设置的步骤进行尾气排放诊断。通过对流程的贯彻和实施,可以保证机动车排放污染治理工作的有效开展,实现企业技术水平和服务水平的整体提升,保障 I/M 制度的高效运行。

由于汽车排放污染治理工作的特殊性,结合 I/M 制度工作要求,汽车排放污染诊断流程主要分为预诊断、诊断和签发诊断报告三个步骤,每个步骤环环相扣,体现了治理工作的连贯性和诊断工作的严谨性。本节主要以汽车排放污染诊断实施过程为基础,详细介绍诊断流程中的各个环节及各环节的注意事项、操作方法和原理。

一、预诊断

预诊断是机动车排放污染超标治理前的必要步骤。所谓预诊断,即利用现有的 I 站尾气排放检测数据(I 站出具的检测报告或通过 M 站的联网数据平台读取的 I 站排放检测数据),对进厂车辆运行状态及外观进行目视检查,初步分析判断,快速识别出较为明显的故障或为下一步诊断工作做好准备。

针对特别明显且会直接影响下一步诊断或尾气排放测试的问题,可以直接出具初步的维修建议。如三元催化转换器失效,这时尾气排放检测数据会显示 HC、

CO、NO$_x$同时超标,需要更换后做进一步检测;又如排气管漏气,会导致部分排放污染物外溢,检测数据不准确;再如发动机明显抖动,发动机抖动的原因有很多,点火系统故障、燃油供给系统故障、缸压缺失等都会影响发动机正常运行,必须进行维修,以免导致故障范围扩大而造成不必要的损失。

预诊断环节有两个主要步骤:排放超标数据读取和外观目视检查。

1.排放超标数据读取

在超标车辆进入 M 站并由服务人员完成车辆进厂登记后,对已经实现与 I 站数据共享的 M 站,诊断技术人员可从联网系统读取该车辆的排放污染检测过程或结果数据(由于地方数据共享类型差异,可能无法读取过程数据),如图 5-1 所示。

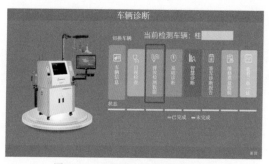

图 5-1 I/M 联网系统数据读取入口

对未实现与 I 站数据共享的 M 站或当 M 站系统无法获取 I 站数据时,M 站诊断技术人员可利用 I 站出具的纸质《机动车排放污染检测报告单》读取该车排放污染检测数据(机动车检测机构应在机动车检测不合格时,以"检测报告"等书面形式通知车主或车辆使用人,车主或送检人应持"检测报告"到已公示的 M 站进行维修)。

对于未进行排放污染检测的车辆,M 站的诊断技术人员可采用站内的尾气检测设备对承修车辆进行排放污染检测,获得车辆排放污染检测报告,如图 5-2 所示。由于条件的限制,M 站的检测设备类型可能与 I 站检测设备不一样,从而导致检测方法和检测结果的差异。

通过以上方式获得排放污染检测数据后,可根据具体情况进行原因分析。不同的检测方法对应不同的排放限值,尾气分析仪数据读取界面如图 5-3 所示。将实测数据与限值数据进行对比,至少会出现以下几种情况:

G.3.4排气污染物检测						
检测方法	□双怠速　□稳态工况法　□瞬态工况法　□简易瞬态工况法					
检测结果内容						
排气污染物检测	双怠速					
		过量空气系数	低怠速		高怠速	
		(λ)	CO(%)	HC(10^{-6})	CO(%)	HC(10^{-6})
	实测值					
	限值					
	瞬态工况法					
		CO(g/km)			HC+NO$_x$(g/km)	
	实测值					
	限值					
	简易瞬态工况法					
		HC(g/km)		CO(g/km)		NO$_x$(g/km)
	实测值					
	限值					
	稳态工况法					
		HC(10^{-6})		CO(%)		NO(10^{-6})
	实测值					
	限值					
	结果判定	□合格　　□不合格				
	检验员:					
燃油蒸发测试	进油口测试	□合格　　□不合格		油箱盖测试	□合格　　□不合格	
	结果判定	□合格　　□不合格				
	检验员:					
排气污染物检测结果	□合格　　□不合格					
授权签字人						
批准人			单位盖章			

图 5-2　车辆排放污染检测报告

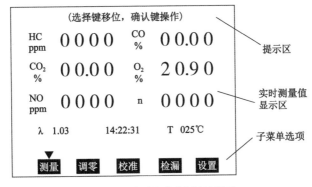

图 5-3　尾气分析仪数据读取界面

（1）HC、CO、NO_x 三项排放污染物同时超标或 CO 和 NO_x 两项排放污染物同时超标。汽油车尾气污染控制技术主要有机内控制技术和机外控制技术。三元催化转换器作为目前主流的机外控制技术，主要作用就是同时处理 HC、CO、NO_x 三种有害气体：三种气体在催化器内部进行氧化还原反应，生成无害的 H_2O、CO_2 和 N_2。要实现这样的化学反应，需要三元催化转换器温度达到正常工作温度（一般为 350℃以上），同时满足化学反应的物质条件，即有当量的还原剂和氧化剂。三种气体中 HC 和 CO 作为反应的还原剂，NO_x 作为反应的氧化剂。而这三种有害气体或 CO 和 NO_x 两种气体被检测到从排气管排出且均超标，则说明氧化还原反应的物质条件满足，那么超标排放的原因就是，排放检测时三元催化转换器温度条件不够或三元催化转换器本身失效。

此时需要充分热车，确认机油温度>80℃或发动机冷却液温度保持在 80℃以上并持续高怠速 3min，然后再次进行排放检测，如三项排放污染物还是同时超标，则说明三元催化转换器已经失效；如果排放污染有改善，则根据具体数据做下一步诊断分析。

（2）HC、CO 超标或单独 CO 超标，NO_x 数据较低（一般在限值的 30%以下）。CO 产生的原因为混合气缺氧燃烧不充分，NO_x 产生的条件为高温、高压、富氧，由此可知，该车主要故障原因为发动机混合气过浓。此时需要进入下一个诊断环节，用五气分析仪（M 站排放检测设备）再次对车辆排放数据做进一步诊断分析，须特别关注过量空气系数 λ 的数据。

（3）NO_x 超标，HC 和 CO 数据较低（一般在限值的 30%以下）。由 CO 产生的原因为混合气缺氧燃烧不充分，NO_x 产生的条件为高温、高压、富氧可知，发动机可能存在混合气过稀的情况。此时需要用五气分析仪再次对车辆排放数据做进一步诊断分析，须特别关注过量空气系数 λ 的数据，然后进入下一个诊断环节。

（4）HC 超标，CO 和 NO_x 数据较低（一般在限值的 30%以下）。需要再次用五气分析仪检测 O_2 排放量是否过高。因为 HC 是由未点燃的燃油产生的，而未燃烧的燃油也不会消耗 O_2，因此，此时的 O_2 排放量也会大幅超出 1%的规定值。故障主要原因为发动机多缸或单缸存在点火失败的情况，俗称"失火"。而发动机点火系统故障、混合气过浓或过稀、缸压不足、配气机构故障等均会造成发动机"失火"。其中混合气过浓还会造成 CO 排放增加，混合气过稀初期还会造成 NO_x 的排放增加。所以 HC 的排放超标需要进入下一个诊断环节具体分析。

（5）过量空气系数 λ 不在 0.95~1.05 范围内。直接使用 M 站内的尾气检测设备，读取尾气排放数据或在 I 站进行双怠速法测试，可以获取过量空气系数 λ。该

数值通过尾气中的成分计算得出,可以反映检测尾气中混合气是否过浓或过稀:
$\lambda < 0.95$ 说明混合气过浓、$\lambda > 1.05$ 说明混合气过稀。混合气过浓或者过稀都需
要进入下一个诊断环节。还有一种情况是过量空气系数 $\lambda > 1.2$。一般把过量空
气系数 $\lambda = 1.2$ 看作是混合气火焰传播的临界点,如果 $\lambda > 1.2$,发动机会因燃烧不
充分而出现抖动,若此时发动机工作正常,则说明排气管可能存在漏气,多余的空
气由于虹吸效应进入排气管与尾气混合,导致检测到的过量空气系数 λ 过高。此
时可以通过 O_2(明显大于 2%)含量过高和 CO_2(明显低于 14%)含量过低来验证。
排放污染检测数据分析流程如图 5-4 所示。

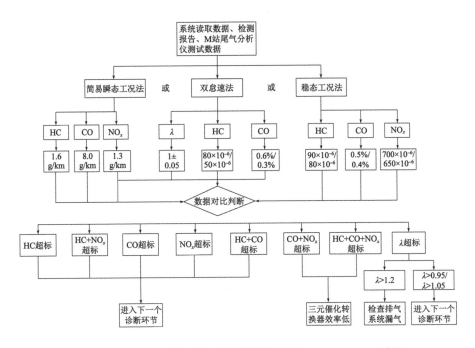

图 5-4　排放污染检测数据分析流程(排放限值参考 GB 18285—2018a 阶段)

　　读取、分析排放污染检测数据后,有些可以直接给出初步维修方案,如判断三
元催化转换器失效,需进行更换或者维修;有些则需要进入下一个诊断环节具体分
析。综合来看,读取、分析排放污染物检测数据可以快速识别出明显故障,也可以
为后面的诊断分析作方向性的预判。诊断人员需要对尾气排放污染物的产生和相
互关系非常熟悉,还需要有一定的实践经验才能较好掌握。

2. 外观目视检查

外观目视检查是车辆日常维护、修理的常规工作事项,它可以在正式开始维修或诊断工作前发现明显的故障或异常状况。快速识别明显故障、异常状况并及时处理,有助于提升工作效率,避免不必要的检查工作,也可以缩小故障诊断范围,为后面的诊断工作提供帮助。外观目视检查需要诊断人员熟悉系统组成和工作原理,并具备一定的车辆维护、修理经验以及对异常状况进行应急处理的能力。

作为汽车排放污染诊断工作中的一环,外观目视检查应遵循一定的检查步骤,避免故障点的遗漏,主要包括以下内容:

1)询问或查看车辆维修记录

作为车辆地面检查的重要步骤,诊断人员应当询问车主、送修人关于该车近期的维修情况或使用情况,或者通过汽车电子健康档案以及相应的服务管理系统查询该车的维修记录,了解有无关于发动机及尾气排放相关维修记录或异常现象。通过维修记录可以及时地发现车辆的维修历史项目、更换配件,有助于指导或确定检查重点,还可以避免重复维修、重复检查。

2)观察有无故障现象

汽车排放污染数据的超标,是最直接的排放污染故障"现象",是不可见的,只能通过分析检测数据进行诊断。但是,一些能够观察和感觉到的异常状况也会对汽车排放造成影响。这种异常状况多种多样,例如:发动机漏机油、空气滤清器脏污、进气管路破损、排气管路破损、真空管路断裂、仪表尾气排放灯亮、发动机异响、怠速不稳、尾气冒黑烟或蓝烟等。

对这些可见性的故障现象进行观察分析,判断发动机的工作状况,可能会直接发现引起汽车排放污染超标的故障原因,从而快速排除故障;即使不能直接排除故障,也能为圈定故障范围提供帮助。根据尾气排放污染故障特点,检查排放污染相关故障现象可按以下步骤进行。

(1)首先是地面检查,如图5-5所示。

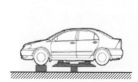

图 5-5　地面检查示意图

第一步,打开发动机舱盖,检查发动机各管路、气路、线路是否有破损或干涉现象;检查缸体、缸盖是否有漏油、漏防冻液现象;检查冷却液液位及状态是否正常、机油液位及状态是否正常;检查空气滤芯是否脏污严重;检查节气门、增压器、PVC阀及管路是否有油污;检查发动机运转是否有抖动、怠速不稳、异响现象。

第二步,进入驾驶室,在发动机运转时观察仪表是否有故障指示灯;踩加速踏板观察发动机加速状态是否正常;松抬加速踏板观察发动机是否有抖动现象;同时观察发动机怠速、加减速时,在驾驶室是否能听见异响。

第三步,发动机怠速运转时,诊断人员到车辆后部观察尾气排放状态,是否有蓝烟、黑烟等异常现象,另一人配合加减速观察尾气排烟是否有变化;怠速、加减速时,仔细听排气管声音是否正常,是否有"突突"声或"放炮"声等不连贯声响。

地面检查可以观察到发动机、仪表及尾气排放状态等有无异常状况,并且可以通过加减速分析判断发动机是否有明显异常现象。通过地面检查可以发现绝大多数异常情况,如果条件允许,还可以将车辆举升,检查底盘。

(2)地面检查完毕后进行举升检查。

发动机熄火状态下,使用举升设备将车辆举升到适当高度,对发动机底部、排气管、消音器进行检查(应注意人身安全,严格按照设备安全操作规范实施作业),如图5-6所示。

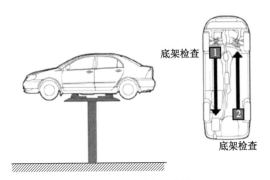

图5-6　举升检查示意图

第一步,检查发动机底部,包括前部水箱和冷却液管路是否漏液;检查增压系统的中冷器、增压管路是否漏液,管路接头是否有机油渗出;检查发动机油底壳是否漏油,是否有撞击凹陷等情况;检查排气歧管和前部三元催化转换器外观是否正常、管路接口是否漏气。

第二步,从前往后检查后部三元催化转换器、排气管路接头、中部消音器、后部消音器及排气尾管是否漏气,与其他部件是否有干涉现象;前部管路与车辆其他部件是否留有安全距离。检查完排气管路后,再次从后到前进行复检。需要特别注意,在检查排气管路接头和消音器是否漏气时,要从各个方位进行检查,必要时用反光镜观察上部区域是否正常。

目视检查中发现明显异常的车辆,有些需要进行维修或更换部件,然后进行下一步检查。例如:空气滤清器脏堵,影响进气的,需要更换;排气管破损,影响排放检验的,需要更换;发动机明显漏机油或烧机油(冒蓝烟)的,需要维修;发动机冒黑烟需要进一步检查燃油及进气系统;存在发动机抖动、怠速不稳、异响等工作不正常情况的,必须立即进行维修,防止继续扩大损伤,待修复后再进行尾气排放测试、诊断;排气管接头、消音器漏气等故障会造成尾气检测数据失真,应当先进行修复或更换,再进行尾气排放检测。

二、基础诊断和设备诊断

超标车辆经过预诊断和维修处理,排除了相对明显、简单的车辆故障后,排放污染物仍然超标的,需进入诊断环节。诊断环节主要是从汽车排放检测数据中,提取超标数据并综合辅助检测项(CO_2、O_2、和 λ),依据汽车排气五气特征,先对混合气的空燃比进行分析,再对发动机燃烧状况进行分析,最后对排气控制部分进行诊断,最终确定车辆故障。

在进行诊断前,需在做好设备工具和人员方面相关准备工作。设备工具方面有排放污染检测设备、发动机故障检测设备、示波器、相关传感器和执行器的测试测量设备以及其他辅助工具等。人员方面,诊断环节与预诊断环节相比,对技术能力要求相对较高,诊断人员必须具有对汽车排放检测数据及发动机数据流进行分析、对发动机相关部件进行检查测试以及对诊断设备熟练操作的能力。汽车排放污染诊断环节可以分为基础诊断和设备诊断。

1.基础诊断

基础诊断就是诊断人员凭借实践经验,根据汽车排放污染诊断理论知识和车辆排放污染检测数据,自主使用多种检测工具和设备来采集发动机工作参数,分析超标故障范围和故障原因,通过多方面的检查、试验,确定汽车排放超标故障的诊断方法。基础诊断主要从三个方面对排放故障进行分析:空燃比分析、燃烧状况分析、后处理装置分析,诊断环节的分析步骤及方法如图5-7所示。

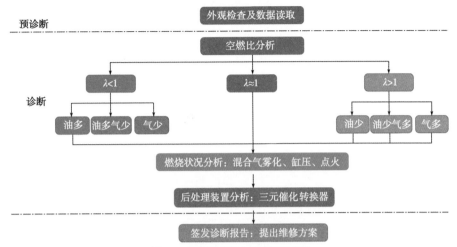

图 5-7　诊断环节的分析步骤及方法

1）空燃比分析

在预诊断后，若仍然不能判定故障点，首先应该进行的是空燃比分析。理论上完全燃烧 1kg 汽油所需的空气质量为 14.7kg，空气和燃油的比值为 14.7∶1，即理论空燃比。从燃烧的原理可知，理论空燃比情况下，混合气燃烧后排放的污染物浓度最低。为了简化理论空燃比的表示，引入了过量空气系数（λ）的概念，即燃烧 1kg 燃料实际消耗的空气质量与理论上所需的空气质量之比，是研究和分析燃料与空气组成的混合气空燃比是否理想的关键指标。一台工作良好的发动机会将过量空气系数控制在 $\lambda \approx 1$，上下浮动在一个很窄的范围内，超出这个范围，排放污染物有超标的风险。过量空气系数 $\lambda < 1$ 表示混合气过浓，过浓的混合气会导致 CO和 HC 超标；过量空气系数 $\lambda > 1$ 表示混合气过稀，过稀的混合气会导致 NO_x 超标。对尾气超标车辆空燃比的研究和分析是解决排放污染超标故障疑难问题的首要突破口。

2）空燃比获取

在未知三元催化转换器转换效率的情况下，根据车辆实际情况，采用不同的设备和方法分析发动机混合气的空燃比状况，必要时需要多种方法并行来对比分析。

（1）方法一：使用通用型或专用的汽车故障诊断仪，通过车载诊断系统（OBD）读取前氧传感器反馈信号，通过分析前氧传感器反馈信号得知混合气空燃比状态。不同车辆前氧传感器的布置方式不一样，但主流的还是 1 个前氧传感器，在数据流中体现为汽缸列 1 传感器 1（有些用其他表示方式）；在部分 V 型发动机或直列发动机但有两套排气系统的车辆上,体现为汽缸列 1 传感器 1 和汽缸列 2 传感器 1。不管怎样变化,能获取准确空燃比数据的是前氧传感器。

在前氧传感器性能正常的情况下,OBD 将前氧传感器反馈信号转换成不同的可读数据,可得到空燃比信息。在实际诊断时,根据车型不同可以读到一组或多组数据,进行分析和对比。OBD 空燃比分析相关数据如图 5-8 所示。

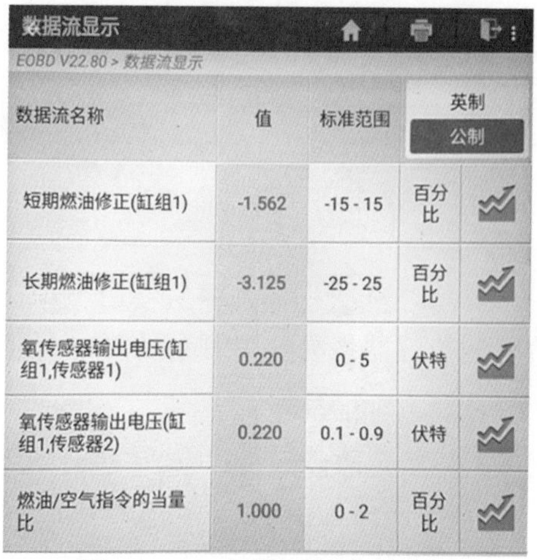

数据流显示			
EOBD V22.80 > 数据流显示			
数据流名称	值	标准范围	英制 / 公制
短期燃油修正(缸组1)	-1.562	-15 - 15	百分比
长期燃油修正(缸组1)	-3.125	-25 - 25	百分比
氧传感器输出电压(缸组1,传感器1)	0.220	0 - 5	伏特
氧传感器输出电压(缸组1,传感器2)	0.220	0.1 - 0.9	伏特
燃油/空气指令的当量比	1.000	0 - 2	百分比

图 5-8 OBD 空燃比分析相关数据

①读取过量空气系数 λ 值。OBD 内部根据各传感器的输入信号和内部数据模型计算出过量空气系数的调节值。我们可以根据发动机 OBD 数据流获取的"过量空气系数(λ)理论值"+"过量空气系数(λ)调节值"来计算实际过量空气系数值(不同车型表述方式不同)。例如,过量空气系数理论值 $\lambda = 1$,过量空气系数调节值为 2%,那么可以计算得出实际 $\lambda = 1.02$。

②读取燃油修正数据。在 OBD 的"请求当前动力系统诊断数据"功能中,有多组燃油修正数据,分为长期燃油修正和短期燃油修正。短期燃油修正是指动态或瞬时的调整。长期燃油修正相比短期燃油修正,对供油标定程序更多地进行逐步调整,即长期燃油修正来自短期燃油修正的累积变化。汽油发动机进入闭环后,根据反馈信号,对喷油器的预设喷射时间进行修正。因为喷油器的喷射时间代表了燃油喷射量,也就是对喷油量进行了修正。喷射时间与燃油修正之间存在以下关系:喷射时间=预设时间×(1+长期燃油修正+短期燃油修正)。当燃油修正大于0,表示当前反馈混合气偏稀,需要喷油系统增加喷油量;当燃油修正小于 0,表示当前反馈混合气偏浓,需要喷油系统减少喷油量。通过对燃油修正数据的分析,电

脑可判断接收到的混合气空燃比的稀浓状况。

③读取前氧传感器数据。前氧传感器安装于三元催化转换器前部的排气管内,其把信号发送给发动机管理单元,并由它给燃油喷射系统发出指令,按前氧传感器信号的指示来加浓或变稀混合气。于是,在混合气稀时就增加喷油量,浓时就减少喷油量。因此我们可以通过前氧传感器信号变化获取当前混合气空燃比状态。

前氧传感器有多种不同的类型,反馈信号可以分为电压信号(绝大部分车型为电压信号)和电流信号(如本田车系)两种。电压信号中又分为阶跃电压信号和宽带电压信号。但无论哪一种,其根据能斯特定理,都需要陶瓷体温度达到350℃以上,冷起动后读取数据前必须对发动机进行暖机,一方面通过排气热量使其加热,另一方面传感器自带的加热电阻也将快速升温。下面对两种常见的信号方式做解析。

a. 阶跃型信号:阶跃型传感器将废气中剩余的 O_2 与基准大气进行比较,可反映出废气中是浓混合气($\lambda < 1$)还是稀混合气($\lambda > 1$)。该传感器信号的阶跃特性如图5-9所示。

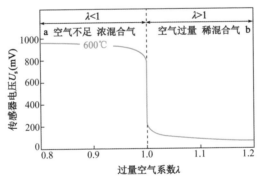

图5-9　阶跃型氧传感器信号特性

当过量空气系数在 $\lambda = 1$ 附近时,阶跃型氧传感器信号会发生阶跃变化。如 O_2 的体积含量 $\varphi(O_2) = 9 \times 10^{-15}$ 时 $\lambda = 0.99$ 和 $\varphi(O_2) = 0.2\%$ 时 $\lambda = 1.01$,这样 O_2 浓度的变化导致了传感器电压的变化。根据排气中的 O_2 含量,阶跃型氧传感器测出的电压 U_s 在浓混合气($\lambda < 1$)中可达 800~1000mV,在稀混合气($\lambda > 1$)中只有约100mV。在混合气由浓变稀的过程中,输出电压 $U_s = 450 \sim 500$mV。这样,通过氧传感器的信号变化就得知了过量空气系数 λ 的大小,从而获取空燃比状况。

b. 宽带型信号:使用宽带型氧传感器可在很大范围内确定排气中 O_2 的浓度

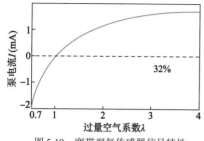

图 5-10　宽带型氧传感器信号特性

和燃烧室内的过量空气系数。它可精确测量燃料与空气的化学当量点,即过量空气系数 $\lambda = 1$,也可精确测量稀混合气 $\lambda > 1$ 和浓混合气 $\lambda < 1$ 的情况。与氧传感器调节系统一起,可测出 $0.7 < \lambda < \infty$ [空气中的 $\varphi(O_2) = 21\%$] 范围内的连续电流信号,宽带型氧传感器信号特性如图 5-10 所示。这样,宽带型氧传感器不仅可用在阶跃型调节 ($\lambda = 1$) 的发动机闭环控制管理系统中,还可用在浓混合气与稀混合气的调节中,特别是在稀薄燃烧汽油发动机上发挥了重要作用。

大多车系的泵电路输出的电流信号,会经过电脑处理后得到故障诊断仪数据流中读取的电压信号。宽带氧传感器的信号电压变化范围大,在不同的车系上,信号电压也不一样。例如,在大众车系上,宽带氧传感器是以 1.5V 为临界点,当信号电压大于 1.5V 时混合气偏稀,小于 1.5V 时混合气偏浓。不同车系对应的宽带氧传感器的信号与 λ 的关系见表 5-1。

不同车系宽带型氧传感器信号与 λ 的关系　　　　　　　　　　表 5-1

	车系	过量空气系数 λ	信号电压/电流
宽带型氧传感器	大众/奥迪	正常 $\lambda = 1$	1.5V
		过稀 $\lambda > 1$	>1.5V
		过浓 $\lambda < 1$	<1.5V
	宝马/日产	正常 $\lambda = 1$	2V
		过稀 $\lambda > 1$	>2V
		过浓 $\lambda < 1$	<2V
	丰田	正常 $\lambda = 1$	3.3V
		过稀 $\lambda > 1$	>3.3V
		过浓 $\lambda < 1$	<3.3V
	本田	正常 $\lambda = 1$	0 或 128mA
		过稀 $\lambda > 1$	<0 或 128mA
		过浓 $\lambda < 1$	>0 或 128mA

需要特别注意的是,通过前氧传感器信号来判定混合气空燃比的方法都是建立在氧传感器性能正常的情况下。那么,当怀疑氧传感器信号有误时,必须要提前

确定其是否正常,做下一步的空燃比分析。对氧传感器的诊断可参考本书对氧传感器的诊断方法相关内容,在这里就不再赘述。

(2)方法二:使用机动车尾气分析仪或具有尾气检测分析的不解体诊断设备。在前氧传感器之后、三元催化转换器之前的排气管路上开一个测量孔,取样孔位置如图 5-11 所示,直接测量未经三元催化转换器转换的发动机排放数据,从而获取空燃比数据。如因部分车型前氧传感器的位置特殊,无法直接测得前氧传感器之后、三元催化转换器之前的数据,可测量排气管尾端排出气体,获取数据作为参考。

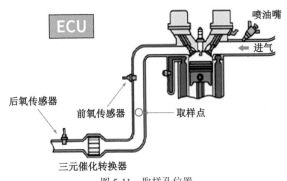

图 5-11　取样孔位置

以上两种方法各有优缺点。方法一主要借助 OBD 数据进行分析,而 OBD 数据中空燃比、燃油修正数据、氧传感器电压等的准确性均是以前氧传感器正常工作为前提的。所以,当氧传感器数据异常或读出的其他数据和尾气检测数据差异过大时,就不适用于该方法。并且,不同车辆的 OBD 根据装配的发动机特性差异,提供的诊断数据类型不同,需要诊断人员十分熟悉 OBD 的各种类型诊断数据,才能进行正确的对比分析。方法二不管是否在排气管上开孔取样,其测量的空燃比数据均是尾气排放的实际空燃比,该数据可直接反映发动机可燃混合气的空燃比状态。相对于方法一,方法二更直接、有效,无须考虑前氧传感器数据是否准确,且该方法所测量的空燃比数据还可以作为验证方法一准确性的依据。

在汽车排放污染诊断中,要根据超标车辆的实际状况,选择其中一种或两种方法综合分析混合气的空燃比状况。

①分析空燃比状态。

当获取空燃比数据后,一般可根据其过浓、过稀、正常(混合气正常一般是三元催化转换器故障)几种情况进行重点分析,再结合排放污染检测数据锁定排放污染超标的故障点。

混合气过浓的原因一般有喷油量过大、进气量过少、点火能量不足、排气管漏气或堵塞、传感器故障等。还有几种混合气过浓的情形,例如低怠速混合气过浓、高怠速混合气过浓或高低怠速混合气均过浓。混合气过浓的情形不同,其分析方法也不同,在本章第二节将具体介绍。

混合气过稀的原因包括进气过多、喷油偏少、传感器输入信号有误等。可以检查进气系统是否漏气,在检查进气管和进气歧管的同时,检查进气门、曲轴箱强制通风管、活性炭罐进气管、废气再循环系统以及废气涡轮增压系统等装置。喷油嘴堵塞、燃油压力过低也是造成混合气过稀的原因,故障诊断时需要综合其他检测结果进行充分考虑。

②燃烧状况分析。

判断汽油发动机燃烧是否良好,可对汽油发动机排气成分进行分析。一般燃烧状况不好可能的原因有混合气雾化不良、汽缸密闭性差、点火性能不好等。

需要特别说明的是,NO_x 的超标,往往是因为燃烧过于充分,因此,对于 NO_x 超标故障应该从混合气过稀、燃烧温度过高的角度进行检查和诊断。

③三元催化转换器的分析。

三元催化转换器的作用是将排放气体中的污染物 HC、CO 和 NO_x,结合剩余的 O_2 加速进行氧化还原反应,从而净化有害气体,其净化原理示意图如图 5-12 所示。根据这一原理,结合三元催化转换器的工作特点,对三元催化转换器的工作状态可从如下几个方面进行分析:

图 5-12　三元催化转换器净化原理示意图

a.读取排放污染检测数据。作为还原剂的 HC、CO,如果与作为氧化剂的 NO、O_2 同时被测出有较高的含量(相对于限值和正常范围),说明这些气体从发动机排出后,未被三元催化转换器进行催化转化反应,从而说明三元催化转换器转换效率降低或失效。

b. 使用不解体检测诊断系统或汽车故障电脑诊断仪读取 OBD 数据。根据我国相关法规,2011 年 1 月 1 日之后生产的轻型汽车,车辆的 OBD 必须支持三元催化转换器的监测,因此可以从 OBD 数据中获取三元催化转换器的工作状态。若有类似"三元催化转换器效率低"的故障码,或后氧传感器信号波动过大甚至与前氧传感器信号同步,说明三元催化转换器失效。

c. 使用红外测温仪,在充分热车后,三元催化转换器达到工作温度时,测量三元催化转换器的进气口、载体、排气口的温度。正常情况下,催化剂转换过程中会产生大量的热,载体的温度应在 400~800℃,排气口温度应该比进气口温度高 10% 以上,此时需要注意前、后端测量时红外测温仪距离目标体的距离须一致,在某些空间狭小的区域此方法则不适合。

d. 使用汽车不解体检测诊断系统或排气分析仪,拆除前氧传感器,在前氧传感器安装孔内直接测量未经三元催化转换器转换的发动机排气浓度(称为转换前浓度)。再和排气管口的测量浓度(称为转换后浓度)进行对比,HC、CO 和 NO$_x$ 的浓度应降低 50% 以上。

另外,还有一些方法,如冷热车转化率对比、背压测试、真空测试等。在本书的第六章第七节将对汽油车后处理装置的诊断作详细阐述。

2. 设备诊断

当基础诊断无法确定汽车排放污染超标故障时,诊断人员可以通过各种更先进的诊断设备进行汽车排放污染超标故障诊断。设备诊断作为辅助诊断方式,是在汽车排放污染诊断原理的基础上,应用汽车检测诊断系统的物联技术、云计算分析,结合检测诊断故障树模型,实现大数据实时动态分析,快速查出故障范围的诊断方法。同时还可应用移动互联网技术,组织诊断维修治理专家对"疑难杂症"进行远程会诊,确定汽车排放污染超标故障。设备诊断是人工诊断的一种补充,最终还是需要诊断人员汇总各项信息作出故障原因判断,从而制订维修方案。

三、签发诊断报告及制订维修方案

就汽车排放污染预诊断和诊断环节发现的故障点或分析出的故障原因,需要对其进行维修处理,以达到排放污染治理的目标。此时规范的诊断报告就显得尤为重要,它是记录诊断过程数据的重要载体,也用于呈现故障原因分析、维修方案或建议等结果。诊断人员可根据所在 M 站具体情况,选择合适的诊断报告。诊断报告一般包含车辆基本信息、检查结果信息(包括外观/基础检查信息、发动机 ECU 数据检查、其他检查项)、故障原因分析、维修方案或建议、诊断人员签字等内容,如表 5-2 所示。

"机动车排放污染诊断报告"示例   表 5-2

机动车排放污染诊断报告									
车辆基本信息									
车牌号:_____		品牌型号:_____			行驶里程:_____			发动机排量:_____	
外观/基础检查信息									
排气管有无机油	蓄电池电量	冷却液	发动机是否漏油	排气管是否漏气	真空管路是否正常	发动机是否异响	其他异常情况		
发动机 ECU 数据检查									
检查项目	检查结果	检查项目	检查结果	检查项目	检查结果	检查项目	检查结果	检查项目	检查结果
故障码		进气温度		进气流量/压力		长期燃油修正		节气门位置	
喷油脉宽		氧传感器		冷却液温度		短期燃油修正		转速	
其他检查项(如有必要)									
检查项目	检查结果		检查项目	检查结果		检查项目		检查结果	
炭罐			排气背压			进气压力/真空度			
PCV 阀			缸压			三元催化转换外观及前、后温度			
EGR 阀			机油压力			燃烧室积炭			
火花塞			燃油压力			二次空气泵			
其他异常情况									

续上表

机动车排放污染诊断报告
故障原因 分析
维修 方案或 建议
诊断人员：　　　　　　　日期：

　　作为诊断报告的基础信息，诊断人员需要将诊断车辆必要的信息填写清楚。同时，诊断过程中的"外观/基础检查信息、发动机 ECU 数据检查、其他检查项"可根据实际情况选择性填写。有些车辆故障点较为明显，例如排气管漏气等，处理好后排放检测合格，就无须做其他检查项目。无论简单的故障还是较为复杂的故障，都需要进行必要的故障原因分析，然后给出相应的维修方案或建议。例如因氧传感器信号错误导致混合气过浓，从而造成 CO 和 HC 排放超标，明确了数据异常点并有简单的分析思路，才可支撑维修方案的制订。这也给透明维修、诚信维修以及后期可能的追溯提供依据。

　　在排放污染治理实际工作中，不是所有的排放污染超标"故障"都需要维修。例如某车年检进行排放污染检测前未充分热车，三元催化转换器温度低于最低起活温度 350℃，此时三元催化转换器的净化效率较低，当然检测的结果也是"排放污染超标"。这种人为"故障"通过预诊断是可以及时发现的，即车辆并不存在排放污染超标故障点。那么，在制订维修方案时就不应盲目维修或随意更换配件，应该给出"充分热车"的建议。类似的例子不胜枚举，所以在签发诊断报告时，通过检查、诊断和原因分析，给出的可能是维修方案，也可能是建议。同时，此处的"建议"还有建议维修而非强制维修的意思，充分体现车主的自主选择权。

　　诊断报告充分体现了机动车排放污染诊断的规范性和严谨性，建议将其制作为一式三联:一联随车进入维修环节,一联给车主或送修人,一联作为存档备案。诊断报告还需要与车辆接待登记表单、维修委托书、结算清单、保修单等一起作为治理档案存档,作为追溯和仲裁的依据之一。

第二节　汽车排放污染诊断要点

在汽车排放污染诊断的方法中,对发动机(机内净化)和后处理装置(机外净化)进行诊断的方法有很多种,需要根据汽车排放污染物超标的实际情况,针对性地进行诊断。目前汽车技术日新月异,汽车中运用的电子技术越来越多,特别是发动机技术得到了长足的发展。从电子燃油喷射、电子点火到可变气门正时、可变气门升程,再到后来的可变压缩比技术,可以将发动机的燃油经济性、动力性能、排放性能发挥到极致,加上三元催化转换器技术、颗粒捕集器技术以及选择性催化还原(SCR)技术,虽然极大程度地优化了汽车的排放性能,但是也使得汽车的结构变得更加复杂。如果汽车发动机控制系统或后处理装置发生故障,诊断与维修难度也会增加,因此,对于汽车排放污染诊断人员的能力与技术也有了更高的要求。这就需要将更先进的设备与仪器,投入汽车排放污染治理的诊断中,提高汽车排放污染的诊断效率,在最短的时间内完成诊断、维修,达到排放污染治理、减少大气污染的目的。

与整车或发动机的故障诊断不同的是,汽车排放污染故障更加隐蔽,并且需要用专用的尾气分析检测设备进行测量,结合检测结果,运用多种方法、原理进行分析。其中主要包括对发动机的诊断和对后处理装置的诊断,需要结合技术检测、性能试验、结果分析等要点,才能更加快速、准确地分析出故障原因并找到故障点。

一、汽车排放污染诊断方法

汽车发动机和后处理装置作为控制汽车污染物排放的主要装置,其故障的诊断方法与汽车传统故障的诊断方法有共通的地方,也有特殊之处。汽车排放污染诊断方法有传统的故障树、鱼骨图、流程图、故障原因表等分析方法,还有专用的空燃比分析法和燃烧状况分析法。

(一)传统诊断方法

汽车排放污染故障传统诊断方法通常采用图、表等形式,针对排放污染故障现象,结合检查和测试等手段,按一定流程进行分析、推理,判断出故障原因和故障点。传统的诊断分析方法主要有以下几种。

1.故障树分析法

故障树分析法就是将某一项或几项排放污染物超标故障形成的原因,由总体到部分按树枝状逐级细化的诊断分析方法,下一层级是上一层级的原因,而上一层级是下一层级事件的结果。故障树分析法是汽车排放污染超标故障诊断最常用的分析方法,主要对汽车排放污染故障的产生原因进行定性分析。

以 CO 排放超标为例,用故障树诊断分析法进行汽车排放污染诊断。将 CO 超标故障现象作为分析目标,然后寻找直接导致这一故障发生的全部因素,再寻找造成本层级故障的下一层级全部直接因素,一直追查到那些基本的、无须再深究的因素为止,整个过程中所呈现的因果关系形成的树枝状图形就是故障树,如图 5-13 所示。

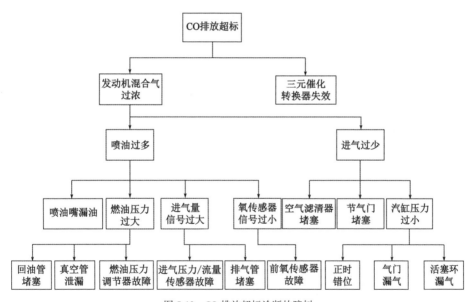

图 5-13 CO 排放超标诊断故障树

2.鱼骨图分析法

鱼骨图,也称为因果图,是一种发现问题"根本原因"的简单分析方法,如图 5-14 所示。鱼骨图分析法与故障树分析法类似,都是从故障现象出发,层层细化故障因素,最终找出真正故障原因的方法。它们之间的不同之处在于结构不同,故障树更注重逻辑关系的层层深入,而鱼骨图更趋向于对几大并列故障系统的原因呈现。诊断人员可以根据自己的习惯,选取其中一种进行排放污染故障分析。

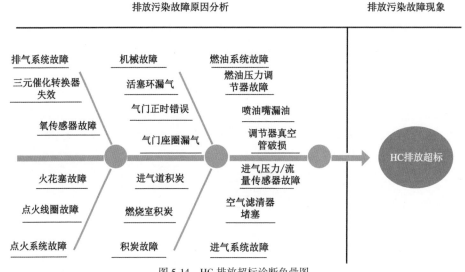

图 5-14　HC 排放超标诊断鱼骨图

3.流程图分析法

汽车排放污染诊断流程图分析法是根据排放故障现象与车辆技术状况的逻辑关系,制定科学合理的流程,分析顺序可以是"由简至繁",也可以是"由主至次"。通过检测、分析和判断,最终确定真实故障原因、完成故障排除的诊断分析方法。它是汽车排放污染诊断过程中集检测思路、综合分析、逻辑推理和判断方法于一体的诊断思路表达方式。图 5-15 以 NO_x 排放超标故障为例,展示了排放污染诊断流程图的结构和具体应用。

(二)专业诊断方法

1. 空燃比分析法

当获取空燃比数据后,一般可根据混合气过浓、过稀、正常 3 种情况进行重点分析,再结合排放污染检测数据锁定排放污染超标的故障点。

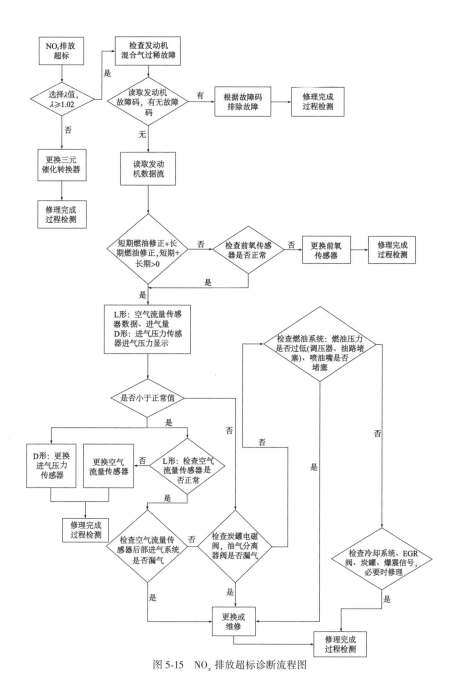

图 5-15 NO$_x$ 排放超标诊断流程图

1)混合气过浓的原因分析

(1)喷油量过大,例如燃油压力过高(喷油脉宽不变,压力升高,喷油量增加);喷油嘴滴漏(由于喷油嘴关闭不严导致进入汽缸的燃油增多和雾化不良,进而造成局部混合气过浓);进气信号过大导致的喷油脉宽过大;前氧传感器反馈信号错误(反馈信号空燃比高,导致 ECU 修正加浓)等故障。

(2)进气量过少,例如进气道堵塞、配气相位不正确、进气真空度过大(由于排气管堵塞、活塞环漏气、缸压不足导致进气真空度较大,进而造成实际进气量小于进气压力传感器计算的进气量)。

(3)点火能量不足,例如点火线圈或火花塞工作不良,未参与燃烧的 O_2 进入排气管,由于氧传感器只能测试到 O_2 浓度的上升,反馈到 ECU 的信号为混合气过稀,从而 ECU 控制燃油修正加浓。

(4)排气管漏气,例如在氧传感器前部漏气,外界的空气由此进入,由于氧传感器只能测试到 O_2 浓度的上升,反馈到 ECU 的信号为混合气过稀,从而 ECU 控制燃油修正加浓。

(5)传感器故障,例如空气流量传感器或进气压力传感器故障后信号漂移,同样的空气流量或进气压力输出了过大的电信号,ECU 据此计算的喷油量过大,最终导致混合气过浓。

2)混合气过浓的几种情形

(1)数据流显示怠速时混合气过浓,高怠速(2500r/min)时正常,原因一般为燃油压力过高,因为怠速时需要较少的喷油量,过高的燃油压力对喷油量影响较大。

(2)数据流显示怠速时正常,高怠速时混合气过浓,原因一般为空气滤清器堵塞,因为中速时比怠速时需要更多的空气,原本怠速时可提供的气流,由于空气滤清器堵塞导致高怠速时无法满足气流需求。

(3)数据流显示怠速和高怠速时混合气均过浓,原因一般为点火能量不足、氧传感器或者其他传感器失常等与转速无关的故障。

3)混合气过稀的原因分析

由于检测燃油喷射量的复杂程度远大于检测进气系统,因此,对于进气过多、喷油偏少、传感器输入信号有误等故障的诊断,建议按照"氧传感器信号分析→进气系统泄漏测试→燃油喷射系统拆检"这一流程进行。

检查进气系统是否漏气,不能只检查进气管和进气歧管,还必须检查进气门、曲轴箱强制通风管、活性炭罐进气管、废气再循环系统以及废气涡轮增压系统等装置。如果上述部位都不存在漏气现象,就应当检查喷油器是否堵塞,因为它也是引起混合气过稀的常见原因之一。

发动机混合气过稀的具体原因可分为 3 种情况来阐述:

(1)怠速时混合气过稀,高怠速(2500r/min)时正常,原因一般是节气门后方漏气。例如大众汽车怠速时的空气流量为 1.7g/s(正常值为 2.1g/s),节气门开度值 1.2%(正常值为 3.9%)。鉴于空气流量较低、节气门的开度偏小,说明有额外的空气进入进气道。可能由于曲轴箱强制通风系统内的油雾分离器的调压阀膜片卡滞,造成曲轴箱与外界相通,导致额外的空气进入进气歧管。

(2)怠速时正常,高怠速时混合气过稀,原因一般是供油不畅、燃油压力过低。例如燃油滤清器堵塞、电动燃油泵的性能不良等导致的供油压力不足。

(3)怠速和高怠速时混合气均过稀,原因一般是喷油器堵塞,或者是电动燃油泵工作不良引起燃油压力不足。

对于混合气过稀的排放污染超标车辆,应针对混合气中油少(燃料过少)、气多(空气多)的状况进行分析。油少的原因可以从喷油嘴故障、供油管路堵塞、燃油压力故障等方面着手进行诊断。气多的原因可以从进气控制异常,进气管路、排气管路、真空管路有漏气等方面着手进行诊断。

4)混合气空燃比正常

如在混合气空燃比正常的情况下尾气排放超标,则可能是燃烧状况异常或三元催化转换器异常,需要按照下文的方法进行分析。

2. 燃烧状况分析

判断汽油发动机燃烧是否良好,可从汽油发动机排气成分进行分析。混合气空燃比控制良好,经过充分燃烧后,燃油中的 HC 应当全部转化成 H_2O 和 CO_2。根据这一原理,排气中 O_2 和 CO_2 的浓度之和,一般在 14%~16% 之间(根据海拔和空气含氧量,如果是乙醇汽油,则有些差异)。排出的气体中 O_2 浓度应在 1% 以下,浓度越趋于 0,说明燃烧状况越好。同时,从燃烧效果来说,CO_2 浓度至少要求接近 14%,越高越好。分析时,注意排除二次空气喷射系统、废气再循环系统的干扰因素。

从排放污染物来说,如果 HC 和 CO 单项或两项超标,混合气空燃比控制良好,排气中 O_2 还剩余较多,CO_2 浓度还有提升空间。这种情况说明剩余的 O_2 未将 HC 和 CO 氧化,产生这种情况的原因有两方面,一方面是汽缸内燃烧状况不好,另一方面是三元催化转换器已失效或未达到工作温度,在三元催化转换器内部多余

的 O_2 未能将 HC、CO 充分氧化。如果从燃烧状况不好的角度出发，可以从混合气的雾化、汽缸的密闭性、点火性能等方面进行分析：

（1）混合气雾化状态。从喷油器喷射雾化性能、进气门和缸内积炭、燃油蒸发排放控制异常等方面进行诊断。

（2）汽缸的密闭性。检查汽缸压力，如不正常，检查配气正时、进排气门及活塞、活塞环。

（3）点火性能。对缺火监测、火花塞绝缘陶瓷、放电电极、高压线、点火线圈（点火能量、点火正时）等方面进行诊断。

对于 NO_x 超标的，往往是因为燃烧过于充分，如混合气过稀，充分的 O_2 使燃油燃烧得更充分，燃烧温度更高，高温富氧的环境导致 NO_x 生成量增加，三元催化转换器由于混合气过稀的环境也无法充分地将 NO_x 还原。所以，对于 NO_x 超标故障应该从混合气过稀、燃烧温度过高的角度进行检查和诊断。

二、发动机的机内净化诊断要点

作为汽车的核心部件和汽车排放污染的源头，近年来发动机的相关技术得到了长足的进步和发展，也使得诊断维修技术变得更加复杂。单从影响排放污染超标的故障点来看，发动机上除了起动系统对汽车排放没有太大影响外，其他两大机构和四大系统出现的故障都有可能导致排放污染超标。所以，对发动机的诊断是汽车排放污染治理的重点、难点工作，主要有以下几个方面。

（一）注重传统故障诊断技巧的应用

对于较为明显的发动机故障或特别严重的排放污染超标故障（如发动机排放污染物 CO、HC、NO_x 超出排放限值的 3 倍以上时），都可以采用传统发动机故障诊断的一些技巧和方法。

1. 感官诊断

这是一种简单实用的诊断技巧，主要通过人的经验对故障进行直接的诊断。

（1）问诊，对车主或送修人进行有针对性的调查询问，了解故障出现的全过程、尾气排放超标检测前后是否做过发动机相关的检修、使用及故障历史状态，分析诊断突破口。

（2）观察，用眼睛观察发动机外部状态及运行时有无异常症状，如排气管冒黑烟、蓝烟，发动机机械部件明显破损，漏油、漏冷却液现象等。如果发现此类故障现象应当及时处理,以免造成故障范围和损失的扩大。

（3）听诊,利用汽车维修专业听诊器探听发动机异响,判断异响的类型及产生的部位,并分析可能的原因。同时需要注意不同的工况变化对应的异响变化,找出规律和特征,进行综合分析判断。但是这种方法要求诊断人员具有比较丰富的发动机诊断维修经验。

（4）触摸,在保证安全的前提下,通过用手的触摸来感觉检查对象的温度、振动情况,以判断检查对象或部位是否正常。

（5）嗅闻,凭借人的嗅觉来感知汽车发动机运转过程中散发出的特殊气味,如导线过热融化、电器过热短路、燃油泄漏、尾气温度异常等,但是由于尾气排放污染物有毒,对于尾气气味异常的,不能长时间通过人的嗅觉来判断成分或浓度,需要借助专业的尾气分析仪进行检测。

2. 模拟试验诊断

模拟试验主要用于发动机间歇性故障的诊断,由于间歇性故障在大多数时间没有明显的故障现象,因此必须模拟与车辆出现故障时相同或相似的条件和环境,然后对故障进行分析。例如,车辆加速时 CO 超标、松抬加速踏板时 HC 超标,或者行驶在颠簸路面上发动机明显抖动,加速不良等。此时,如果是点火系统出现故障导致的发动机抖动,就会使 HC 排放超标,如果是燃油压力过低导致的加速不良,就有可能使 NO_x 排放超标。

（1）模拟振动。当故障现象出现在车辆行驶在颠簸路面或振动发生时,可以采用该方法。对于电器连接插头、线束固定支架、线束与车辆可能产生干涉的地方可以用左右摇摆的方式进行检查,如图 5-16 所示。如果是继电器、熔断器盒、传感器、执行器等电器元器件,可以采用轻轻敲击、摇晃的方法,观察故障是否再出现。

轻轻摆动　　　　　　　轻轻摇动　　　　　　　轻轻振动

图 5-16　模拟振动

（2）模拟加热。有些排放污染超标故障是在热车或天气炎热时出现的,这种情况下,为判断原件是否由于对热量敏感而发生故障,可以用加热枪或吹风机对相应的原件进行加热,如图 5-17 所示,观察故障现象是否出现。在操作过程中,一定要注意人身安全和车辆安全,加热目标温度不应超过 65℃。

图 5-17　模拟加热

(3)加载用电器。这是由于车辆用电负荷较大时,由发动机带动的发电机负荷相应地加大,为了保持原有的转速和功率,发动机控制单元会调节点火、喷油、进气,与无负荷的工况就产生了差异。如 NO_x 超标故障对发动机负载比较敏感,此时可以人工开启车辆用电负荷较大的用电器,包括空调、鼓风机、前照灯、风窗除雾等。

3.配件替换诊断

配件替换诊断也称换件诊断,当我们将诊断范围缩小到某一个零部件时,且没有找到合适的手段验证其有故障或对排放超标故障有影响时,可以用合格的零部件替换该零部件来进行验证。

4. 始终以"混合气燃烧"为中心思想

汽车排放污染是由发动机产生,并经过排放后处理装置的净化排放到大气的。所以发动机才是汽车排放污染的源头,要治理好汽车排放污染的超标,必须保证发动机在最佳工作状态运行。而汽车发动机的核心就是燃烧室,在进气行程新鲜空气和燃油混合气进入汽缸(缸内直喷发动机是在压缩行程喷油),当活塞到达压缩上止点前的某个位置时,混合气开始点火燃烧,燃烧产生的压力推动活塞下行,最后曲柄连杆机构将活塞的往复运动转化成曲轴的旋转运动。

发动机的整个工作过程完成了将燃油的化学能转化成机械能,而其中混合气理想的空燃比和充分的燃烧则是排放污染是否超标的关键。此过程中就需要进气系统、燃油供给系统、点火系统、机械部分(合适的汽缸压力)密切配合。在对发动机诊断时要对这几个跟"混合气燃烧"相关的系统或关键零部件进行重点检查。

(1)进气系统:进气系统是为发动机提供新鲜空气的系统。空气依次经过空气滤清器、空气流量传感器(计算进气量)、节气门(控制空气进气量)、进气歧管

（分配空气,部分车辆带进气压力温度传感器）,再由进气门进入燃烧室。整个过程需要完成的一个重要工作就是提供给发动机需要的、适量的空气,并将进气量的信号（由空气流量传感器或进气压力温度传感器输出）给发动机 ECU,发动机以此作为喷油的基准信号。所以,在对进气系统诊断时,需要注意其提供给发动机的进气量是否合适以及给发动机提供的进气量信号是否是真实的。

（2）燃油供给系统:燃油供给系统是为发动机提供持续的、定量的清洁燃油。燃油依次经过油箱、低压油泵、燃油滤清器、压力调节器（稳定压力或根据负荷调节压力）、油轨、喷油器,喷油器根据发动机 ECU 的指令喷出定量的、充分雾化的燃油。喷入燃油的量和雾化的程度是影响混合气空燃比是否合适、燃烧是否充分的关键。喷入过多的燃油将导致 HC 和 CO 超标,过少的燃油将导致 NO_x 超标,雾化不良的燃油也会使燃油与混合气混合不充分,从而导致局部混合气过浓不能充分燃烧或不能燃烧,造成 HC 和 CO 超标。

（3）点火系统:点火系统是在发动机规定的点火时刻提供能量足够的电火花,点燃混合气。点火系统的类型有很多,但是都具备点火线圈、高压线（有些和点火线圈为一体）、火花塞等,部分老款发动机还有分电器。点火系统出现故障可能会导致 HC 和 CO 超标,过早点火还会导致 NO_x 排放超标。所以在进行尾气排放超标故障诊断时,需要注意"正常的电火花"和"准确的点火时间"两个关键环节。

（4）机械部分:混合气要实现良好的燃烧还需要一个最基本的要素,就是汽缸压力,正常的汽缸压力是保证混合气充分燃烧的基础。发动机进气行程吸入新鲜空气或混合气,压缩行程活塞运行到压缩上止点,此时缸内的压力即为汽缸压力（测试时一般为 1MPa 左右,不同的发动机有差异,工作时由于温度原因压力稍高）。燃烧室内要保持一定的汽缸压力,需要进排气门、活塞环和汽缸内壁的密封性能非常好。如果因为磨损或高温导致气门座圈与气门配合面漏气、活塞环磨损、汽缸内壁拉伤或配气正时错误,将造成汽缸压力过低,会导致混合气燃烧不充分,HC 和 CO 排放超标;如果燃烧室积炭过多、发动机机械部分维修过（缸盖平面磨削）将会导致汽缸压力过大,易造成发动机燃烧温度过高、爆震、NO_x 排放超标。

5. 充分利用 OBD 各项功能进行诊断

目前国内的在用汽油车几乎都配置了车载诊断系统,车载诊断系统（OBD）,是指集成在发动机控制系统中,能够监测影响废气排放的零部件以及发动机主要功能状态的诊断系统。它具有识别、存储以及通过故障指示灯(MIL)显示故障信息的功能。

OBD 可通过专业诊断仪器,连接车辆上设置的一个 16 端子的通信诊断接口(图 5-18),读取发动机故障码和数据流进行汽车排放污染故障的诊断,同时也可以利用系统自带的"作动测试"功能,来检查某些执行器方面的故障。

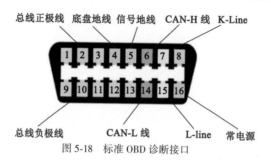

图 5-18　标准 OBD 诊断接口

6. 故障码诊断

仪表上的尾气排放故障指示灯(MIL)用来提示驾驶员或维修人员系统存在故障,指示灯有三种状态:

(1)自检。当汽车点火开关已打开,而发动机尚未起动或转动,MIL 会点亮。

(2)常亮。起动发动机后,如果系统存在已确认的排放相关故障(引起三元催化转换器损坏的失火故障除外),OBD 会点亮尾气排放 MIL 来提醒驾驶员进行检修。

(3)闪亮。一旦发动机存在可能引起三元催化转换器失效的故障,例如点火系统或燃油供给系统故障导致的失火且失火次数达到该车制造厂规定的上限,以至于三元催化转换器可能被损坏时,尾气排放 MIL 立即以 1Hz 的频率闪烁,故障码类型及特点如表 5-3 所示。

OBD 故障码类型及特点　　　　　　　　　　　　　　　　表 5-3

故障码类型	故障码特点	说明与举例
A 类	与废气排放有关,在第一次检测到该类故障码时就点亮故障指示灯; ECU 存储故障记录	DTCP0401:排气再循环(EGR)流通不畅
B 类	与废气排放有关,在两次连续的行驶过程中都至少发生一次,点亮故障指示灯; ECM 存储故障记录	DTCP0300:检测到发动机缺火

续上表

故障码类型	故障码特点	说明与举例
C 类	与排放无关,不点亮故障指示灯,但请求点亮维修指示灯(如果配备); ECM 存储故障记录	也称 C1 故障码
D 类	与排放无关,不请求点亮任何指示灯; ECM 存储故障记录	也称 C0 故障码

　　故障码是故障点的提示,但不一定就是故障码所指部件本身有问题。例如,故障码"P0300 检测到发动机缺火",除了点火系统故障外,还可能是喷油器故障、缸压不正常等。所以,必须充分了解故障码含义和相关系统的工作原理,进行故障诊断分析。

7. 数据流分析

　　利用专业故障诊断仪可以读取到发动机运行时与排放相关的数据流,通过对数据流的分析查找故障原因是现代汽车诊断技术的重要手段。数据流分析主要关注数值变化规律、数值变化范围、数值相应速率、关联数据间的相应情况等。与排放相关的数据流至少应该包括如表 5-4 所示的几项数据。

与排放相关的发动机数据流　　　　　　　　　表 5-4

数据流名称					
发动机转速	空气流量/压力温度	空燃比数据	喷油脉宽	短期/长期燃油修正	爆震电压
节气门开度	冷却液温度	氧传感器电压	燃油压力	单缸或多缸失火	点火提前角

　　当获取这些数据流后,就需要结合汽车排放污染的检测数据进行诊断分析,下面举例说明数据流的分析方法。

　　(1)数值分析。

　　对数值的变化规律和范围进行分析,如对进气歧管压力值的电脑读取值和真空表的实际测量值进行对比。

　　举例:一台 NO_x 排放超标的车辆,进厂检查初步判定混合气过稀。读取发动机数据流显示怠速进气压力为 24kPa,高怠速进气压力为 18kPa。根据经验判断,不管是怠速还是高怠速,其进气压力数据均偏低。用真空表测试,怠速时进气绝对压力为 28kPa,高怠速时进气绝对压力为 23kPa。显然电脑读取的压力与实际压力有偏差,而发动机根据偏小的压力信号计算的喷油量就比实际需要的喷油量小,导致混合气过稀,从而造成 NO_x 排放超标。

(2)时间分析。

对于某些传感器信号,除了对其信号大小进行分析外,还需要对信号的变化频率进行分析。

举例:氧传感器分前氧传感器和后氧传感器,前氧传感器主要检测三元催化转换器前部 O_2 浓度的变化,该信号用于修正燃油喷射量。前氧传感器信号一般要求在怠速工况下,10s 内在 0.1~0.9V 之间切换 6~8 次,若长时间小于该值,系统就会报传感器反应过慢的相应故障码;后氧传感器检测三元催化转换器后部 O_2 浓度的变化,该信号用于监控三元催化转换器是否失效。当信号变化过快,接近前氧传感器信号的变化频率时,说明三元催化转换器已失去了对氧气稀浓调节的能力,从而间接说明三元催化转换器失效。

(3)关联分析。

发动机控制单元会根据几组信号来相互验证或监控某一个元器件。例如根据进气量/压力温度信号,结合发动机转速计算基本喷油量,同时利用前氧传感器信号调节修正喷油量,以确定最终的喷油量,如图 5-19 所示。

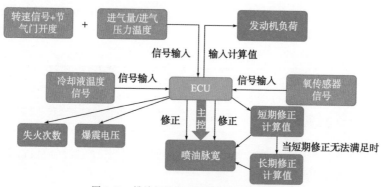

图 5-19　排放相关发动机数据流之间的关联

(4)作动测试诊断。

当我们怀疑某些元器件,但无法很快地对其作出是否有故障的判断时,就可以用到作动测试诊断的方法。汽车发动机电控系统中的某些执行器可以用专用诊断仪进行作动测试,在不用其他测量工具、不拆装过多零部件的情况下对怀疑对象进行快速诊断。其作用主要体现在以下两个方面。

①能够对发动机 ECU、ECU 与执行器之间的线路以及执行器本身等多方面快速诊断。例如:打开点火开关,用专用诊断仪进入发动机作动测试功能界面,选择

发动机电子节气门驱动电机,通过诊断仪发出改变节气门开度的指令,使节气门开度发生相应的变化,如输入 50%,此时节气门应该开启一半。如果开度正常,则说明发动机 ECU、ECU 与节气门驱动电机之间的线路以及节气门均正常。如果无动作,则说明三者之一有故障存在。

②能够间接判断与执行器关联的部件或系统的故障。例如:尾气排放 HC 超标,同时发动机怠速抖动,怀疑某个汽缸工作不良或失火时,可以通过作动测试依次关闭各汽缸喷油器。如在关闭某一个汽缸的喷油器时发动机抖动状况没有变化或转速没有变化,而关闭其他汽缸的喷油器时发动机转速下降明显或抖动更加明显,则说明这个汽缸工作不良。由此可以快速缩小故障诊断范围,为下一步检查做好准备。

三、发动机的机外净化诊断要点

如今的排放控制法规越来越严格,包括新车排放控制法规和在用车排放控制法规对汽车排放污染物都规定了相对以往更低的限值。当发动机机内净化措施不足以满足这些要求时,就需要借助排放后处理装置进行净化。三元催化转换器作为技术先进、成熟、应用范围广的排放后处理装置,被广泛安装在汽油车上。根据三元催化转换器的工作特点,汽车排放污染诊断工作中,需要注意以下几项要点。

1. 空燃比的影响

三元催化转换器将发动机排放气体中的有害物质 HC、CO 和 NO_x,通过氧化还原反应催化转换成无害物质 H_2O、CO_2 和 N_2。尾气排放的气体中,HC 和 CO 是还原剂,NO_x 和 O_2 是氧化剂,当可燃混合气或排放气体中的过量空气系数 $\lambda = 1$ 时,氧化剂和还原剂达到平衡状态,反应可以彻底进行,此时排放污染物的净化效率最高,如图 5-20 所示,因此应将过量空气系数控制在 $\lambda = 1$ 附近很窄的一个范围内。

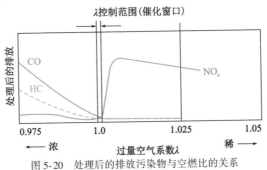

图 5-20　处理后的排放污染物与空燃比的关系

当过量空气系数 $\lambda > 1$ 时,发动机可燃混合气过稀,由于 O_2 较为充分,混合气燃烧后在产生少量 HC 和 CO 的同时会产生大量的 NO_x。仅有的少量 HC 和 CO 在三元催化转换器中与废气中的 O_2 进行氧化反应,没有多余的 HC 和 CO 与 NO_x 进行还原反应。因此,当混合气过稀时,多余的 NO_x 不能得到有效的催化净化而排放到大气中。

当过量空气系数 $\lambda < 1$ 时,发动机可燃混合气过浓,由于 O_2 含量相对较低,混合气燃烧后在产生少量 NO_x 的同时会产生大量的 CO 和 HC。此时燃烧后的尾气中作为氧化剂的 O_2 和 NO_x 含量均很少,没有多余的氧化剂和 HC、CO 进行氧化反应。因此,当混合气过浓时,未得到氧化催化的 HC 和 CO 将排放到大气中。

所以在诊断三元催化转换器相关故障时,必须考虑发动机空燃比的状态。任何使空燃比超出控制范围的故障,都将导致排放污染物得不到良好的催化净化。

2. 温度的影响

任何化学反应都需要一定的温度或者需要为反应提供足够的活化能。对于汽车三元催化转换器中的化学反应,在一定范围内,温度越高,反应的速度越快,转化率也越高,如图 5-21 所示。我们一般把某一反应物 50% 转化率时的温度定义为这种反应物的起活温度,称为 T50。

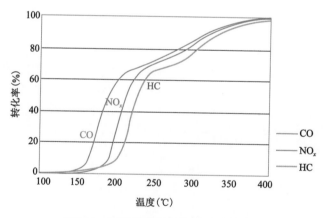

图 5-21　排放污染物净化效率与温度的关系

在实际应用中,对排放污染物的净化要求更为严苛,一般将 T90 作为探讨对象,即某一反应物 90% 转化率时的温度。所以,起活温度越低,证明该反应污染物的低温净化效果越好。对于同一个三元催化转换器而言,在 150℃ 以下时,排放污染物的转化效率非常低，随着温度的逐步升高，排放污染物的转化率逐渐升高，当升高到350℃以上时，HC、CO、NO$_x$ 三种有害物质的转化率均可以达到90%以上。但不是温度越高越好，以堇青石为蜂窝载体材料的三元催化转换器的最佳工作温度在350~800℃，温度再往上升，可能导致三元催化转换器高温老化甚至烧蚀。

所以，进行排放后处理装置的诊断时应该充分考虑温度的影响，比如，低温时的转化效率低，其与催化转换器失效时的现象非常接近。无论在诊断流程中还是车辆排放检验时，都必须对车辆进行充分预热，特别是保证三元催化转换器温度达到350℃以上时，所得到的结果才是真实有效的。需要特别指出的是，有些老旧车型，原车的三元催化转换器与发动机距离较远，做排放测试或更换部件后的验证测试应该用高怠速进行长时间的热车，以保证三元催化转换器温度达到合理的工作温度区间，此时不能以发动机冷却液温度达到90℃作为判断依据。

3. 判断三元催化转换器失效的必要条件

上文提到要实现三元催化转换器转化效率的提升，必须要有理想的空燃比环境和合适的温度，在进行三元催化转换器诊断分析时，对于其是否失效的判定，需要参考以下几个条件：

（1）空燃比正常时，CO 排放超标或 HC、CO 同时超标。

充分热车后，如果测量到的排放气体中 CO 超标或 HC、CO 同时超标，考虑 CO 产生的条件是缺氧，此时应检查空燃比是否正常或非过浓状态。如果是，说明三元催化转换器转化效率较低或已失效。

（2）空燃比正常时，NO$_x$ 排放超标。

充分热车后，如果测量到的 NO$_x$ 排放超标，此时应检查空燃比是否正常或非过稀状态。如果是，说明三元催化转换器转化效率较低或已失效。

（3）CO、HC 和 NO$_x$ 三项排放同时超标或 CO 与 NO$_x$ 两项排放同时超标。

充分热车后，如果测量到的排放气体中 CO、HC 和 NO$_x$ 同时超标或 CO 与 NO$_x$ 同时超标，根据氧化还原反应原理，氧化剂和还原剂同时存在而没有进行反应，说明三元催化转换器转化效率低或已失效。

（4）根据氧化剂和还原剂是否共同存在判断催化剂失效。

根据排放污染物在三元催化转换器内部发生氧化还原反应的原理可知，只要催化器温度达到350℃以上，通过排气管检测到的排放污染物中同时存在当量的还原剂（HC、CO）和氧化剂（NO$_x$ 和 O$_2$），说明催化器的催化净化效率有所降低或已完全失效。

4.三元催化转换器常见的失效原因

(1)高温失活:发动机混合气过浓、喷油嘴滴漏、点火系统出现故障、燃油品质不合格等,导致多余的 HC 或 CO 排放到三元催化转换器中被氧化催化,此时将产生大量的热,使三元催化转换器工作温度超过正常工作温度。同时伴随着高速气流的冲击,就会导致载体高温烧结,载体的通气管路不能流通空气,车辆动力会明显下降,甚至无法着车。

(2)机械损伤:热冲击和物理性破碎导致三元催化转换器机械损伤,催化单元载体碎裂,结构发生改变,减少尾气接触面积,从而降低净化效率,碎裂的载体冲到消音器后将造成排气背压的增加。

(3)中毒失活:车用燃料中所含的铅将造成贵金属中毒;硫化物也将导致催化剂短暂中毒,但在时间较短的情况下可经过燃烧处理恢复;发动机机油所含的磷也会造成催化剂中毒。

第三节　汽车排放污染诊断系统应用

相对于传统汽车故障诊断,排放污染诊断是一项相对复杂的检测诊断工作。由于发动机排放污染物受多个系统共同作用,这些排放污染物从形成到净化的过程都在不断发生着化学反应,相互作用、相互影响。它们要达到较低的排放水平,需要发动机机械部分、点火系统、进气系统、燃油供给系统、后处理系统及相关电控元件在最佳的状态下共同运行。对排放污染故障进行诊断时,除了需要对超标排放的污染物进行分析外,还需要将未超标排放物,甚至无害气体(CO_2、O_2)纳入诊断分析的范围。目前,各种新型的汽车检测诊断设备已经在维修行业中得到应用,而近年来,汽车不解体检测诊断的新理念在汽车检测诊断设备上推广开来。汽车不解体检测诊断可以定义为,在尽量不解体汽车的前提下,运用必要的手段(包括外观、气味、振动、声响、感觉和电气显示及仪器等)、知识、经验对车辆故障(包括故障代码和故障症状)作出分析和判断,确定故障部位的过程。

传统汽车维修技术人员要承担汽车排放污染诊断工作,必须要接受相关培训来掌握各系统对污染物排放影响的原理和检修方法。而大多数诊断人员在学习上仍停留在对单一污染物超标故障源的理解上,对于复合型超标故障源的诊断分析比较欠缺。由于掌握的知识及技能有限,大多数诊断人员仅能针对单一污染物超标情况,逐一使用各种检测设备进行检查。如简单地使用汽车故障电脑诊断仪对超标车辆进行故障读取,在没有故障码的情况下,只能凭经验对多项检测数据进行分析,这样一来精准度低、效率不高,也没有充分地利用车辆专用诊断系统的各项功能。

部分诊断人员即使学习了排气五气特征分析法,但伴随着汽车排放控制要求的提升,排放检测手段也在更新升级,例如工况法排气检测还需要对排放检验过程数据进行分析,确定超标时间段,再结合发动机特性、排放控制原理,对怀疑的故障点进行相应的检测和诊断。同时,汽车发动机排放控制技术在飞速发展,各个型号的发动机对排放污染物的控制策略和优先级各不相同,单从超标项来分析故障原因是远远不够的,例如某些发动机有一个汽缸点火故障,轻微时,导致燃烧不良,汽缸内温度下降,HC 和 CO 超标,NO_x 浓度低;而达到严重失火时,为了不影响其他汽缸的进排气,该汽缸停止喷油,进排气门正常开合,导致 HC 和 CO 浓度稀释后很低,NO_x 浓度增加。所以排气超标检测诊断在实际应用中,对诊断人员的能力和经验要求很高。诊断人员的检测、诊断、维修治理技术都需要跟随汽车排放检验技术和发动机排放控制技术的发展和应用一起进步,与时俱进。

同时,信息化、智能化社会的到来,对汽车排放污染物治理提出了新的要求。在汽车排放污染物治理中,需要对全过程的数据信息进行大数据处理和分析。在 I/M 治理体系中,与环境保护部门的数据进行共享和闭环管理,有效地引导超标车辆进行维修和治理,杜绝假维修,确保 I/M 制度管理的有效性,确保降低超标车辆对环境的污染。这就需要借助汽车专用诊断系统及汽车排放污染诊断(智慧诊断)系统等先进设备。

一、诊断系统在排放污染诊断中的重要作用

应用各种诊断系统诊断汽车排放污染故障就是为了在一定程度上降低诊断人员的负担,提高诊断的精准度和效率。排放污染治理相关的诊断系统是诊断人员必备的重要工具。目前常用的诊断系统有汽车专用诊断系统及汽车排放污染诊断(智慧诊断)系统。

汽车专用诊断系统是一种专门针对汽车故障检测与诊断的专业仪器。可实时检测车辆的性能,并对车辆故障进行检测,是车辆故障诊断必备的一种工具。目前汽车专用诊断系统的型号和种类繁多,但都具备故障码读取、故障码清除、动态数据流读取、冻结帧数据、准备状态测试、作动测试、匹配、设定和编码等基本功能。

对于尾气排放污染故障的诊断,可以监测多个系统和部件,包括三元催化转换器、发动机、颗粒捕集器、氧传感器、废气再循环系统(EGR)、燃油供给系统、排放控制系统等。汽车专用诊断系统是通过与发动机控制单元(ECU)或网关建立通信,监测与排放有关的部件信息。基于 ECU 具备检测和分析与排放相关故障的功能,通过对故障码、数据流等相关信息的读取可以为诊断人员提供故障检查的切入点和诊断分析的数据支撑。

汽车排放污染诊断(智慧诊断)系统应用物联网+人工智能的现代计算机技术,将多种检测诊断设备对治理车辆的检测数据共享至云计算平台,根据汽车排气超标诊断模型,对发动机排放污染物各项成分及与发动机各个系统互相控制、相互影响的关系进行分析和诊断,综合维修治理案例库的大数据分析结果,实现快速、精准地定位排气超标故障源和故障指数,引导诊断人员对超标车辆进行检测诊断,确诊超标故障原因。同时坚持诊断数据与 M 站信息中心自动对接,与环境保护部门的信息中心形成有效的联动,引导超标车辆到真正有治理能力的 M 站进行维修治理,确保 I/M 制度的有效实施。

首先,汽车排放污染诊断(智慧诊断)是一项综合性的检测技术,是汽车专用诊断系统的升级。它不只针对某一款车型,也不只针对某个特定检测领域。掌握了汽车不解体检测诊断技术,就可以对各种车型、各种汽车故障问题进行检测,并进行综合性分析,快速准确地确定故障部位,节省车辆的检测诊断时间,缩短车辆的维修周期。其次,汽车排放污染诊断(智慧诊断)技术是一种科学的检测方法,检测诊断的合理性及分析手段的科学性可以有效查找出汽车故障,避免维修企业的过度检测;也可以防止车辆检测产生错误判断,避免换件式维修,为社会节省资源,降低客户的维修成本,减少消费者与维修企业的矛盾冲突。更重要的是,汽车不解体检测诊断技术是一套系统的、综合的检测手段,有助于大幅增强我国汽车维修人员的专业素养。

二、汽车专用诊断系统的应用

汽车专用诊断系统(汽车解码器、汽车故障诊断仪)是用于检测汽车故障的便携式汽车故障自检仪。在做汽车排放污染诊断时,诊断人员可以利用它迅速地读取发动机电控系统中的故障码、数据流,并通过显示屏显示故障信息,迅速查明发生故障的部位及原因。

使用汽车专用诊断系统之前,需要将诊断系统配备的硬线或蓝牙信号诊断接头连接到车辆 OBD 诊断接口,并打开点火开关,当读取数据流等动态数据时可起动发动机。为帮助诊断人员在汽车排放污染治理工作中充分发挥仪器的各项功能,下面就汽车专用诊断系统的应用做一些说明。

（一）故障码与故障现象相结合进行分析

利用汽车专用诊断系统的故障码查询功能,对故障车辆的电控系统进行扫描。汽车排放污染诊断需要重点对发动机电控系统进行扫描。大部分情况下,故障记录所指的部件并不是故障点本身,也不是引起尾气排放超标的直接原因。但是故障记录的内容,给我们提供了确定故障所在范围和诊断思路的方向引导,结合故障现象和其他辅助检查项目可以快速排除故障。

（二）利用故障码之间的关联性分析

大多数情况下,通过读取故障码进行故障查询时,会报出各个相关故障记录,这些故障内容并不是孤立的,往往是由一个隐藏的故障造成,或者有一定的因果关系的。通过这个角度分析可能存在的故障,再结合其他检测方式和维修经验,可以迅速判断故障。

（三）充分利用数据流查询功能

通过读取发动机数据流,可以得到发动机控制单元收集的相关传感器和执行元件的数据运行信息,以及开关状态信息,并以具体的数值显示出来。充分利用这些数据,有助于故障的正确分析和快速诊断。

对于目前大多数车辆,均已采用闭环控制燃油喷射系统,即发动机控制单元在发动机运行达到一定的温度和转速条件后,可根据氧传感器的信号对燃油喷射量不断地进行修正,使空燃比接近 14.7 : 1,从而减少有害气体的排放。可以利用汽车专用诊断系统读取前氧传感器信号和燃油修正值,将短期燃油修正值与前氧传感器信号进行对比。如前氧传感器给的是过浓信号,短期燃油修正值应该为负数,以减少喷油量;如前氧传感器给的是过稀信号,短期燃油修正值应该为正数,以增加喷油量,否则说明前氧传感器给的反馈信号错误。

利用数据流相互关系,验证系统是否正常工作的方法还有很多,例如利用空气流量传感器数据、节气门开度和发动机转速判断进气系统是否漏气;利用前氧传感器信号和后氧传感器信号判断三元催化转换器是否正常工作等。

需要特别注意的是,汽车专用诊断系统读取的控制单元中的数据信息表示方式多种多样,单位也不一样。比如大众 POLO 轿车节气门的开度使用"%"的形式表示、自动变速器的多功能开关等开关状态信息以 8 位二进制码表示、发动机的防盗系统工作状态以 4 组"0"和"1"的数字表示、节气门的基本设置信息用一些特定字符表示其状态等。了解这些数据信息的表达方式和含义,有助于更加全面地了解控制单元的工作状态以及一些传感器、执行元件的信息。

除了以上介绍的 3 种使用方法和要点外,汽车专用诊断系统在排放污染诊断工作中还有一些功能,如执行元件作动测试、编码、匹配、基本设置等功能。要让这些功能得到最大限度的应用,需要使用者将系统的各项功能和丰富的诊断实践紧密结合,以实现对诊断系统的充分利用。

三、汽车排放污染诊断(智慧诊断)系统的应用

汽车排放污染诊断(智慧诊断)系统是 M 站的专用设备,集成了(但不限于)发动机综合分析仪、汽车专用示波器、电流钳、无负载测工仪、真空压力表、点火系统高压探测仪、归零仪、汽油车点火正时仪、柴油车喷油正时仪、发动机转速测量仪、五气分析仪、不透光烟度计、汽油车故障电脑诊断仪、柴油车故障电脑诊断仪、OBD 诊断仪等汽车维修企业常用的仪器、仪表和专项设备的功能。系统可以对几乎全部在用的汽油车、柴油车的发动机部分、排放控制部分进行检测。所有检测诊断数据可以通过预留的标准数据接口与物联网技术,经互联网与各地的信息中心进行数据互联和数据共享。

汽车排放污染诊断(智慧诊断)系统平台分析诊断数据时,可直接连接 M 站信息中心、第三方互联网终端、第三方工况法排放检测系统、第三方配件追溯系统等仪器的标准联网接口。可根据 M 站自身需要提供连接 M 站 ERP、第三方公众服务系统、总部对总部系统服务。经过 M 站信息中心预留数据接口,可以实现和环境保护部门信息中心的数据互联和共享,实现 I/M 制度信息闭环管理。

系统的汽车排放污染诊断维修相应的功能流程,依据《汽车排放污染维修治理站(M 站)建站技术条件》的要求设计,并结合 M 站实际工作中对操作便利性的要求。由于不同厂家设备的功能定义、界面划分可能存在不同,下面以国内某厂家的设备为例,用汽车排放污染诊断(智慧诊断)系统的排放污染诊断操作流程介绍系统的相关应用操作要点。

(1)系统登录。汽车排放污染诊断离不开合格的诊断人员,对诊断人员的专业技能要求见前文的介绍。经过相关培训的诊断人员,考核合格后,可操作设备并对排放超标车辆进行诊断。设备可使用特定账号(IC 卡或账号密码)登录使用汽车排放污染诊断(智慧诊断)系统的汽车尾气智慧诊断功能。在对超标车辆的检

测诊断过程中产生的检测诊断数据,通过互联网标准数据接口,自动保存到 M 站信息库中。对治理车辆进行信息登记后,可按标准流程对超标车辆进行诊断,诊断的过程包含基础诊断和智慧诊断。

维修治理车辆进入 M 站,登记车辆信息后,自动连接 M 站信息中心,从生态环境部门的信息中心读取该车辆在 I 站的检测过程及结果数据。获取到的数据将为该车排放污染超标故障诊断提供数据支持。

由于某些地域性 I/M 联网方式不同或其他原因,如果 M 站系统无法获取 I 站系统过程及结果数据,M 站应在目视检查后,按照当地 I 站规定的测量方法对承修车辆进行汽车排放污染检测,以获取排放检验数据,为该车排放污染超标故障诊断提供诊断数据支持。

(2)目视检查。目视检查项目包括查看或询问承修车辆维修记录、检查发动机机油、空气滤清器、进气管路、排气管路、真空管路、仪表板故障警告灯或故障警告等。目视检查不合格的车辆应先排除故障。目视检查的结果可以通过手机 App 或诊断报告/诊断记录表进行记录。

(3)基础诊断。基础诊断是诊断人员凭借自身实践经验和使用不解体检测诊断设备采集发动机工作参数,人工分析汽车排放污染超标故障范围和故障原因,确定汽车排放污染超标故障的诊断方法。当诊断人员对同型号车辆的相同故障源进行过多次维修治理,积累了丰富的检测诊断经验,或者超标车辆故障源比较明显和简单,维修人员可以凭借自身经验,通过基础诊断,确定超标车辆故障。诊断人员对超标车辆进行诊断,需要检测和采集超标车辆数据作为基础诊断的数据来源。

(4)智慧诊断。智慧诊断是应用汽车不解体检测诊断系统物联网技术、云计算分析,结合检测诊断故障树模型,实现大数据实时动态分析,缩小故障范围,精准、快速查出故障的诊断方法。

汽油发动机排放污染诊断

随着经济的发展,我国汽车保有量持续增长。截至 2021 年底,我国汽车保有量已达 3.02 亿辆,其中汽油发动机汽车占有率高达 85% 以上,因此,汽油发动机的排放污染治理成为机动车排放污染治理的重要工作。汽油发动机所产生的有害污染物有三个来源:一是燃油供给系统的蒸发污染,二是由于活塞环漏气和机油蒸气产生的曲轴箱蒸发污染,三是废气排放污染。废气排放量的多少与发动机机械系统、进排气系统、燃油供给系统、点火系统及排放控制装置的运行状态有关。车辆的定期维护会对发动机的运行状态和尾气排放有很大影响。

本章结合汽油发动机的特点,提出了诊断的基本思路和方法,并对影响排放的常见故障的诊断进行深入地介绍。

第一节　汽油发动机排放污染诊断基本思路和方法

汽油发动机的排放污染诊断应该遵循从易到难、从浅到深的原则。

在深入诊断之前要做好基本检查:发动机故障灯是否点亮、进气管(包含机油尺、加油口盖等)有无泄漏、曲轴箱强制通风系统是否正常、空气滤清器是否堵塞、机油液位是否合适、冷却液位是否正常、燃油滤清器是否堵塞、三元催化转换器外观是否高温变色或碰撞塌陷、排气管有无泄漏、发动机是否抖动等。

首先,重视故障码与数据流的分析。借助解码器检测发动机系统,判断有无影响发动机工作的故障码存在,如果有如失火、混合气过浓或过稀、三元催化转换器效能低等相关故障码,应该优先检查和排除故障码。其次,要注意空燃比、长短期修正系数、前后氧传感器、空气流量传感器、冷却液温度、进气温度、负荷等相关数据流的采集与分析。短期燃油修正:用来使空燃比保持在理论空燃比的短期燃油补偿,多数车短期燃油修正范围为-20%~20%。长期燃油修正:长期进行的总体燃油补偿,用以补偿短期燃油修正和中间值的持续偏差,多数车长期燃油修正范围为-15%~15%。

借助五气分析仪,我们可以直接检测污染物 HC、CO、NO_x、CO_2、O_2 和过量空气系数 λ 是否正常,从而为尾气超标的治理方向提供重要依据,有助于有效分析故障的原因,准确排除故障,并检验维修效果。

混合气浓度对排放气体的影响如图 6-1 所示。

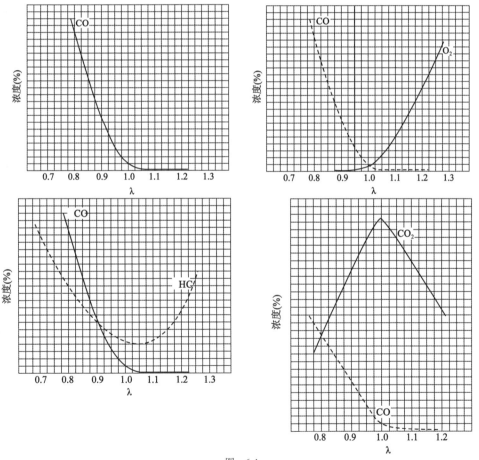

图 6-1

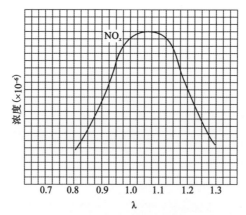

图 6-1　混合气浓度对排放气体的影响

图 6-1 表示了混合气浓度对 CO、O_2、HC、CO_2、NO_x 的影响。现代汽车在排气管中都有三元催化转换器,而三元催化转换器的催化效率和混合气浓度也密切相关。

图 6-2 为混合气浓度对催化效果的影响。从图 6-2 中可以看出,只有混合气处在理论空燃比附近的时候,催化效果才会较好。

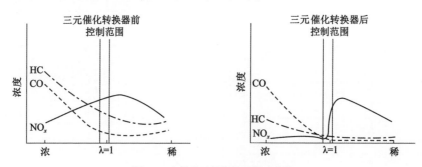

图 6-2　空燃比对污染物的影响曲线

点火提前角对废气的影响如图 6-3 所示。

由图 6-3 可以看出,点火提前角对 CO 几乎没有影响,对 HC 的影响比较严重,对 NO_x 的影响最为严重。

结合上述知识,我们可以根据废气的成分比例进行分析,最终得出一些结论,比如,混合气浓度偏浓、混合气浓度偏稀、点火系统异常、三元催化转换效率低等。

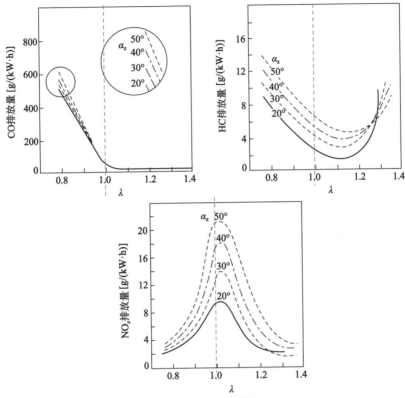

图6-3 点火提前角对废气的影响

　　根据图6-3可知,如果废气中CO浓度偏高,直接说明混合气偏浓。如果CO_2浓度偏低,说明混合气偏浓或者偏稀,这时候需要结合O_2的比例来进行区分。如果CO浓度正常,CO_2浓度正常,HC浓度偏高,NO_x浓度偏高,则我们需要考虑点火提前角问题。如果CO浓度在0.4%左右,HC浓度略高,CO_2浓度在13%~14%左右,O_2浓度偏高,NO_x浓度偏高,则考虑是三元催化转换器问题。因为CO是强烈的还原剂,它和NO_x、O_2在三元催化转换器正常工作的情况下,几乎不可能同时存在。

　　一般来讲,通过CO_2结合CO和O_2含量可判断混合气浓度;结合HC、NO_x的含量可判断点火问题(双高);结合HC和NO_x的含量可判断汽缸密封性能(HC偏高,NO_x偏低);通过结合CO、HC、O_2和NO_x的含量可判断三元催化转换器的好坏。

　　检测流程如图6-4所示。

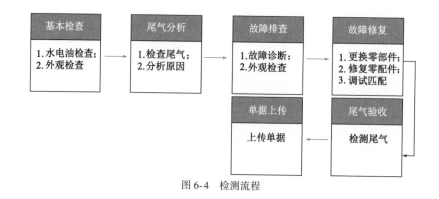

图 6-4　检测流程

第二节　发动机机械故障诊断

发动机机械部分是发动机正常工作的基础。发动机出现机械故障,会严重影响污染物的排放控制。对发动机机械故障的诊断,主要有以下几个方面。

一、汽缸压力及密封性故障

汽缸压力是发动机机械性能中的重要参数,对发动机性能影响极大。汽缸压力是指发动机压缩行程时活塞运行到压缩行程上止点,此时发动机汽缸内的最大压力。汽缸压力是发动机正常运转的重要保障,汽缸压力过低,会导致燃烧不完全,降低燃油经济性,增加排放污染物;汽缸压力过高,会导致活塞工作阻力过大,且容易导致活塞环卡滞,所以发动机汽缸压力是影响发动机尾气排放的重要因素。

（一）发动机汽缸压力不正常，泄漏率超标

发动机汽缸压力直接反映发动机汽缸密封性。当发动机汽缸压力低导致不完全燃烧时,尾气中 CO、HC、NO_x 的含量增加。

新鲜空气从进入车辆到燃烧经过的部件有:空气滤清器→节气门→进气歧管→进气门→汽缸;燃烧后的废气通过的部件有:汽缸→排气门→排气歧管→三元催化转换器→消音器。通过发动机循环过程可知,影响发动机汽缸压力的部件主要有进气门、排气门、活塞、活塞环、汽缸垫等,这些部件的正常与否直接影响汽缸压力,影响发动机燃烧效果,进而影响尾气排放。

（二）发动机汽缸压力不正常，泄漏率超标的故障诊断方法

汽缸压力检测是发动机机械性能检测的一个重要检测项目，也是评判发动机技术状况的一个重要手段。一般检测汽缸密封性的方法有两种：压力检测法、漏气量检测法。压力检测法是利用汽缸压力表对发动机汽缸压力进行检测，可以检测到汽缸实际压力；漏气量检测法是利用汽缸漏气量检测仪对汽缸的漏气量进行检测，测量出的是汽缸的相对漏气率。

1. 压力检测法

确定蓄电池电压充足，起动发动机，待发动机运转至正常工作温度后，拆下空气滤清器、喷油器插头、点火线圈插头；清理火花塞周围的脏物，拆下火花塞；把汽缸压力表的专用接头安装在被测量汽缸的火花塞孔内，稍微拧紧；使节气门处于全开位置；用起动机带动发动机转动 3~5s，转速为 150~180r/min，待汽缸压力表指针指示并保持最大压力读数时停止转动；取下汽缸压力表记下读数，按下止回阀使压力表指针回零；按此方法依次测量各缸的压缩压力，每个汽缸测三次，取平均值；各缸的压力值不能低于规定压力值的 80%，各缸的压力差不得大于 5%。如不符合规定则认为汽缸压力不足。

当检测到某一汽缸压力偏低时，由于发动机润滑油有可靠的密封性，可以通过在火花塞加入适量的润滑油，再次测量汽缸压力。如果汽缸压力依然偏低，说明造成汽缸压力偏低的可能原因是进气门、排气门或者汽缸垫密封不严；如果汽缸压力正常，则说明可能原因是活塞或者活塞环对口、卡死、断裂。

2. 漏气量检测法

在发动机静止状态下，旋转曲轴将被测汽缸置于压缩行程的上止点位置，以 0.4MPa 的压力向该汽缸连续充气，再利用汽缸漏气量测试仪测定其压力能否达到规定值。如果压力值低于 0.25MPa，则视为汽缸漏气量超过标准。同时，将会听到进气管或排气管内及曲轴箱里有漏气声音，从而可确定该汽缸的漏气部位。如进气歧管口漏气，为进气门关闭不严；排气管口漏气，为排气门不密封；散热器加水口处冒气泡，而且相邻汽缸均有漏气声，并有气体从相邻汽缸火花塞孔冲出，为汽缸垫损坏；加机油口处有漏气声，为活塞与汽缸壁配合间隙过大或活塞环密封不良。

3. 进气歧管真空测试

在确认故障之前，我们可以充分利用真空表来检查发动机的状况。真空表测

量低于大气压的压力,单位为 mmHg、kPa 或 kg/cm²。如发动机机械或控制上有问题,读数会偏低或摆动。将真空表接到进气歧管,然后读取数值。

运转发动机到正常工作温度。在进气歧管上连接真空表。在规定怠速状况下运转发动机。真空表读数根据发动机状况和执行测试的海拔高度应介于 51~74kPa。每高于上述海拔高度 304.8m,从规定读数减去 4.0193kPa(1in-Hg)。读数应稳定,如果指针迅速波动,必要时调整真空表阻尼控制,直到指针容易移动而没有过大跳动。发动机怠速时认真研究真空表读数有助于定位故障区域。作出最终诊断决定前一定要进行其他适当的测试。

如果发动机不能满足良好燃烧的基本条件,就会出现加速抖动、加速不良等现象。正常的汽缸压力就是基本条件之一。汽缸压力与汽缸内所含的混合气量以及活塞行程有关。

真空表在实际检测中的运用状态如下(P 为汽缸压力,ΔP_x 为进气管真空度)。

1)发动机密封性能正常

(1)怠速时,表针应稳定在 64~71kPa(摆幅的大小、摆速的快慢与密封性、空燃比及点火性能有关)。若怀疑某汽缸工作不良,可采用单缸断火法诊断,ΔP_x 的跌落值应越大越好,它是判断各汽缸工作(点火、喷油、密封)好坏的指标。

(2)迅速开闭(迅速开闭应和实际运用情况相符)节气门,若表针在 6.7~84.6kPa 灵敏摆动,说明 ΔP_x 对节气门开度变化的随动性较好,意味着各部位在各工况的密封性均较好。若密封性不好,怠速时 ΔP_x 低于正常值,且明显不稳;迅速打开节气门时,表针会跌落到 0,关闭后也指不到 84.6kPa 处。

(3)为了验证各汽缸密封性的好坏,应将真空表换接在机油尺处,曲轴箱内的压力应为负值。若为正值,说明密封性不好,或曲轴箱强制通风(PCV)阀堵塞。

2)发动机点火正时不对、配气正时不对和电火花不良

(1)点火正时不对、配气正时不对和电火花不良时,燃烧条件变化,功率损失和转速波动较大,形成不了高真空度,并造成怠速不稳,加速无力。

(2)怠速时,表针在 46.7~57kPa 摆动。若点火过早,表针摆动幅度较大;反之,摆动较小。配气正时有误时,现象与点火正时类似,应分辨处理。

3)发动机排气系统堵塞

由于排气系统有较大的反压力,在怠速状态,ΔP_x 有时可达 53kPa,但很快又跌落为 0 或很低。堵塞严重时汽油发动机只能勉强运转。此时,可通过观察排气管排烟状态或拆下排气管运转,即可验证。

4.曲轴箱窜气量检测

当测出汽缸漏气量超标时,应进行曲轴箱窜气量的检测,以便确定引起漏气量超标的具体部位。

将曲轴箱窜气量测试仪安放在曲轴箱废气通气孔处,待发动机运转至正常工作温度、转速在1000r/min时,用压力式或容积式测试仪进行检测,其窜气量合格的标准为不大于4kPa。如果超过此标准即可确定是由于活塞环、活塞与汽缸壁过度磨损而造成的漏气降压;否则,即是因进、排气门封闭不严而导致的漏气降压。

二、烧机油故障

发动机烧机油,会造成混合气燃烧效率降低,HC排放超标,严重的甚至会产生明显的发动机烟雾(颗粒物)排放。

(一)发动机烧机油主要表征

烧机油是汽车发动机故障的常见类型。机油因为某些原因进入发动机燃烧室,与燃油、空气混合到一起,同步燃烧。行驶里程不超过5000km的汽车,机油损耗量应保持在机油尺下限以上,同时,经过了磨合期的汽车的机油损耗量不应超过0.2L/1000km。

当过量机油进入燃烧室,改变了混合气体成分,排出的废气颜色会发生改变。一旦发现汽车尾气呈蓝色,可以推断汽车出现了发动机机油窜烧故障。

烧机油不但会导致机油消耗速度过快,还会引发发动机怠速不稳、汽缸压力偏低、污染火花塞、污染三元催化转换器等多个问题,最终影响尾气的排放。

(二)烧机油的故障分析

导致烧机油故障的因素主要有:机油、配气机构、曲柄连杆机构和曲轴箱强制通风系统。

1.机油故障分析

1)机油过量

机油是汽车发动机正常运转不可或缺的条件之一,但并非添加量越多越好,随着机油加注量的增多,发动机高速运转时带飞的机油量也会增多,一旦汽缸壁上机油过多,超过活塞环刮油能力,多余的机油就会逐渐窜入燃烧室。

2）机油品质差

黏度是机油性能的一大指标。当机油黏度不够时，机油会从活塞与汽缸壁、气门与气门导管之间的缝隙渗入汽缸，导致燃烧效率下降和尾气变蓝等现象。

2. 配气机构故障分析

1）气门油封

如果气门油封破损或老化，会使机油从气门导管孔进入燃烧室燃烧。

2）气门与气门导管磨损过度

如果气门、气门导管严重磨损或配合间隙过大，也会使机油从气门导管孔进入燃烧室燃烧。

3. 曲柄连杆机构故障分析

1）活塞环磨损严重

当活塞环老化磨损至一定程度后，无法提供应有的密封效果，出现开口间隙、边隙以及背隙增大的问题，活塞环和缸体间的密封效果下降，机油会顺着缝隙进入汽缸燃烧室。

2）活塞环槽磨损严重

根据活塞的结构可知，活塞环槽与活塞销座孔环槽是活塞最易磨损的位置。当环槽磨损到一定程度后，活塞环槽中配合间隙超标，导致漏油窜油发生。

3）活塞与汽缸的磨损严重

当活塞与汽缸壁磨损过度、间隙过大时，活塞在往复运动过程中会把机油带入燃烧室；同时会把部分混合气带入到曲轴箱，使曲轴箱压力增加，形成油气混合气体并通过 PCV 系统通道与空气一起进入燃烧室。

4. 曲轴箱强制通风（PCV）系统故障分析

若 PCV 阀故障，将会有大量含有机油蒸气的气体被导入进气歧管内，与空气一起进入燃烧室。

若增压器润滑油道的密封圈损坏，会造成机油进入进气管内，顺着进气通道进入燃烧室。

（三）烧机油的故障诊断方法

发动机烧机油故障是比较常见的，而且造成烧机油的原因也很多。我们在诊断中可以使用排除法逐个进行诊断。

（1）检查机油油量和油质。

（2）打开机油加油口盖,观察是否有蓝烟冒出。如果有,则表明活塞环磨损或者活塞与汽缸磨损过大。可以使用汽缸漏气量检测仪对汽缸的密封性进行检查。

（3）检查全部火花塞积炭情况。如果发现有个别缸火花塞积炭严重,则表明该汽缸气门可能出现漏油情况,应着重检测气门油封和气门与气门导管的间隙。也可以检查气门积炭,因为机油的化学特性,燃烧后会产生大量积炭,附着在火花塞电极、进气门和排气门附近。

（4）检查PCV阀是否堵塞,因为不同车系的PCV阀可能不同,诊断时要依据原厂的维修手册进行检查。也可以从气门室罩盖和软管处拆下PCV阀,在耳边摇晃,看它是否发出"咔咔"声。如果没有出现声音,应更换。

（5）检查涡轮增压密封件是否损坏,诊断需要拆卸涡轮增压至中冷器进气管,观察内部是否有机油。

三、曲轴箱强制通风系统故障

曲轴箱强制通风系统有使用PCV阀控制式的,也有使用比较复杂的油气分离器式的。这里仅以PCV阀控制式为例,介绍曲轴箱强制通风系统故障检测。

发动机工作时,连通节气门后方进气管真空区段的PCV阀打开,在真空的作用下,新鲜空气通过节气门前方的新鲜空气管道被吸入曲轴箱,并和活塞环泄漏进曲轴箱的未完全燃烧的窜气混合。窜气和新鲜空气的混合物通过汽缸盖进入PCV阀。在进气管真空作用下,这些混合物通过PCV阀进入进气管,最后,窜气进入燃烧室,参与燃烧。PCV阀工作原理如图6-5所示。因为PCV系统的真空度来自发动机的进气管,因此必须控制通过系统的气体流量,使通过气体的流量能够根据所提供的空燃比按比例变化。

如果不对此通风量进行控制的话,通过PCV阀引入的空气可能导致混合气过稀,影响发动机正常工作,导致排放超标。PCV阀可根据真空度调节通风量。PCV阀内有一个由弹簧环绕的锥形阀,当发动机不工作时,在弹簧力的作用下,锥形阀压紧在阀座上,如图6-6所示。在息速或者减速工况时,在进气管内高真空度的作用下,锥形阀克服弹簧弹力而向上运动,在锥形阀和阀体之间出现了一个小通道,在息速或者减速时,活塞漏气量很小,小PCV阀开度就能够将曲轴箱窜气清除到曲轴箱外。在节气门部分开度时,进气管真空度有所降低,活塞窜气量增大。这时,弹簧压力克服真空度使阀向下运动,锥形阀和阀体之间的通道面积增大。锥形阀和阀体之间较大的通道面积能够将所有活塞窜气都引入进气管中。当发动机在大负荷工作下,活塞窜气量增大,节气门全开时,进气管真空度进一步降低,锥形阀弹簧弹力作用在锥形阀上使其进一步向下运动,锥形阀和阀体之间的通道面积进一步增大。加大的通道面积能够确保将所有的活塞漏气都引入进气管中。

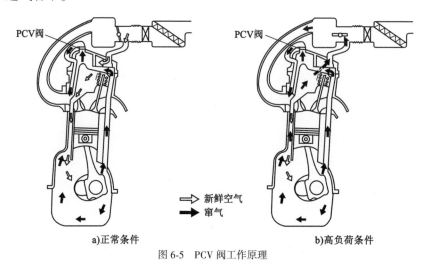

a)正常条件　　　　　　　　　　　　　　　b)高负荷条件

⇨ 新鲜空气
⬛ 窜气

图 6-5　PCV 阀工作原理

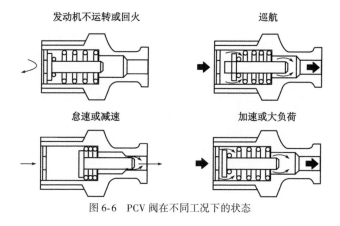

图 6-6　PCV 阀在不同工况下的状态

（一）常见故障现象

（1）通风系统泄漏。车辆使用年限较长时,曲轴箱强制通风系统容易发生管道裂纹、气门室盖密封垫漏气、曲轴前后油封漏气、机油加油口盖和机油尺密封不严、油气分离器的调节阀膜片老化破裂漏气等问题,会导致有未经过计量的空气参与燃烧,发动机控制系统无法精确调节空燃比,导致尾气超标。

(2)曲轴箱强制通风系统的 PCV 阀和油气分离器压力调节阀易被油泥污染,导致控制通风量过大,曲轴箱真空度过大,将机油吸入进气歧管,造成烧机油,加剧尾气污染。

(3)曲轴箱强制通风系统中的通风腔和呼吸管堵塞、呼吸管上的止回阀工作不良,使窜气无法及时排出,曲轴箱压力变大,则窜入燃烧室的机油增多,导致烧机油。需要疏通通风腔及呼吸管,更换止回阀。过多的油泥会堵塞油气分离通道导致油气分离不彻底引起烧机油。油气分离器回油孔的止回阀膜片破裂,发动机曲轴箱与油气分离器分离后的腔体连通,油雾未经油气分离单元直接进入进气系统,造成烧机油。

（二）检测方法

1. 目测和听诊法

(1)仔细检查通风管路是否破损,起动发动机,听是否存在漏气声。有些车型曲轴箱强制通风系统油气分离器内部的压力调节阀膜片容易老化破裂,破裂漏气后会发出特殊的吹哨声,这时打开加油口盖或者堵塞压力调节阀的通风口,如果声音有明显变化,则可以判断是膜片损坏导致漏气哨响,需要更换油气分离器。对于使用 PCV 阀的车型,可以起动发动机后用尖嘴钳(包上抹布保护管道)夹紧通风软管,如果听到内部止回阀发出清脆的“嗒嗒”声,则为正常。

(2)观察尾气是否冒蓝烟,观察火花塞燃烧情况,初步判断是否有烧机油现象。

2. 故障码和数据流分析

观察是否存在混合气控制相关故障码,重点分析空气流量传感器信号是否过小,进气歧管压力传感器信号是否偏高,长短期修正系数是否在正常范围内。

3. 真空度测试

可在机油尺处用真空表测量曲轴箱内压力,怠速时一般有接近 5~10kPa 的真空度,急加速时可略高于 0。

4. 尾气分析法

如果是 PCV 通风量过大或者油气分离器无法有效分离油气,一般会引起 HC

超标。对于使用 PCV 阀的车辆,我们可以通过用尖嘴钳(包上抹布保护管道)夹紧通风软管,短时间关闭曲轴箱通风功能,并观察尾气中 HC、CO、NO_x 等数据的变化,判断曲轴箱强制通风系统是否正常。

(三)检测方法示例

以丰田 1AZ 发动机为例,介绍 PCV 阀的检测方法。

(1)确定 PCV 阀位置,如图 6-7 所示。

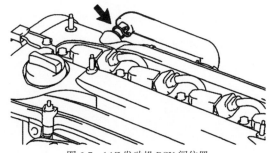

图 6-7　1AZ 发动机 PCV 阀位置

(2)拆下 PCV 阀。

(3)检查 PCV 阀。

①将一根清洁软管装到通风阀上。

②检查通风阀运行情况。

③将空气吹入汽缸盖侧,并检查空气是否能流畅通过,如图 6-8 所示(不要从通风阀吸入空气)。

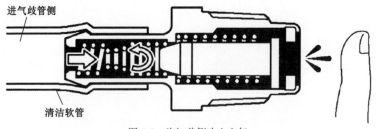

图 6-8　汽缸盖侧吹入空气

④将空气吹入进气歧管侧,并检查空气通过时是否困难,如图 6-9 所示。

⑤若结果不符合规定,则更换通风阀。

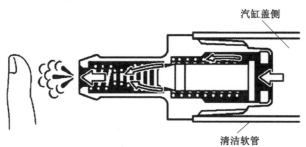

图 6-9　进气歧管侧吹入空气

四、配气系统故障

（一）可变正时控制系统

可变正时控制系统也是可变配气相位系统,配气相位上的气门重叠角(如图 6-10 所示)往往对发动机性能产生较大的影响,发动机转速越高,每个汽缸一个工作循环内吸气和排气的绝对时间也越短,因此,要达到更高的充气效率,就需要延长发动机的吸气和排气时间。当转速越高时,要求的气门重叠角度越大。但在低转速工况下,过大的气门重叠角则会使得废气过多地排入进气端,吸气量反而会下降,汽缸内气流也会紊乱,此时 ECU 也会难以对空燃比进行精确地控制,从而导致怠速不稳,低速转矩偏低。相反,如果配气机构只对低转速工况进行优化,那么发动机就无法在高转速下达到较高的峰值功率。所以早期发动机的设计都会选择一个折中的方案,不可能在两种截然不同的工况下都达到最优状态。

近年来可变气门正时技术被广泛运用,发动机进气、排气配气相位可以根据发动机转速和工况的不同进行调节,高低转速下都能获得理想的进、排气效率。可变正时控制系统通过改变配气相位的方法,排气门提前关闭,让一小部分废气残留在燃烧室中实现缸内废气再循环(EGR),从而降低燃烧温度,避免生成过多的 NO_x,又不影响发动机的动力和燃烧的稳定性。

可变正时控制系统,可实现以下功能:

①更好的充气效率;

②内部废气滞留式废气再循环功能,如图 6-11 所示;

③内部废气再循环式废气再循环功能,如图 6-12 所示;

④多种循环切换功能,如布达克循环和米勒循环。

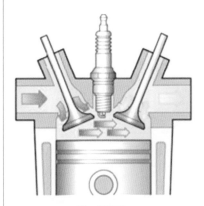

a)进、排气门

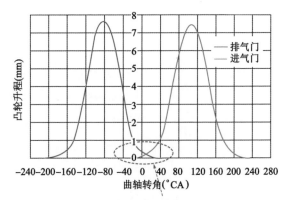

b)进、排气门随曲轴转角的变化

图 6-10　气门重叠角

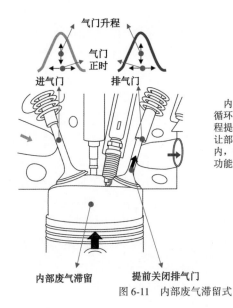

内部废气滞留式废气再循环功能：通过在排气行程提前半闭排气门的方法，让部分废气滞留在燃烧室内，实现内部废气再循环功能

内部废气滞留　　提前关闭排气门

图 6-11　内部废气滞留式

1. 布达克循环

在进气行程时候，进气门提早关闭，可以在活塞继续下行的时候，在上部空间形成负压，在后一个压缩行程时就抵消了一部分的压缩行程，从而实现压缩比小于膨胀比的功能，实现布达克循环。在大负荷时，进气门没有提早关闭，实现全部的进气和压缩行程，就可以切换到奥托循环。

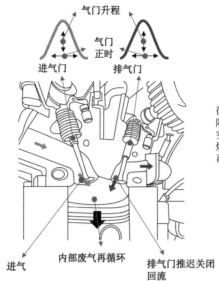

内部废气再循环式废气再循环功能：通过在进气行程阶段，推迟关闭排气门，来实现部分废气回流，进入燃烧室内的方法实现内部废气再循环功能

图 6-12　内部废气再循环式

2. 米勒循环

在进气行程的后期,压缩行程开始的时候,进气门推迟关闭,就能将一部分已经进入汽缸内的气体推回进气歧管,达到压缩比减小的目的,实现压缩比小于膨胀比,实现米勒循环方式。在大负荷时进气门没有推迟关闭,从而实现从米勒循环到奥托循环之间的切换。

当可变正时控制系统出现故障时,发动机可能会出现怠速不稳定、加速动力下降,严重时还会导致熄火,尾气排放中的有害气体也会增加。

（二）可变正时控制系统诊断方法

发动机可变正时控制系统在发动机运转中实时监控凸轮轴实际角度是否与目标控制角度一致,如果实际值与目标值偏差到一定的范围会报故障码,点亮故障灯,可能不再调节凸轮轴可变正时,并限制发动机功率。

1. 可变正时控制系统结构

大众奥迪的可变气门升程（AVS）系统如图 6-13 所示。主要通过切换凸轮轴上两组高度不同的凸轮来实现改变气门的升程,其原理与本田的 i-VTEC 非常相似,只是 AVS 系统是通过安装在凸轮轴上的螺旋沟槽套筒,来实现凸轮轴的左右移动,进而切换凸轮轴上的高低凸轮的。

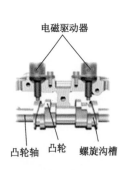

电磁驱动器

凸轮轴　凸轮　螺旋沟槽

在电磁驱动器的作用下,通过螺旋沟槽可以使凸轮轴向左或向右移动,从而实现不同凸轮间的切换

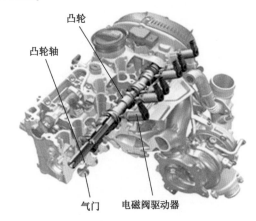

凸轮

凸轮轴

气门　电磁阀驱动器

图 6-13　大众奥迪 AVS 系统

2. 工作原理

在发动机高负载的情况下,AVS 系统作动将凸轮向右推动 7mm,使角度较大的凸轮得以推动气门顶杆,在此情况下,气门升程可达到 11mm,为燃烧室提供最佳的进气流量和进气流速,实现更加强劲的动力输出,如图 6-14 所示。

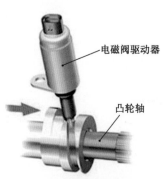

电磁阀驱动器

凸轮轴

高负荷时,电磁驱动器使凸轮轴向右移动,切换至高角度凸轮轴,从而增大气门的升程

高负荷时,气门升程较大,进气量也较大

图 6-14　高负荷气门状态

在发动机低负载的情况下,为了追求发动机节油性能,此时 AVS 系统则将凸轮推至左侧,以较小的凸轮推动气门顶杆。此时气门升程可在 2~5.7mm 进行调整。由于采用不对称的进气升程设计,因此,空气以螺旋方式进入燃烧室,再搭配特殊外廓的燃烧室和活塞头设计,可让汽缸内的油气混合状态进一步优化,如图 6-15 所示。

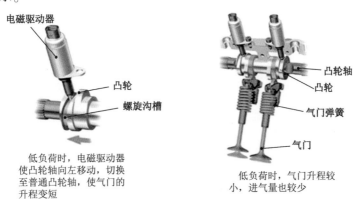

图 6-15　低负荷时气门状态

奥迪 AVS 系统可以在 700~4000r/min 转速之间工作,AVS 系统的最大优点在于可降低 7% 的油耗。气门升程波形如图 6-16 所示。特别是在中转速域进行定速巡航时,AVS 系统的节油效果最为明显。在 AVS 系统的辅助下,汽缸的进气流量控制程度较以往更为精准。一般发动机仅由节气门来控制进气流量,在低负载的情况下,节气门不完全开启所形成的空气阻力,往往会造成不必要的泵损。而应用 AVS 系统后,即便在低负载的情况下,节气门也能维持全开,由 AVS 系统精确控制进气流量。

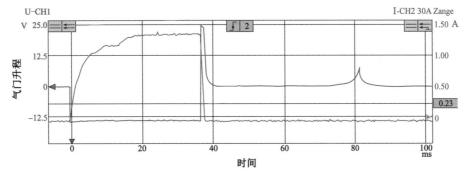

图 6-16　气门升程的检测波形

3. 诊断方法

（1）通过故障码分析，可以初步判断可变正时故障。常见故障码有凸轮轴执行器故障、凸轮轴位置正时过于提前或过于滞后故障、曲轴位置凸轮轴位置相关性故障。

（2）发动机运行中，对比数据流中的目标凸轮控制角度和实际控制角度是否一致。不一致时代表存在故障，需要进一步查找原因。

（3）使用汽车故障电脑诊断仪进入发动机控制模块中的动作测试功能，发出测试凸轮轴的提前和滞后性能指令后，如果可变正时控制系统作出响应，会引起发动机抖动，如果测试中发动机运行工况无变化，则说明可变正时控制系统不能正常工作。

（4）测量可变气门正时（VVT）调节阀，可以通过电阻法来进行检测，如图6-17所示。

测量元件侧的电阻值：一般为5~15Ω，不同车型可能会有不同

图6-17　VVT调节阀测量

（5）使用示波器读取曲轴位置传感器和凸轮轴位置传感器故障。常见故障有凸轮轴机油控制阀卡滞、凸轮轴执行器卡滞和磨损泄压、正时链轮磨损链条拉长、正时安装不正确、控制油道磨损泄压、电脑控制等。

图6-18是双VVT调节阀对应的双凸轮轴传感器和曲轴传感器的对应波形。

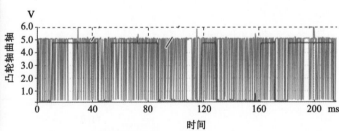

图6-18　凸轮轴曲轴波形

对气门升程的故障可以用示波器进行检测。使用示波器的电流钳检测电流，使用示波器的电压探测笔测量电压信号。在末端由于金属销被压回会有一个反馈电压的产生。

4. 宝马车系电子控制气门系统

宝马(BMW)车系把可调式气门机构与双凸轮可变正时控制(Valvetronic)装置合称为电子控制气门系统。

(1)Valvetronic 机构。

BMW 的 Valvetronic 机构主要由可变凸轮轴正时控制系统(VANOS)单元、VANOS 电磁阀、电控单元等组成。其中 VANOS 单元装备无级叶片式，能使凸轮轴的调节量在 300ms 内最大可达 60°曲轴转角。

VANOS 单元内部结构如图 6-19 所示,正时链将曲轴与 VANOS 单元的壳体连接在一起。在转子上装有弹簧,弹簧把叶片压到壳体上。转子有一个凹口,锁止销以无压力方式嵌入此凹口中。如果电磁阀把机油压力连通到 VANOS 单元,锁止销将压回并释放 VANOS 单元以进行调节。压力通道 A 中存在的发动机机油压力此时压向叶片并因此将转子压到另一个位置。因为凸轮轴是用螺栓固定在转子上的,这样就调节了配气相位。

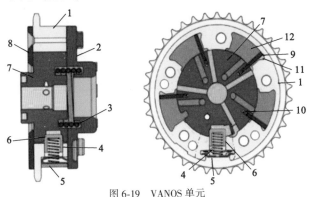

图 6-19　VANOS 单元

1-带齿圈的壳体;2-前端板;3-扭簧;4-锁止弹簧;5-锁止弹簧定位板;6-锁止销;7-转子;8-后端板;9-叶片;10-弹簧;11-压力通道 A;12-压力通道 B

(2)可调式气门机构。

Valvetronic 机构上增加了一根偏心轴、一个步进电机和中间推杆等部件,该系统通过伺服电机的旋转,在一系列机械传动后很巧妙地改变了进气门升程的大小,如图 6-20 所示。

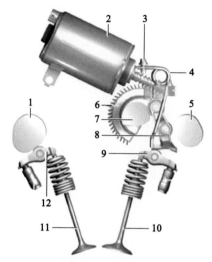

图 6-20　Valvetronic 机构

1-排气凸轮轴;2-伺服电机;3-螺杆;4-扭转弹簧;5-进气凸轮轴;6-涡轮;7-偏心轴;8-中间推杆;
9-摇臂;10-进气门;11-排气门;12-摇臂

　　当凸轮轴运转时,凸轮会驱动中间推杆和摇臂来完成气门的开启和关闭。当电机工作时,蜗轮蜗杆机构会首先驱动偏心轴发生旋转,随后,中间推杆和摇臂会产生联动,偏心轴旋转的角度不同,最终凸轮轴通过中间推杆和摇臂顶动气门产生的升程也会不同。在电机的驱动下,进气门的升程可以实现从 0.18~9.9mm 的无级变化(图 6-21)。

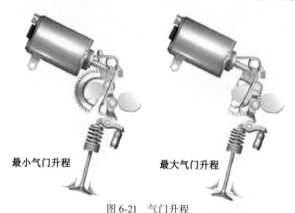

最小气门升程　　　　　　最大气门升程

图 6-21　气门升程

　　Valvetronic 技术已经覆盖了 BMW 旗下的多款发动机,包括目前陆续推出的涡轮增压新动力。该技术能够使发动机根据驾驶者的意图作出更迅捷地反馈,同时通过发动机管理系统对气门升程的精确控制,实现了车辆在各种工况和负荷下的最佳动力匹配。

第三节　点火系统故障诊断

汽油发动机点火系统的作用是将汽车电源供给的低压电转变为高压电,并按照发动机的做功顺序与点火时间的要求适时、准确地配送给各缸的火花塞,在其间隙处产生电火花,点燃汽缸内的可燃混合气。因此,点火系统的控制内容包括点火能量和点火提前角两个方面。高压电失火和点火正时是点火系统常见的故障。

一、高压电失火故障

当点火系统故障导致失火时,发动机尾气的 CO_2 排放值降低,HC 和 O_2 排放值会相应增高。这是因为在排气行程中未燃烧的混合气被排出燃烧室。

(一)高压电失火故障分析

汽车点火系统故障是发动机最主要的故障之一。如今,随着电子技术的迅猛发展,汽车电控系统不断升级,智能化水平不断提高,点火器件也向着"轻、小、集成和低成本化"的方向不断迈进。当前汽车点火系统故障主要有以下几种。

1. 点火线圈和点火模块故障

点火线圈和点火模块故障种类主要有以下四种:
①绕组短路,使点火线圈产生电压过低,火花塞易积炭,造成怠速不稳。
②点火线圈断路,不产生高压电,无法点火。
③点火线圈老化漏电,火花弱或不点火。
④发动机 ECU 损坏,造成没有点火信号输出。

2. 火花塞故障

(1)火花塞的选用。
①火花塞型号应与使用手册要求一致,热值不对易造成点火不正常。
②普通火花塞和贵金属火花塞不能混用。
③火花塞有使用寿命,需要定期更换。普通铜镍合金火花塞寿命一般为

40000km,贵金属火花塞寿命为80000km左右。

（2）火花塞常见故障。

①火花塞间隙过大,导致击穿电压过高,使汽车低速正常,高速失火。

②火花塞间隙过小,导致击穿电压过低,燃烧不充分,燃烧室积炭过多,造成爆震,冷却系统工作温度过高。

③火花塞电极熔化,造成爆震。

④火花塞绝缘体有积炭、脏污,导致不跳火或间断跳火,发动机功率下降,工作不稳,起动困难,甚至不工作。

（3）火花塞检查内容。

检查火花塞外观,不得有裂纹、裂痕、熔化,电极头不得变圆;用间隙规检查火花塞电极间隙,应符合规定。如果火花塞上有积炭和脏污,应先查明原因,排除污染源,再清除积炭、油污,或更换火花塞。

3. 高压线故障

由于污蚀或其他方面(工作环境潮湿、高温等)的原因,常会造成高压线磨损、破裂等,从而降低其绝缘性能或出现高阻抗等现象,导致点火电压异常,最终影响点火系统的正常运行。

当出现高压线故障时,通常需要更换高压线。更换时,要注意高压线的规格和阻值是否符合规定。

（二）高压电失火故障诊断方法

高压电失火故障会造成发动机怠速抖动、动力不足等现象。在诊断中应按照车辆维修手册诊断流程对发动机进行故障诊断。

可以采用发动机综合分析仪对点火系统的初级及次级线路进行分析判断。

1. 初级点火分析

点火系统初级点火波形如图6-22所示,可以看出,发动机分析仪可以在不同的转速下,对初级点火线路上的电流、闭合角(闭合角单位可以为百分比、曲轴转角或时间单位)进行测量和分析,并且有不同的初级点火波形可供维修人员进行分析。

初级的最大电流可反映出初级线圈的感生电动势的大小,可以看出线圈是否有短路状态。初级线圈的持续电流值,也可反映出初级线圈的电路是否有过大的电阻产生。

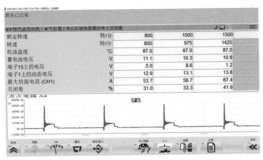

图 6-22　点火系统初级点火波形

初级线圈的通电时长,体现了点火线圈聚集能量的大小。高的通电时长,会产生高能量,也会引起线圈的高温。低的通电时长,则会影响最终的火花强度。

2. 次级点火分析

次级点火的相关参数如图 6-23 所示,可以看出,发动机分析仪可以检测各汽缸次级点火的击穿电压、火弧电压以及火弧持续时间这三个参数,供维修人员进行分析。

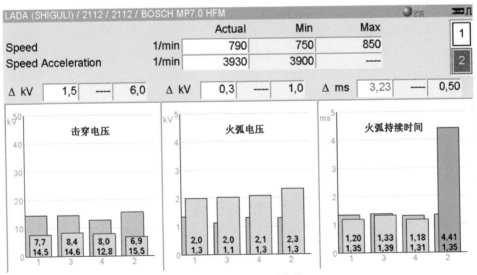

图 6-23　次级点火相关参数

如果击穿电压过高,说明点火很难击穿,可能因素有:火花塞间隙过大、混合气浓度过稀等。相反,如果击穿电压过低,说明点火很容易击穿,可能火花塞间隙过小或者混合气过浓。

如果点火时长,即火弧时长过长,说明点火能量释放速度过慢,可能火花塞间隙过小,或者高压线电阻过大等。

如果火弧电压过高,说明火花塞间隙过大,只有高电压才能维持火弧的产生,或者混合气浓度过稀。

当然,也可以通过各汽缸的次级点火波形来显示,如图 6-24 所示。

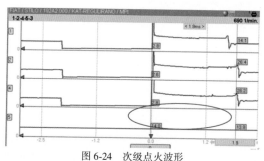

图 6-24　次级点火波形

图 6-24 中红色圈内就是次级点火波形的故障波形。

在现在的点火系统中,由于初级线圈断路器处在点火线圈内部,初级线圈的波形无法测量到,所以次级线圈的电压波形测量尤为重要,需要根据不同发动机的标准数据和电压曲线的外形,分析车辆的故障点,从而达到不解体维修诊断的目的。

(1)使用解码器连接车辆诊断插座,读取 ECM 故障码。现在大部分车辆使用的是 ECM 闭环控制点火系统,当 ECM 监控到某汽缸点火反馈信号丢失或某汽缸运转加速度不良时,会设置"某缸失火"故障码。

(2)如果没有故障码,则应在数据流中分析每个汽缸的失火数据或者平稳运行系数。使用解码仪进入数据流菜单,在怠速和高怠速条件下,对每个汽缸的失火计数器或者平稳运行系数进行比较,确定故障的汽缸。

(3)使用解码器动作测试功能确定失火汽缸。例如 2 号汽缸失火时,为了进一步确定是否是 2 号汽缸不工作,使用解码器的动作测试功能,对 4 个汽缸逐缸进行断油实验。测试过程中,发现对其他汽缸断油时,车辆抖动明显加剧,而对 2 号汽缸断油时,车辆无任何改变,由此验证并确定 2 号汽缸存在故障。

(4)点火线圈故障可以使用两种方法进行检测。

①替换法。首先拆下 2 号、3 号汽缸的点火线圈,互换后装上,重新起动车辆,故障现象依旧存在;随后使用解码仪读取数据流,观察对换汽缸的失火计数器,判

断原来失火次数多的点火线圈是否也随着一并转移到另一个汽缸,如果是,说明这个点火线圈损坏。

②跳火实验法。将 2 号汽缸点火线圈拔出,接上点火线圈检测仪,如图 6-25 所示,调整好跳火间隙后,起动车辆观察跳火能量。如果火花能量足够,则说明故障可能出现在火花塞,否则可能是点火线圈、发动机 ECM 或者其相关电路故障。

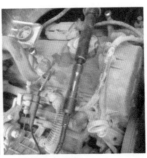

图 6-25　点火线圈跳火实验

(5)火花塞检测方法。

①可以检查火花塞绝缘体是否破损、电极是否磨损、衬垫是否损坏,如果有异常应更换。

②可以通过调换法,把好的火花塞换上后看故障是否消除。

③可以使用火花塞测试仪,如图 6-26 所示,对火花塞进行测试,观察跳火情况。

图 6-26　火花塞测试仪

二、点火正时故障

(一)点火正时原理

汽油发动机从点火时刻到活塞到达压缩上止点,这段时间内曲轴转过的角度称为点火提前角。混合气从点燃、燃烧到烧完有一个时间过程,最佳点火提前角的作用就是在各种工况下使气体膨胀趋势最大段处于活塞做功下降行程。这样效率最高、振动最小、温升最低。最佳的点火提前角也就是点火正时。一般车辆的点火提前角为 8°~15°。

在汽油发动机中,空气-燃油混合气被点燃,燃烧产生的爆发力会推动活塞下行。当最大燃烧爆发力发生在压缩上止点后 10° 时,化学能可以最有效地转化为推动力。因此，为使最大爆发力发生在压缩上止点后10°，点火时刻应该有所提前。点火正时的调整使发动机可以随时根据工况在上止点后10°产生最大爆发力。因此，点火系统必须能够根据工况，在正确时刻点燃空气-燃油混合气，使发动机能够产生最有效的爆发力。

点火滞燃期：点火之后，空气-燃油混合气不能立刻燃烧。而是火花附近的小范围（火焰中心）混合气首先燃烧，然后扩大到周围区域。从空气-燃油混合气被点火那一刻到混合气燃烧的这段时间，称为滞燃期（图6-27中A~B之间）。滞燃期是恒定的，它不受发动机工况变化的影响。点火时刻与压力的关系如图6-27所示。

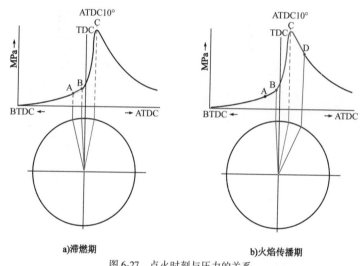

a)滞燃期   b)火焰传播期

图6-27   点火时刻与压力的关系

火焰传播期：火焰中心形成后，逐渐向外扩展，其扩展速度称为火焰传播速度，其周期称为火焰传播期（图6-27中B~CD）。进气量大时，单位容积内的混合气变多。因此，空气-燃油混合气中微粒之间的距离减小，从而加速了火焰的传播。并且，空气-燃油混合气的涡流越强，火焰传播速度越快。火焰传播速度快的时候，必须减小点火正时的提前量。因此必须根据发动机的工况控制点火正时。

点火正时控制：点火系统根据发动机的转速和负荷控制点火正时，使最大燃烧爆发力发生在压缩上止点后10°。过去，点火系统使用离心式点火提前装置和真空式点火提前装置控制点火正时的提前和延迟。现在，大多数点火系统使用电子控制点火提前装置。

在点火系统的故障中,还需要注意火花塞的状态,比如火花塞的间隙和火花塞的热值(图6-28)。火花塞间隙的大小直接影响击穿电压的大小和火弧持续的时间,最终会影响到燃油的点燃能力。火花塞的热值决定了火花塞的吸热能力和散热能力。火花塞的正常工作温度应该在 400~900℃,温度过低会使火花塞丧失自清洁能力,温度过高会产生燃油自燃的现象,造成点火时刻不可控,甚至会使火花塞金属熔化。

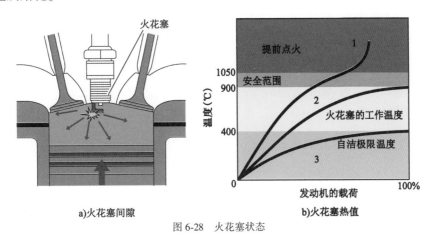

a)火花塞间隙　　　b)火花塞热值

图6-28　火花塞状态

(二)点火正时故障分析

点火过早,会造成爆震,活塞上行受阻,效率降低,热负荷、机械负荷、噪声和振动加剧。发动机尾气 CO_2 下降,HC 和 NO_x 排放值超标。

点火过晚,会造成动力下降,油耗大,效率低,排气声音大,发动机尾气 CO_2 下降,HC 和 O_2 排放值超标。

点火提前角过小:若恰好在活塞到达上止点时点火,混合气开始燃烧时,活塞已开始向下运动,使汽缸容积增大,燃烧压力降低,发动机功率下降。

点火提前角过大:活塞还在向上止点移动时,汽缸内压力已达到很大数值,这时气体压力作用的方向与活塞运动方向相反,使有效功减小,发动机功率下降。

1. 传统点火系统

机械式和电子式点火系统对点火正时的调整方式比较单一,主要靠发动机进气歧管的真空度和爆震传感器,而影响点火正时的因素还有以下 3 个。

(1)缸温、缸压。缸温、缸压越高,混合气燃烧越快,点火提前角就要越小。影响缸温、缸压的因素有发动机压缩比、环境温度、负荷等。

（2）汽油辛烷值，也就是汽油标号。其越高表示汽油的抗爆震能力越强，就允许更大的点火提前角。

（3）燃气混合比。过浓或过稀的混合气，燃烧速度都比较慢，需增加点火提前角，而燃气混合比主要受节气门开度、海拔高度等影响。

要完成相对复杂、精确的调制，靠传统的机械式点火器是难以胜任的。只有微机点火器，才能高速、精确、稳定地实现最佳点火提前角。

2. 微机点火系统

微机点火系统根据实验得到的数据构建模型，并存放在只读存储器 ROM 中。ECM 根据转速、负荷、温度和爆震等信息，能够随时查出相应工况的最佳点火提前角，并发出调整指令。

（三）点火正时故障诊断主要方法

点火正时故障诊断的主要方法如下。

（1）读取点火提前角相关的数据流，如检查与冷却液温度、转速、负荷对应的点火提前角数据流是否正确。

（2）使用示波器检测曲轴位置传感器和凸轮轴位置传感器信号波形是否符合标准。

（3）对于有分电器的车型，还可以使用电子正时灯检查点火正时。

（4）对于点火提前角可调车辆，微调点火提前角，使用五气分析仪监控尾气的变化。

（5）使用发动机综合分析仪分析点火系统。

点火时刻的检测如图 6-29 所示。由图 6-29 可以看出，发动机综合分析仪可以记录不同转速下的点火提前角（图 6-29 中°KW 是德文曲轴转角的缩写），通过这些数据，可以帮助维修人员分析故障。虽然目前的发动机点火提前角无法进行调节，但是 ECU 可以依据传感器的信号对点火控制单元进行调节。主要的信号为转速信号和发动机负荷信号，以爆震传感器的反馈信号作为点火时刻的闭环信号源。这与传统分电盘点火提前角的控制几乎是一样的。分电盘内有离心式提前装置和真空式提前装置，它们就是基于转速和发动机负荷对点火时刻进行调节的。其辅助修正的信号有很多，如冷却液温度、海拔高度、空调开启信号等。

根据本章第一节基本思路和方法，可以得知点火时刻与尾气是有一定关系的。

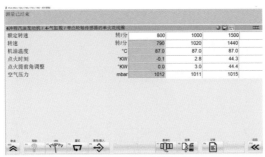

图 6-29　点火时刻检测

爆震传感器在点火系统中可以起到闭环控制的作用,用示波器检测到的波形如图 6-30 所示。

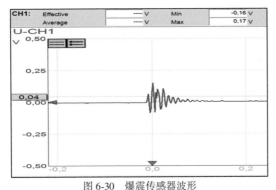

图 6-30　爆震传感器波形

第四节　燃油供给系统故障诊断

燃油供给系统按照发动机各工况的要求适时适量地喷射燃油,以实现最佳的空燃比控制。目前,汽车燃油供给系统按照喷射部位,可分为汽缸进气道喷射(又称进气歧管喷射)和缸内直喷(FSI)式燃油供给系统。燃油供给系统常见故障有燃油供给系统压力过高或过低以及喷油器故障等。

一、汽缸进气道喷射式燃油供给系统故障

燃油供给系统的目的是将合适的燃油量在合适的时刻,用合适的时长,喷射到

合适的位置。燃油供给系统一般都是闭环控制的。

（一）燃油供给系统故障

进气道喷射式燃油供给系统分为短回油管、油箱内回油管、长回油管，如图 6-31 所示。

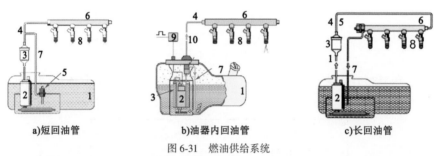

a)短回油管   b)油器内回油管   c)长回油管

图 6-31　燃油供给系统

1-油箱；2-电子燃油泵；3-燃油滤清器；4-油管；5-燃油压力调节器；6-油轨；7-燃油回油管；8-喷油阀；9-燃油泵控制单元；10-限压阀和压力传感器

缸内直喷的燃油供给系统如图 6-32 所示，分为连续供油和按需供油。

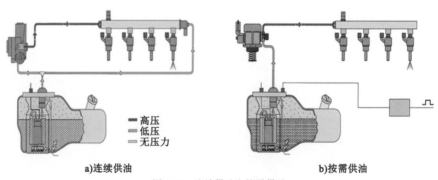

■高压
■低压
■无压力

a)连续供油   b)按需供油

图 6-32　连续供油和按需供油

还有一种双喷射燃油供给系统：在高压和低压系统内都拥有一个燃油压力传感器，分别通过高压油泵和低压油泵来控制高低压油轨中的油压。其燃油供给系统工作方式如图 6-33 所示。

燃油供给系统需要为发动机提供不同工况下（包括停机状态）合适的燃油压力，提供燃油压力变化的及时响应度以及提供足够的燃油供给量。

针对这些需求，对燃油供给系统进行故障诊断时需要做以下检测：燃油压力检测、燃油压力变化的及时性检测、燃油供油量检测、燃油泵工作电流检测。

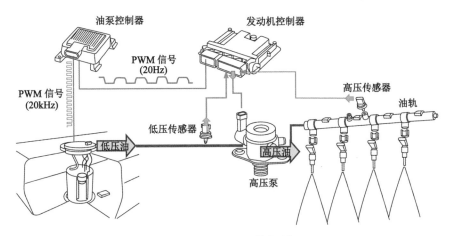

图 6-33　双喷射燃油供给系统

检测手段有：

①通过燃油压力表检测燃油压力，包括工作压力、保持压力、最高压力；

②通过数据流查看燃油压力；

③一般通过对比数据流和压力表实测获取压力，检测油压传感器状态；

④检测燃油供油量；

⑤检测电动油泵工作电流。

1. 燃油压力过高、过低故障

发动机的燃油压力大小，会直接影响发动机的工作性能。

发动机燃油压力过高时发动机不容易起动；发动机怠速运转不稳，排气管有"突突"声；发动机动力下降，油耗增加；火花塞有积炭；发动机尾气排放 HC、CO 值升高等。这是因为燃油压力过大，在相同时间内，喷油器喷射的油量多，混合气过浓，无法完全燃烧，排气管冒黑烟。

发动机燃油压力过低时发动机起动困难；汽车行驶动力不足；排气管放炮；尾气排放 HC 值升高等。这是因为燃油压力过低，混合气太稀无法点燃，造成未燃烧充分的汽油以 HC 方式排出。燃油压力低时，电喷系统为了达到合理的转速和转矩会延长喷油脉宽，导致发动机控制单元误以为发动机负荷过大，严重时会引起汽车空调系统的关闭。

2. 燃油压力检测

（1）系统油压。

判断是否由燃油供给系统引起的故障,往往可以通过检测系统油压来判定。系统油压主要包括工作油压、调节油压、最大油压及残余油压等。

①工作油压。

指发动机怠速运转时燃油供给系统的实际工作油压。测试时油压表指针应稳定,如果指针剧烈摆动,油压可能不正常。一般情况下压力值应在 250~350kPa 且相当稳定。检测工作油压可用来判断发动机供油油压是否正常。

②调节油压。

在发动机怠速运转时,断开油压调节器真空管,将升高后的油压减去断开真空管前的油压即为调节油压。检测调节油压可用来判断油压调节器是否正常。

③最大油压。

将回油管夹住,使回油管停止回油,此时压力表的测量值应比没有夹住回油管时的压力高出 2~3 倍。在这一状态下,还应该检查燃油供给系统各部位是否有泄漏。检查时应注意只能夹住回油软管,不可弯曲,否则,软管可能会断裂而导致泄漏。检测最大油压的作用是检测燃油泵最大泵油能力。

④系统残压。

指发动机熄火后燃油管道的燃油压力。技术要求:油压在 10min 内不允许有明显的回落。检测残余油压的作用是检测燃油泵、油压调节器和喷油器是否泄漏。

（2）油压测量的标准。

检测诊断人员参照车辆维修手册,或通过智慧诊断系统,查询检测车型的标准燃油压力。

（3）燃油压力测试值分析。

①系统油压不正常的原因分析,见表6-1。

系统油压不正常的原因   表 6-1

状　　态	可　能　原　因	可　疑　区　域
系统油压过低	燃油滤清器堵塞	燃油滤清器
	油泵故障	汽油泵
	燃油管路有松动/泄漏	管路接头处
	燃油压力调节器故障/装配不良	油压调节器

续上表

状　　态	可 能 原 因	可 疑 区 域
系统油压过高	油压调节器回油阀门黏滞	油压调节器
	回油管堵塞	回油管路

②系统残压不正常的原因分析,见表6-2。

系统残压不正常的原因　　　　　　　　　　　表6-2

状　　态	可 能 原 因	可 疑 区 域
关闭发动机后,燃油压力缓慢下降	喷油器滴漏	喷油器
关闭发动机后,燃油压力迅速下降	燃油泵内止回阀关闭不严	油泵止回阀
	油压调节器回油阀门关闭不严	油压调节器

发动机熄火后,燃油压力表的压力指示数值将保持5min,观察这一时段内油压表读数的变化可知燃油供给系统技术状况。逐一检查可疑区域,由易及难排除故障,排除完成后应重新测试油压。

③检查发现系统残压过低。

系统残压过低的原因有三方面:燃油泵出油止回阀密封不良、燃油压力调节器密封不良、喷油器密封不良。

④油泵工作电流不正常。

电流过大。油路堵塞、或者燃油过于浓稠,会造成电流过大。这种情况会造成油泵的寿命降低。

电流过小。当电路中存在电阻(一般燃油泵继电器的触点会产生电阻),油泵的工作电流就会减小,会造成低速低负荷时油压正常、高速高负荷时油压过低的状态。

(4)燃油泵的检查。

检查燃油泵应按以下顺序:

①检查出油止回阀的密封性,先关闭燃油压力表上的截止阀,重新进行一次残压测试。如果系统残压正常,说明燃油泵止回阀密封不良。

②关闭截止阀,测试后发现系统残压仍然过低,说明燃油泵止回阀密封良好。用钳子夹住燃油压力调节器的回油管,重新进行残压测试,发现此时残压正常。说明燃油压力调节器的回油阀损坏。

③检测供油量及油泵工作电流。

低压油路的检测如图6-34所示。

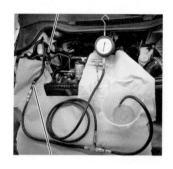

图 6-34 低压油路检测

图 6-35 电动燃油泵

30s 内燃油输送的设定值：$>600cm^3$。

④无刷电动燃油泵的检查。电动燃油泵（图 6-35）必须依靠燃油泵控制器进行工作。可以通过车辆的诊断仪进行检测，如图 6-36 所示。也可以通过示波器进行测量，如图 6-37 所示。使用示波器电流钳夹在燃油泵（三相电）的 3 根电源线上进行测量，波形如图 6-38 所示。

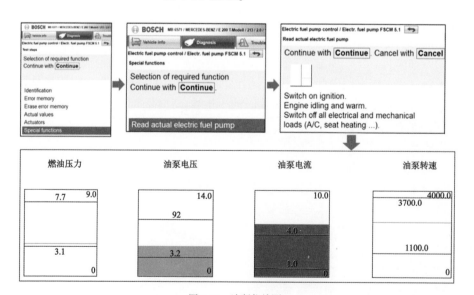

图 6-36 诊断仪检测

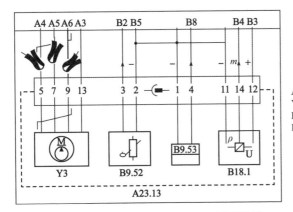

图 6-37　示波器检测

右侧标注：
A23.13=右油箱单元
Y3=电控燃油泵
B9.52=燃油油位传感器1
B18.1=燃油低压传感器

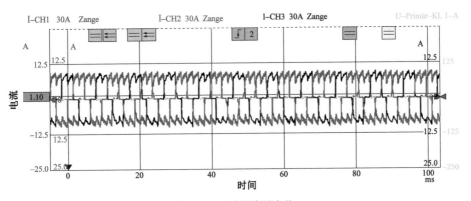

图 6-38　示波器检测波形

3. 燃油压力调节阀的检查

燃油压力调节阀可以用示波器进行诊断，BOSCH HDP5 调节阀的波形如图 6-39 所示。

从图 6-39 可以看出，为了降低电磁阀的发热量，采用了间歇式供电方式，通过控制供电时间的长短来控制油压的大小，。

这种电磁阀的电阻一般都比较小，约为 $0.5 \sim 2.5\Omega$（室温 20℃ 情况下，不同车型会有不同）。

HITACHI 调节阀的波形如图 6-40 所示。

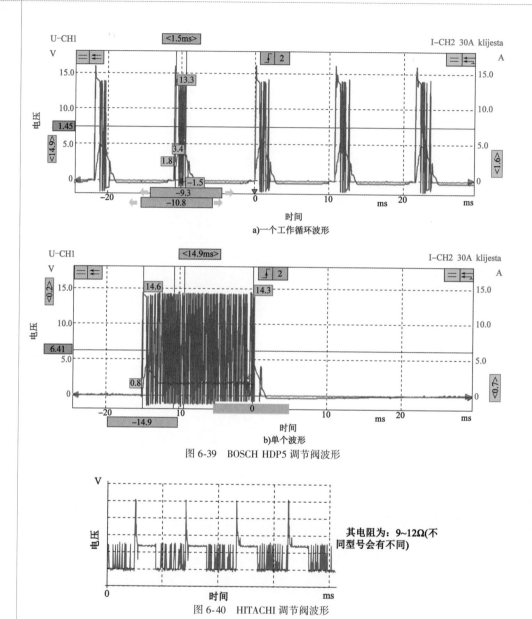

图 6-39　BOSCH HDP5 调节阀波形

图 6-40　HITACHI 调节阀波形

（二）喷油器故障

喷油器的常见故障是脏、堵，另外控制线路或喷油器线圈断、短路，也会造成喷油器工作不良或停止喷油。

当喷油器堵塞或滴漏,造成混合气过稀或过浓时,都会使尾气排放 HC 值升高。这是因为当混合气过浓时,过剩的那一部分汽油无法与 O_2 燃烧,会直接排出;当混合气过稀时,稀到一定程度的混合气,将无法被点燃,以 HC 方式直接排出。

1.喷油器检测

喷油器最主要的检查项目是喷油量和滴漏的测试,通常在喷油器试验台上测试。喷油器检测有四项内容:读取数据流,观察喷油脉宽;30s 喷油量检测;滴漏检测;喷油角度检测。同时对喷油器还应进行波形检查。

1)读取数据流

喷油器堵塞后,喷油量只有正常的 1/2 左右,进入闭环后,ECM/ECU 会根据氧传感器信号加大喷油脉宽。

2)30s 喷油量检测

检查 30s 喷油量是否符合规定,各汽缸 30s 喷油量相差不得超过 10%。个别汽缸喷油量过少说明喷油器卡滞,会造成第一次起动困难。个别汽缸卡滞不喷油会造成加速不良。所有汽缸喷油量都过少,说明全部喷油器或汽油滤清器堵塞。

喷油器堵塞、卡滞会使喷油量减少 1/2,导致冷车起动性能不好,冷车时怠速极其不稳定,加速性能差,热车后情况略好转。进入闭环后读取数据流,喷油脉宽会明显高于正常值。对喷油器进行清洗可消除故障。

3)滴漏检测

30s 喷油时间内各喷油器不得有滴漏现象发生,喷油器发生滴漏则应更换该喷油器。滴漏会造成混合气过浓,严重时会造成汽缸不工作。

停机后拆除火花塞,检测汽缸内的 HC 含量,判断喷油器是否泄漏。在进气歧管喷射时,应检测进气歧管内的 HC 含量来进行判断,如图 6-41 所示。

识别泄漏部件高压喷油器的最佳方法是测量燃烧室中残留的 HC 含量。

测试必须在暖机上进行。不得同时拧出火花塞,以防 HC 蒸发或与周围空气混合。

使用排气分析仪测量 HC 值,设定值<200×10^{-6}(如果高压喷油器泄漏,测量值会突然急剧增加。达到最大值后,该值会均匀下降。对其他汽缸重复此步骤)。

4)喷油角度检测

在喷油器常喷状态,观测喷油角度和喷油雾化,喷油角度要一致(或符合被检汽车出厂技术标准),雾化要均匀,无射流现象。

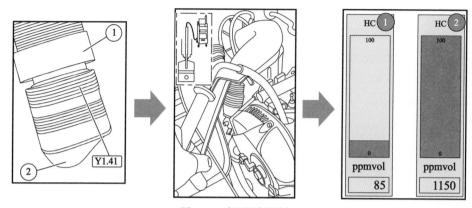

图 6-41 喷油器滴漏检测

1-燃烧室密封环;2-泄漏导致液滴变大;Y1.41-高压喷油器

2. 故障分析

1）喷射角度

主要影响喷射的雾化状况,喷射角度不对,雾化不好,会造成加速缓慢。

2）喷油器不喷油

若喷油器不喷油,则应在室温下检查喷油器电阻是否符合规定。

3）检测喷油器波形

检测喷油器波形就是检测喷油器工作电流的变化及喷油脉宽的变化。

测量进气管喷射喷油器电阻,一般为 $10 \sim 16\Omega$,电阻值会随着温度的变化而变化。示波器检测如图 6-42 所示。其中,a)为长时间轴的波形显示。b)中的红色电流波形中,有一个电流凹陷处;蓝色电压波形中,有一个电压凸起处。这都是针阀动作产生的电磁感应现象。根据 c)中的电磁感应现象,我们可以得知针阀提升时间和回落时间。

喷油器线路中电阻过大,就会造成针阀提升时间延长,而针阀回落时间不变,如图 6-42b)和 c)所示。如果现象相反,则可能是针阀复位弹簧的弹力出现问题。如果时间都延长了,可能是针阀有卡滞现象,也可能是喷油器出现问题,又或者是燃油黏稠引起的。电磁式直喷喷油器的电阻,一般为 $0.5 \sim 3\Omega$,会随着温度变化而变化。示波器测量结果如图 6-43 所示。

3. 检测实例(以直喷压电陶瓷喷油器为例)

如图 6-44 所示为压电陶瓷喷油器,喷油器插头上有一个 5 位数字代码。前 4 位数字用于自适应。更换喷油器后,将数字代码的前 4 位数字输入喷油器塞。

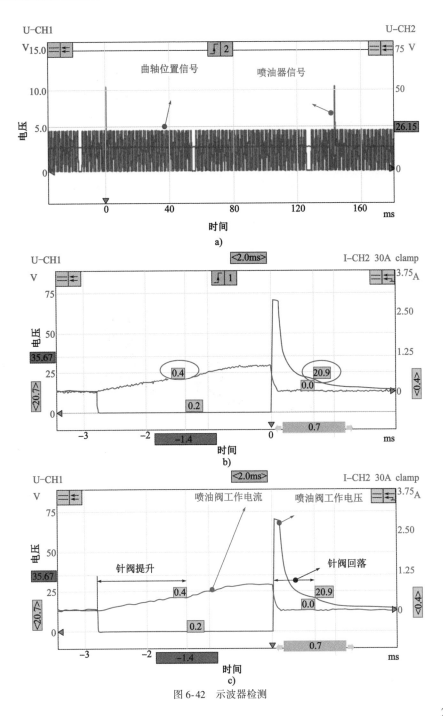

图 6-42 示波器检测

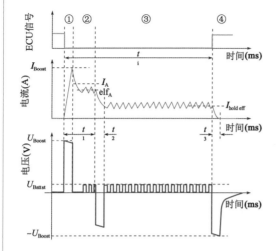

参数	描　　　述
t_i	喷射时间
U_{Boost}	喷射时间升压电压
I_{Boost}	升压电流
t_1	升压阶段和启动阶段的持续时间
I_{Aeff}	有效吸合电流
t_2	吸合电流到保持电流之间的过渡时间
$I_{hole\ eff}$	有效保持电流
t_3	保持电流到0之间的过渡时间

图 6-43　电磁式直喷喷油器示波器测量结果

图 6-44　压电陶瓷喷油器

压电陶瓷喷油器的检测方法如下。

(1)可使用示波器进行检测,检测结果如图 6-45 所示。

(2)压电陶瓷喷油器可以进行电阻测量,如图 6-46 所示。

电阻应在 220kΩ 左右(不同品牌、不同型号的喷油器电阻值会有些不同)。

(3)绝缘性测试,如图 6-47 和图 6-48 所示。

如果元件正常,则在测试电压升高的同时,泄漏电流降低。如果元件有缺陷,则检测结果相反。

(4)压电式喷油器电气连续性检查。应用绝缘测试仪进行检查,应在测试电压为 100V 或 250V 下进行导通性测试,如图 6-49 和图 6-50 所示。

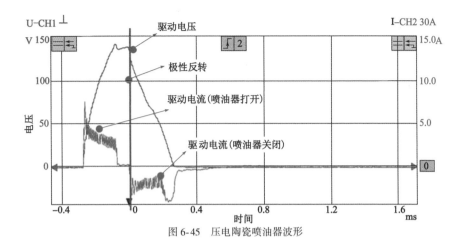

图 6-45　压电陶瓷喷油器波形

图 6-46　压电陶瓷喷油器电阻测量

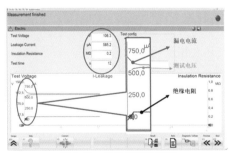

编号	部件
1	FSA 050的测试探针
2	地线
3	FSA 050

图 6-47　绝缘性测试

图 6-48　绝缘性测试波形

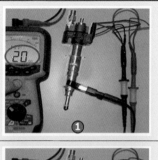	电气连续性正常说明喷油器正常 屏幕显示20GΩ
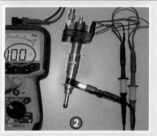	电气连续性不正常说明喷油器有故障 屏幕显示100Ω

图 6-49　导通性测试

图 6-50　导通性测试波形

压电陶瓷的喷油器与电磁线圈式的喷油器,打开和关闭方式是不一样的,打开需要一个正向的电流,关闭需要一个反向的电流。因此,在发动机诊断时常用到的断缸法(断喷油器插头),在压电陶瓷喷油器上就不适用了。若进行断缸时,是喷油器的开启阶段,将插头拔出会导致喷油器不能复位还原,可能会损坏喷油器。另外,在更换压电陶瓷喷油器时,还要用解码器在系统内写入每一个汽缸喷油器的数字代码。

（三）喷油量的控制

通过空气流量传感器或者进气歧管压力传感器的信号,可计算所需要的燃油量。有了所需要的喷射量后,燃油喷射系统通过控制喷油脉宽和喷油压力来实现精确控制喷射量和喷射速率。

两种空气量的检测方式如图 6-51 所示。

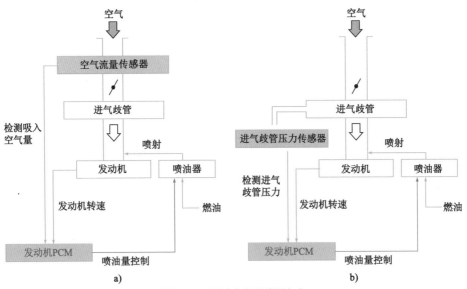

图 6-51　两种空气量的检测方式

燃油蒸气只有与空气中的 O_2 结合才能燃烧。在空气中,O_2 约占 21%。其他气体不支持燃烧,但是在燃烧时,它们会受热膨胀。空燃比以质量计算,因此,为了确定需要供给多少燃油必须测量空气质量。

1. 喷射量的闭环控制

通过氧传感器的信号变化可实现喷油量的闭环控制,如图 6-52 所示。

通过下游氧传感器的实际信号与规定值的对比,可调节上游氧传感器的自适应值,如图 6-53 所示。

如果氧传感器得到预热,且 ECU 判定发动机在运行时可以接近理想的空燃比(14.7∶1),则 ECU 进入闭环燃油控制模式。由于氧传感器只能指示混合气浓或稀,因此燃油控制策略会持续地在浓稀之间调整所需的空燃比,从而导致氧传感器经常改变配比。如果在浓稀之间切换的时间相同,则系统实际上是以理想配比运行。适宜的空气/燃油控制参数被称为短期燃油修正,此时 0 代表理想配比。正数表示过浓(燃油较多),负数则表示过稀(燃油较少)。短期燃油修正的正常工作范围在−25% ~ 25%。有些修正偏移会不相等,这些不相等的偏移会让系统在运行时混合气比理想配比稍稀或稍浓。例如在闭环燃油状态下时,燃油供给系统可以稍微偏浓些,以帮助减少 NO_x。随着发动机以各种转速在各种负载点运行,扫描工具上的 SHRTFT1 和 SHRTFT2 值可能变化很大。这是因为 SHRTFT1 和 SHRTFT2 对输油变动性作出反应,这种变动性随着发动机转速和载荷发生变化。发动机关闭后,短期燃油修正值不再保留。

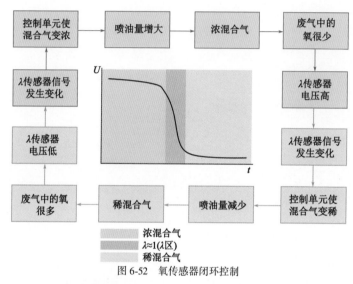

图 6-52　氧传感器闭环控制

图 6-53　燃油修正

当发动机在闭环燃油控制状态下运行时,ECU 将短期燃油修正值作为长期燃油修正值。这些修正值储存在节气门记忆学习(KAM)燃油修正表中。学习 KAM 中的修正值可提高开环和闭环空燃比控制能力。好处包括:

(1)短期燃油修正不必在发动机每次进入闭环运行时生成新的修正值。

(2)长期燃油修正值可以在开环模式下使用,也可以在闭环模式下使用。

长期燃油修正以百分比表示,类似于短期燃油修正,但这不是单个参数。单独的长期燃油修正值用于发动机运行的每个转速和负载点。长期燃油修正值会依发动机工况(转速和载荷)、周围空气温度和燃油品质(乙醇含量、氧化合物含量)而变化。

2. 窄带氧传感器

窄带氧传感器如图 6-54 所示。根据排气中的 O_2 含量可产生一个电压信号。废气中 O_2 含量高的原因是混合气过稀,O_2 含量高会导致氧传感器输出低电压。浓混合气会使废气中的 O_2 含量变低,氧传感器输出高电压。在检查氧传感器之前,必须使发动机处于正常工作温度。

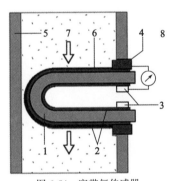

图 6-54　窄带氧传感器

1-二氧化锆陶瓷体;2-铂层;3-内连接头;4-外连接头;5-排气管;6-多孔陶瓷;7-排气;8-空气

由图 6-54 可知,氧传感器工作时需要将外界的空气作为参考气体,所以氧传感器的检测维修要注意以下几点:

(1)不要往氧传感器和线束插接器上涂抹清洁剂或者其他材料。这些材料会进入氧传感器,导致性能恶化。

(2)氧传感器引线和线束导线不应出现内线暴露等损坏现象。如果内线暴露,就为外来物进入氧传感器提供了通路,从而引起氧传感器性能问题。氧传感器引线和汽车线束都不应有过急的弯折或扭结现象。过急的弯折或扭结会阻碍空气进入通路。

图 6-55　电气连接器

（3）为了防止氧传感器进水导致损坏，应确保汽车线束上的外表密封完好无损。

（4）如果氧传感器的导线需要剪断重新连接，请使用如图 6-55 所示的氧传感器的专用连接器进行连接，以确保重新连接的导线既能够导电，又能使气路畅通。

在对窄带氧传感器进行诊断时，可使用示波器进行判断，波形如图 6-56 所示。

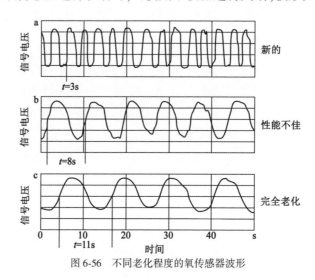

图 6-56　不同老化程度的氧传感器波形

怠速时，窄带氧传感器的变化应为 10~20 次/min；在 2000r/min 时，应为 60~80 次/min。若氧传感器良好，最高电压应大于 850mV，最低电压应在 75~175mV，从浓到稀的允许响应时间应少于 100ms，峰-峰电压值至少为 600mV 或平均值大于 450mV。如果响应时间过长，说明氧传感器老化。如果整体电压偏高，说明混合气过浓，反之说明混合气过稀。

3. 宽带氧传感器

宽带氧传感器的原理如图 6-57 所示。

其中能斯特腔的原理与窄带氧传感器相同，氧泵腔的原理就是在窄带氧传感的两极加电，使已经电离出来的氧离子产生移动，类似泵的作用。

为了达到能斯特腔的电压平衡（0.45V），控制单元会根据能斯特腔的电压变化（是否高于或低于 0.45V）来调节氧泵的电流，实际上也是通过加载到氧泵腔的电压来进行调节的。这样加载到氧泵的电流值,就能反映排气管中 O_2 的含量。

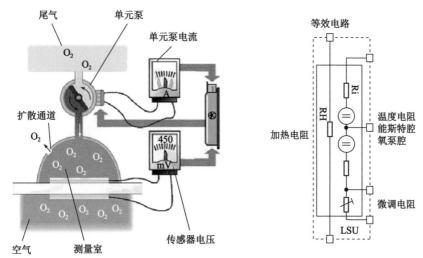

图 6-57　宽带氧传感器

在图 6-57 中的等效电路中,我们看到氧泵腔和能斯特腔有一根线是共用的,这根电线的电压为 2.5V,所以,加载到氧泵端的电压高于或低于 2.5V 就代表了混合气浓度的稀和浓。低于 2.5V 为浓混合气,高于 2.5V 为稀混合气。

其中能斯特腔的内阻变化为氧传感器的温度信号,如图 6-58 所示。

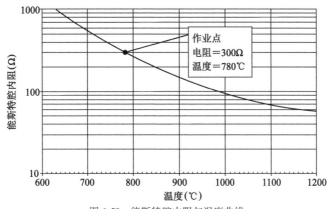

图 6-58　能斯特腔内阻与温度曲线

1)宽带氧传感的检测

可使用示波器对宽带氧传感器进行检测。检测参数如下。

（1）能斯特电压：黄色电缆＝CH2 负极，黑色电缆＝CH2 正极（尽可能地保证 0.45V 电压）。

（2）泵电压：红色电缆＝CH1 正极，黄色电缆＝CH1 负极（由于能斯特电压的变化带来的响应）。因为泵电流太小而无法测量，因此我们可以测量泵电压（间接测量）。

（3）加热器：灰色电缆（加热器正极）和白色电缆（加热器负极）之间的电压，加热信号如图 6-59 所示。

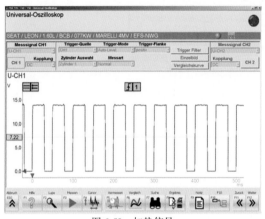

图 6-59　加热信号

2）怠速状态波形

如图 6-60 所示，蓝色的线是一条平线，说明控制单元需要达到的结果为 0.45V。为了维持这个稳定的电压，在排气管中 O_2 含量变化的情况下，就需要对氧泵腔施加不同的电流。对应我们就能对氧泵腔的电压变化进行测量，如图 6-61 所示。

3）加速状态波形

图 6-61 中，在急加速状态下，由于混合气浓度的快速变化，会使得蓝色曲线产生偏移，但应很快恢复到 0.45V。

4. 喷射方式的控制

混合喷射的发动机，每一个汽缸都有两只喷油器，分别为高压直喷喷油器和进气歧管喷射的低压喷油器。发动机工作时，两个喷油器并不是同时喷射的，而是根据发动机转速、负荷、温度、工况分别进行喷射。有时可实现每一个循环在单缸中进行 3 次喷射。

混合喷射有以下 4 种运行模式：

①低压单喷射；

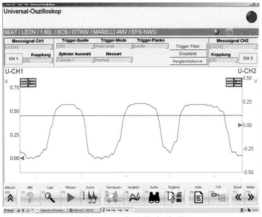

图 6-60　怠速状态波形

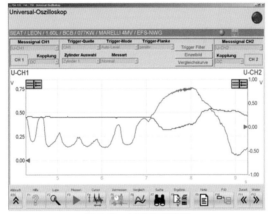

图 6-61　加速状态波形

②高压单喷射；

③高压双喷射（图 6-62）；

④高压三重喷射（图 6-63）。

对于燃油喷射系统的诊断，主要还是集中在喷射量的控制上，可通过汽车尾气分析仪、汽车诊断仪的故障码、数据流进行判断。要对喷射量进行诊断，首先要确定进气量的检测是否准确，可通过数据流、进气压力传感器和进气压力表的数据来进行检测分析。再根据汽车尾气分析仪得出的结果（混合气浓或者稀）进行判断和分析，检查氧传感器的数据，查看氧传感器的信号是否与尾气分析仪的数据相符。进而判断问题是否出在混合气浓度的闭环控制上。

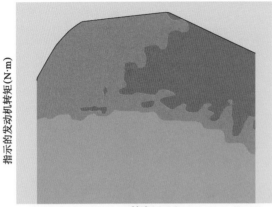

MPI-单次喷射

FSI-单次喷射
（均质，直喷入进气行程）

FSI-双次喷射
（均质分层，一次直喷入进气行程，
一次直喷入压缩行程）

转速(r/min)

图 6-62　高压双喷射

a)排气行程低压单次喷油　　　b)进气行程高压单次喷油　　　c)进气行程高压单次喷油，
　　　　　　　　　　　　　　　　　　　　　　　　　　　　　压缩行程高压2次喷油

图 6-63　高压三重喷射

二、缸内直喷式燃油供给系统故障

缸内直喷式燃油供给系统的喷射器将汽油直接喷射到燃烧室内，汽油在缸内与空气混合，由火花塞点燃。这种方式没有进气道喷射（PFI）发动机的壁面油膜效应，可以实现对喷油量更精准地控制，燃烧更充分，油耗更低。此外，汽油在汽缸内喷射，可以给汽缸带来冷却效果，使发动机能够承受更高的负荷；搭配涡轮增压技术，便可以实现更高的功率，输出更强劲的动力。但是相对于 PFI 发动机，直喷发动机的进气门侧没有汽油的清洗，更容易产生进气门积炭，导致缸内燃烧不太稳定，尾气较稀、NO_x 的排放较高。

（一）缸内直喷式燃油供给系统故障分析

缸内直喷式燃油供给系统与传统"缸外混合"的多点喷射 PFI 发动机燃油供

给系统,在结构与原理上有较大的区别,因此在故障诊断与检测方法上也存在差异,以下以大众 TFSI 发动机为例,介绍缸内直喷式汽油机燃油供给系统的故障诊断方法。

图 6-64 为大众轿车 FSI 发动机燃油供给系统,整个燃油供给系统能实现按需调节油压,电功率和机械功率都被减至最小,以达到节油的目的。

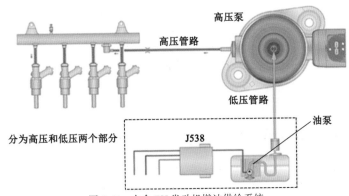

图 6-64　大众 FSI 发动机燃油供给系统

车载电网控制单元负责给燃油泵控制单元 J538 提供工作电源,当发动机控制单元接收到起动或转速信号,结合系统高压和低压压力传感器信号进行计算分析,命令燃油泵控制单元 J538 输出脉冲调制信号(PMW)以驱动燃油泵工作,一般可在低压系统产生 50~500kPa 范围的油压。如发动机在起动状态,低压油路压力还可达到 650kPa。

低压燃油进入高压燃油泵而形成高压,在油压调节器作用下,高压油路的压力值可在 3.5~10MPa 按需调整。如油轨内压力超过 12~14MPa(视车型而异),高压限压阀打开,燃油可经泄油管回流到低压管路。油轨可起到缓冲作用,吸收高压油路内的燃油波动,且四个喷油器安装在油轨上,由发动机控制单元控制喷油。高压油路如图 6-65 所示。

目前国内大众汽车采用的 1.8TSI 或 1.4TSI 已经是第三代直喷燃油供给系统,其结构更紧凑,将汽油滤清器及其限压阀、回油管等均装进燃油箱内,取消了低压油压传感器。

供油循环内,供油量持续减少,直到高压压力受到影响。高压油路取消了回油管,高压限压阀集成在高压油泵内,进行过压保护和控制系统压力。高压油泵内还集成了缓压器,用于吸收回油和过压保护时产生的压力波动。

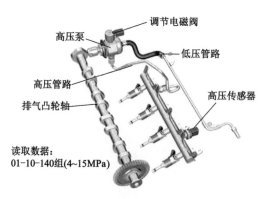

读取数据：
01-10-140组(4~15MPa)

图 6-65　高压油路

（二）常见故障原因与检修方法

与传统燃油供给系统相比,缸内直喷式燃油供给系统对燃油和管道清洁度要求更高,油路脏污、堵塞、泄漏、机械磨损等是产生故障的主要影响因素。除了燃油滤清器须定期更换外,电动燃油泵和高压燃油泵是最常见的故障部位。此外由于电子控制功能的增加,电控系统潜在故障原因增多,包括高、低压传感器,油压调节阀 N276,油泵控制单元及相关线路等。对于大众等车系,还可能产生因电控单元不匹配、传感器设定不良导致的相关故障。

1.故障自诊断

发动机电控单元自诊断功能一般包括故障码读取、数据流读取、执行元件功能自测试等,在实际故障诊断中应灵活应用。

（1）数据流读取。

燃油供给系统中燃油泵、压力传感器、油压调节阀、油泵控制单元及相关线路的故障,一般可通过发动机控制单元读取故障码,按故障码指引的内容进行检修。此外,发动机电控单元还提供相关数据流以备分析应用。

以大众车系的缸内直喷式汽油机燃油供给系统为例,使用智慧诊断功能,利用汽车故障电脑诊断仪,进入"引导性功能—读取发动机的测量值"。1.4TSI 发动机在920r/min、负荷 17.3%时,其读取的正常燃油供给系统数据流的参考值见表 6-3,或者按路径"01—08"进入发动机控制单元,读取第 106 组和第 140 组测量值数据,1.8TSI 发动机读取第 140 组测量值的实测值,其参考数据见表 6-4。

1.4TSI 发动机燃油供给系统参考值　　　表 6-3

数 据 内 容	参 考 值	数 据 内 容	参 考 值
油轨压力系统状态	5.827MPa	油轨压力当前值	5.789MPa
电子燃油泵 1	接通	油轨压力控制器状态	−48kPa
燃油压力调节阀打开角度偏差	56°	平均喷油正时	0.51ms
油轨压力规定值	4.4MPa	—	—

1.8TSI 发动机燃油供给系统参考值　　　表 6-4

数 据 内 容	参 考 值
燃油量控制阀关闭曲轴角度	30.4°
燃油量控制阀打开曲轴角度	0
实导轨压力	3.949MPa
燃油量控制阀 1	01

(2)执行元件功能自测试。

以大众车系为例,可利用汽车故障电脑诊断仪对电动喷油泵和油压调节阀进行功能判断,按路径"01—03"进入执行元件自测试功能进行测试。1.8TSI 缸内直喷发动机执行元件自测试内容见表 6-5,其中第 1 项和第 7 项均是燃油泵参数,应在 3.5~11MPa。如果油压或油压调节阀 N276 动作不正常,应先检查低压油路,再检查油压调节阀。

大众直喷发动机执行元件自测试内容　　　表 6-5

序　号	执 行 元 件	动 作 情 况
1	喷油泵	运转 15s
2	活性炭罐电磁阀 N80	开/关 60s
3	凸轮轴电磁阀 N205	开/关 60s
4	增压压力调节电磁阀 N75	开/关 60s
5	增压空气循环电磁阀 N249	开/关 60s
6	散热风扇	高速运转 15s
7	燃油压力调节电磁阀 N276	开/关几秒
8	冷却液再循环泵 V50	运转 60s

2. 系统油压及油泵的检测

(1)燃油供给系统泄压。

可通过读取数据流检查燃油供给系统高压油路压力。以大众车系为例,压力应在 3.5 ~ 11MPa。如果油压不正常,应先检查低压油路,再检查油压调节阀 N276、高压限压阀和高压油泵等。当需拆卸燃油供给系统时,高压系统必须进行泄压,1.8TSI 与 1.4TSI 直喷燃油供给系统泄压方法有较大的区别。

1.8TSI 直喷燃油供给系统维持高压压力需要保持 N276 通电吸合,N276 不通电时处于打开状态,因此泄压可采取如下方法:将燃油压力调节阀 N276 电插头拔下,起动发动机并怠速运转约 10s,高压系统油压降低到大约 600kPa 时,熄火后尽快打开高压系统,否则,燃油供给系统压力可能会因为温度升高而再次升高。另一种方法是拔下炭罐插头和电动燃油泵熔断丝 SD10,起动发动机,观察 01-08-106/140 组数据流中系统油压值,当压力下降到 600~700kPa 时关闭发动机,否则,会损坏催化转换器,打开高压系统完成维修后,注意清除故障码。

1.4TSI 发动机高压燃油供给系统的油压调节是由 J538 通过占空比信号控制 N276 泄油来实现,因此,检测该系统时,泄压须利用汽车故障电脑诊断仪,进入"引导性功能—高压燃油压力释放"功能,通过诊断电脑控制油压调节阀 N276 通电泄压,最终压力降至 600kPa 左右。

(2)燃油泵检测。

电动燃油泵 G6 由燃油泵控制单元 J538 输出 PWM 信号进行调节,使低压燃油供给系统工作压力范围在 50~500kPa,冷热起动时达到 650kPa。检测最大压力应按以下方法进行:在低压系统连接带有油路开关的燃油压力表,将油路开关关闭。连接好汽车故障电脑诊断仪,进入"01—03"功能驱动燃油泵自动运转 15s,读取燃油表压力值,该值应达到 680kPa,即能使低压限压阀打开的压力。停止运转后 10min,燃油供给系统残压应不低于 375kPa。在检测最大压力时,测量燃油泵最大工作电流,应不大于 9A。

3. 主要电控元件的检测

(1)油压调节阀 N276。

测量油压调节阀 N276 时,1 号端子接 12V 电源,2 号端子是控制端,由 J623 通过 PMW 信号进行调节,可通过测量其占空比信号波形来分析其控制设备及线路工作状况。检测 N276 电阻值,1.8TSI 发动机的电阻值应在 1.5~2.0Ω,1.4TSI 发动机的电阻值约为 10Ω。

(2)燃油压力传感器。

燃油压力传感器的核心是一个钢膜,在钢膜上镀有应变电阻,待测压力作用于钢膜一侧时,钢膜弯曲会引起应变电阻变化,产生不同的信号电压。信号电压随压力上升而升高,其变化规律和范围如图 6-66 所示。

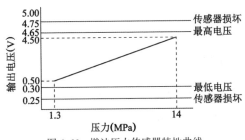

图 6-66　燃油压力传感器特性曲线

（3）喷油器。

喷油器由于工作条件非常苛刻,比较容易损坏。常见机械损坏形式有喷孔被积炭堵塞、针阀卡滞在打开的位置等,会引起发动机汽缸抖动严重、尾气中的 HC 严重超标、三元催化转换器烧毁等。测量喷油器的阻值,应在 2Ω 左右。喷油器的工作电流波形如图 6-67 所示,喷油器针阀驱动峰值电压会达到 90V,电流应为 16A,正常打开时电压应为 14V,电流应为 10.8A,在喷油器针阀打开后,维持针阀开启的电流只需 2.5A。

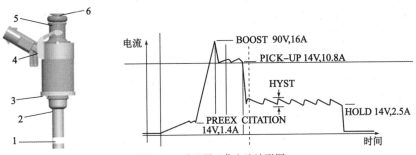

图 6-67　喷油器工作电流波形图

1-更换燃烧室密封环(特氟隆密封环),在安装时不得给环上油或用其他的润滑剂进行处理;2-喷嘴;3-径向补偿件(损坏时更换);4-支撑环(燃油分配器通过该支撑环施加将喷射阀固定在汽缸盖内的力);5-隔离环(损坏时更换);6-O 形环(损坏时更换,在安装时稍稍用干净的发动机机油浸润)

（4）高压油泵。

高压油泵损坏时,会漏油到曲轴箱内部,导致机油稀释,并通过曲轴箱强制通风系统进入进气道,导致混合气过浓,HC 超标。

4. 匹配与设定

大众车系缸内直喷发动机在更换 J623、J538 和燃油泵后,应进行电控单元与燃油泵的匹配,进入汽车故障电脑诊断仪的"引导性功能—电控单元与燃油泵的匹配",按电脑指引操作。在更换高压燃油压力传感器时,应进行传感器设定。

三、油品引发的故障

汽油在发动机汽缸中燃烧,使发动机做功产生动力,而汽车发动机的功率大小与汽车自身、汽油品质有着紧密联系。

(一)油品故障分析

车用汽油是按照其辛烷值的高低来进行区分并进行标号的。辛烷值是表示汽油抗爆性的指标,是汽油重要的质量指标之一。发动机根据压缩比的不同应选用不同标号的汽油,这在每辆车的使用手册上都会标明。如果高压缩比的发动机使用不适合的低标号汽油,就会产生爆震。

汽油品质差,会造成发动机爆震、燃烧后产生大量的积炭、喷油器堵塞、排放尾气有异味、CO 值升高等问题。

汽油燃料总体是由碳氢化合物(HC)组成的,衡量汽油品质的主要性能指标有抗爆性、蒸发性、热值、氧化稳定性、清洁性等。提高汽油抗爆性(提高辛烷值)的主要方法是调和配比各种烃类化合物。

(1)若使用的汽油辛烷值低于设计要求,即使装有爆震传感器,通过电控单元 ECU 的调整使点火正时延迟,没有发生爆震,也将导致燃油消耗增加及功率损失;而 ECU 点火正时调整有一定的范围,在使用很低辛烷值的汽油时,即使装了爆震传感器仍难免产生爆震,导致排放量增加或机件损坏。

(2)烯烃既是汽油中的高辛烷值组分,又是一种极不稳定的不饱和碳氢化合物。汽油中的烯烃(尤其是二烯烃)在喷嘴、进气阀处不易发生氧化,而是形成胶状和树状积垢。这些积垢又吸附周围的颗粒物质,如空气中的微尘及一些经过废气再循环系统(EGR)返回到进气道中的燃烧颗粒物。最后,这些黏稠物质在气门、喷嘴、进气道等部位变成坚硬的积炭。

(3)汽油中的硫燃烧后,变成带有臭味的硫化氢从排气管排出,很快与大气中的氧和臭氧发生反应,生成二氧化硫、三氧化硫,又与碳氢物质结合和光反应,生成光化学污染,排放在大气中,污染环境,损害人体健康。硫的含量或胶质超标会引起三元催化转换器的转换效率降低或失效、氧传感器中毒,无法准确检测空燃比,使排放污染增加。

（二）油品的检测

使用油品检测仪器可以对油品进行检测,在没有检测设备的情况下可以简单地通过一看、二闻、三摸、四摇,来识别油品质量。

一看:看油品颜色是否正常,达到一定质量标准的汽油、柴油呈淡黄色透明状液体,密度比水小。

二闻:汽油和柴油的气味有所不同,加了添加剂的汽油有一股酸味。柴油若有臭味就有可能不是正规厂产出的。

三摸:汽油和柴油的触感也不同,用手蘸一点汽油,手发凉、有涩感,汽油蒸发后皮肤发白;用手蘸柴油会感觉滑腻、有油感。

四摇:看油品的黏度和泡沫量。

第五节　进排气系统故障诊断

汽油发动机的 ECM 根据空气流量传感器(或进气压力传感器和进气温度传感器间接计算进气量)的信号控制混合气的浓度,驱动喷油器和其他执行元件工作,最终形成理想的空燃比。混合气经过发动机燃烧后以废气方式排出,氧传感器检测废气中的氧含量,将结果传达给 ECM;ECM 根据废气中的氧含量判断混合气的浓度,对喷油时间进行修正,使混合气的空燃比一直处于理想控制范围。进排气系统出现故障时,会影响发动机的动力性、经济性和尾气排放。

一、进气量不足故障

当发动机在无负荷状态下存在进气量不足故障时,会出现混合气浓度过高、发动机动力不足、油耗上升等现象。混合气浓度过高时,尾气排放中的 HC、CO 值会升高,过量空气系数 λ 值会偏低。进气量不足常见的原因有:空气滤清器堵塞、节气门积炭或怠速阀积炭等。

（一）进气量不足故障分析

进气量是发动机电控系统影响混合气配置的一个重要参数。进气量不足故障可以结合进气歧管真空度、节气门开度、进气量等数值以及发动机怠速状态进行判断。

进气歧管真空度在怠速无负荷的条件下,一般为54~71kPa,中高速时会偏低,一般为44~46kPa。

进气量在怠速无负荷的条件下,一般为2~4g/s,中高速时会随发动机转速的升高而变大。具体车型的进气量可以查阅相关维修手册。

进气量不足的主要原因如下。

1. 空气滤清器堵塞

空气滤清器对进入发动机的空气进行过滤,当空气滤清器堵塞时,发动机在怠速和中高负荷时,进气歧管真空度偏高,进气量偏低。

2. 节气门积炭或怠速阀积炭

当节气门积炭或怠速阀积炭时,发动机会出现怠速不稳、加速后正常的现象。这是因为有积炭存在的情况下,为了使混合气保持在理想范围,ECM一直对节气门或者怠速阀进行调整,如果调整超出极限范围,发动机怠速时会出现抖动等情况。

(二)进气量不足故障诊断方法

检测进气量不足的方法有很多,常用方法有直观检测法、歧管真空检测法、数据流分析法等。在维修过程中,发动机的进气量基本上都是通过进气压力传感器或者空气流量传感器的数据得出的。

二、进气管路漏气故障

采用空气流量传感器检测进气量的电控系统,如果在空气流量传感器后方存在泄漏,则会有部分空气泄漏进入燃烧室,造成混合气过稀。这是因为空气流量传感器只能检测流经它的进气量,检测不出后方的泄漏量,所以ECU控制的喷油量就少,造成混合气过稀。

(一)进气管路泄漏故障分析

当进气管路出现泄漏时,发动机会出现轻微抖动,尾气排放中HC和CO值会偏低,NO_x和O_2值会偏高。这是因为在燃烧室中气多油少,在富氧的状态下容易产生NO_x,并有富余的O_2通过排气管排出。

在维修中常会读取发动机的进气量,当出现进气管路泄漏时,在怠速无负荷状态下,进气量会小于标准值,一般为 2~4g/s(具体车型请查阅相关维修手册)。

进气管路泄漏故障原因有:真空管泄漏、进气歧管总成密封垫损坏、喷油器密封垫损坏等。

(二)进气管路泄漏故障诊断方法

常用于检测进气管路泄漏的方法有直观检测法、听诊检测法、气流法、烟雾检测法等。

烟雾检测法在实践应用中效果好,且不容易漏检。进气管路烟雾检测法如图 6-68 所示。

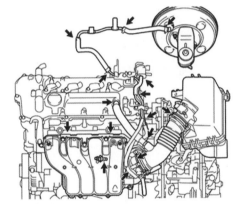

图 6-68　进气管路烟雾检测法

连接烟雾检漏仪,把烟雾输进进气管路,然后依次检查如下。

(1)进气歧管连接处有无烟雾泄漏点;

(2)节气门体连接处有无烟雾泄漏点;

(3)空气滤清器软管总成有无烟雾泄漏点;

(4)真空助力器连接管路有无烟雾泄漏点;

(5)PCV 曲轴箱通风管路有无烟雾泄漏点;

(6)EVAP 真空开关阀管路有无烟雾泄漏点;

(7)进气管路其他位置有无烟雾泄漏点。

三、进气量检测系统故障

进气量的检测主要有两种方式,一种是空气流量传感器检测方式,另一种是进气歧管压力传感器检测方式,如图 6-69 所示。

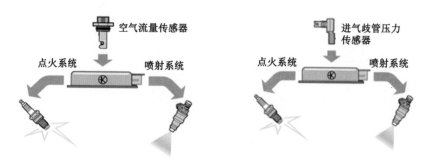

图 6-69　进气量检测

1. 空气流量传感器

空气流量传感器如图 6-70 所示。

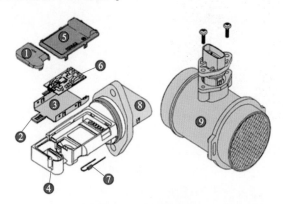

图 6-70　空气流量传感器

1-测量通道盖;2-带有两个集成温度传感器和加热电阻器的传感器;3-支撑板;4-分流测量通道;5-盖子;6-评估电路;7-附加的、可选的进气温度传感器;8-插入式传感器;9-带插入式传感器的测量管

空气流量传感器的工作原理如图 6-71 所示。

在图 6-71 的电路图中可以看到,有一个电桥电路控制着测量元件中间加热丝的温度,使加热丝的温度始终保持恒定。在加热丝的两头分别设置了热敏电阻。当没有气流流过测量元件时,两个热敏电阻的阻值相同;当有气流流过时,两个热敏电阻的阻值会发生变化,一个高,一个低;如果气流方向相反,则电阻变化也随之相反。

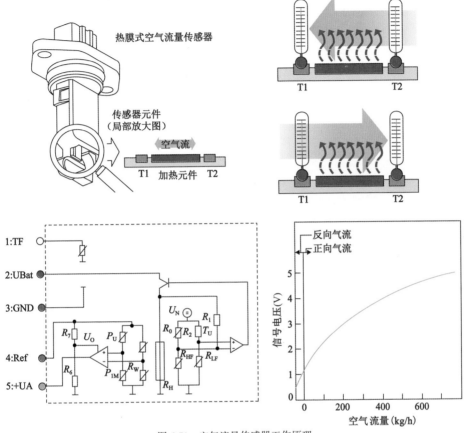

图 6-71　空气流量传感器工作原理

把这两个热敏电阻放入另外一个电桥电路中,由于气流导致了阻值的变化,所以电桥的输出电压也会发生改变。利用这一电压的变化可以换算出流经传感器检测元件的空气量。

输出电压信号的空气流量传感器,测量得到的波形和使用诊断仪读数据的界面如图 6-72 所示。

为了增加信号的精度,在空气流量传感器上可以增加模数转换器,把电压信号转换成频率信号。

测量时得到的信号波形如图 6-73 所示。

在较新的空气流量传感器中,传感器电源有 5V 和 12V 两种。信号有模拟信号 analog,频率信号 FAS、SENT 信号、LIN 信号。

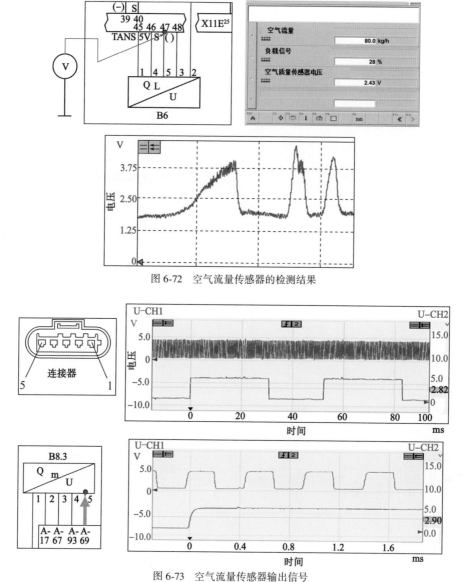

图 6-72　空气流量传感器的检测结果

图 6-73　空气流量传感器输出信号

2.进气歧管压力传感器

进气歧管压力传感器(图 6-74)SENT 信号波形如图 6-75 所示。

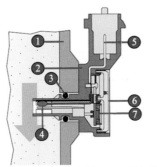

序号	部件
1	进气歧管壁
2	外壳
3	密封圈
4	温度传感器(NTC)
5	连接插头
6	外壳盖
7	带参考空间的测量单元

图 6-74　进气歧管压力传感器

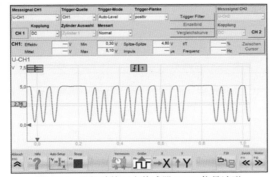

图 6-75　进气歧管压力传感器 SENT 信号波形

进气歧管压力传感器的作用是检测进气量。

进气歧管压力传感器检测情况如图 6-76 所示。

在用诊断仪进行诊断时,可以通过查看数据流的变化来判断传感器是否损坏。

点火开关打开状态,不起动发动机,压力值应该为当地大气压值;起动发动机怠速运行,所有负载全部关闭,热车状态下,压力值应该小于400hpa❶。

还可以使用手动真空泵和真空压力表,将数据流和压力表数据进行对比,从而判断传感器的好坏。

四、进气节流控制系统故障

进气量主要由节气门控制,受废气再循环系统、涡轮增压系统和气门调节系统的影响。

――――――――――

❶ 百帕,1hpa = 10^{-4} MPa。

231

基于力矩的电子节气门(ETC)是一种软硬件策略,它根据驾驶员的需求(加速踏板位置)通过控制节气门开启角度提供发动机输出转矩。ETC 通过电子节气门体、发动机控制单元和加速踏板总成来控制节气门的开启和发动机的转矩。如图 6-77 所示。

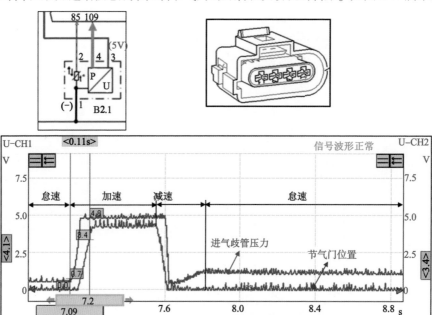

图 6-76　进气压力传感器检测

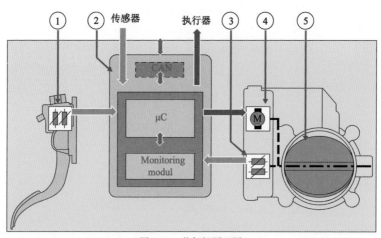

图 6-77　节气门原理图

1-加速踏板位置传感器;2-ECU;3-节气门开度传感器;4-节气门电机;5-节流阀

1. 加速踏板位置传感器

传感器中有两个踏板位置信号。两个信号 APP1 和 APP2 的斜率均为正（角度增加,电压上升）,但按不同的速率偏离和增加。两个踏板位置信号确保 ECU 接收正确的输入信息,即便其中一个信号有问题,ECU 也可以从其他信号推断该信号是否错误。如果其中一条电路有问题,则使用其他输入信息。ECU 和 APP 传感器总成之间有 2 条参考电压电路、2 条信号回路和 2 条信号电路（总共 6 条电路及6 个针脚）。踏板位置信号由 ECU 转化成踏板行程度数（旋转角度）。软件则将这些度数转换为计数,并作为基于力矩的策略的输入信号。

可以使用车辆诊断仪检查故障码和查看数据流,来判断加速踏板位置传感器的好坏,也可以通过示波器来进行测量判断,具体如图 6-78 所示。

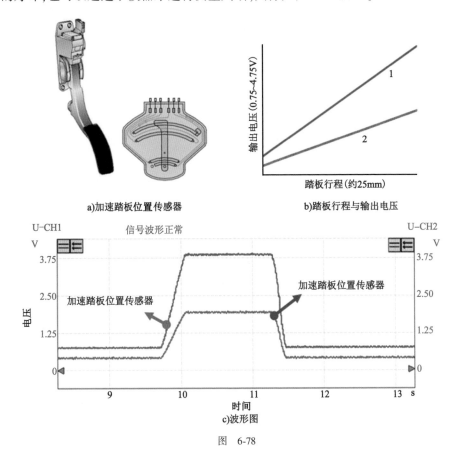

图　6-78

233

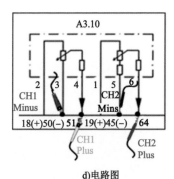

d)电路图

图 6-78　加速踏板位置传感器的检测

2. 节气门单元

推出 ETC 策略是为了提高燃油经济性,不把节气门开启角度与驾驶人加速踏板位置联系起来即可实现该目的。

将节气门开启角度(发动机转矩)与加速踏板位置(驾驶人需求)脱离开来,可以让动力控制策略优化燃油控制和变速器换挡规律,同时输送所需的车轮转矩。

可以使用车辆诊断仪检查故障码和查看数据流,判断节气门单元的好坏,也可以通过示波器来进行测量判断,具体如图 6-79 所示。

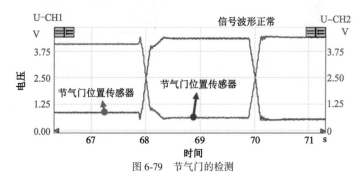

图 6-79　节气门的检测

五、进气管道控制系统故障

(一)进气管道控制系统

1. 进气管道阀门控制

在缸内直喷系统中的进气歧管内,有一个进气管的翻板式阀门,根据发动机的工况,来控制进气管道的截面大小。进气管道的阀门偏心地装在吸入空气的通道里,能够使得吸入的空气在阀门完全开启的状况下流畅地通过。当进气管道的阀门关闭时,吸入的空气通过起倒板的上侧涌入,并因此增加了流速,改善了混合气。

　　进气管道阀门通过一个二级的电磁阀门进行控制,这个电磁阀门由一个真空的调节元件操纵。气动的调节元件推动一个轴,在这个轴上固定着四个吸气阀门。装在轴另一端的是进气管道阀门 G336 的电位计,它会将进气管道阀门的位置传递给发动机控制器。超过 3000r/min 时,进气阀门开启,目的是保持小的涌入阻力,低于 3000r/min 时,进气阀门是关闭的。进气阀门位置传感器如图 6-80 所示。

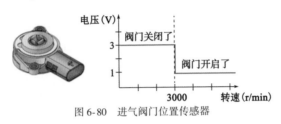

图 6-80　进气阀门位置传感器

　　装在进气管道中的阀门由发动机控制器通过一个负的信号进行控制,只要转速超过 3000r/min,它就开始控制阀门。当停止的时候,进气管道的阀门保持为关闭的状态,见图 6-81。

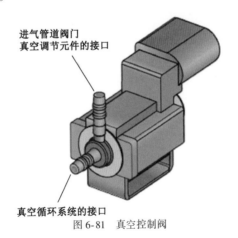

图 6-81　真空控制阀

2. 故障检测与诊断

　　进气管道控制系统故障采用车辆诊断仪的故障码和数据流进行判断分析,也可以通过示波器观察执行器的信号和阀门位置传感器的信号来进行判断分析。如果是真空管路的问题,可使用手动真空泵来代替原有的真空源,从而进行判断和分析。

(二)谐波增压控制

1. 进气歧管控制

为了提高发动机功率和改善低、高转速下发动机的性能,在发动机进气系统中广泛采用进气谐波增压技术和进气共鸣控制技术。进气谐波增压技术的工作原理是利用进气流的惯性来增压。当进气流高速流向进气门时,如果进气门突然关闭,进气门附近的气流突然停止流动,于是进气门附近的气体被压缩,压力上升。当气流的惯性消失时,被压缩的气体开始膨胀,向与进气流相反的方向流动,压力下降,膨胀气体的压力波传到进气管口时又被反射回来,形成脉动的压力波。谐波进气增压系统就是利用这一脉动的压力波,在设计进气管路时,使压力波与进气门的开闭相吻合,使反射回来的压力波能集中在将要打开的进气门旁,在进气门打开时,就会产生增压效果。进气谐波增压系统如图6-82所示。

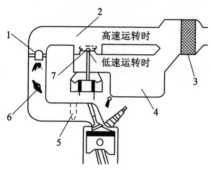

图 6-82　进气谐波增压系统

1-喷油器;2-进气道;3-空气滤清器;4-大容量空气室;5-涡流控制气门;6-节气门;7-控制阀

2. 诊断方法

维修人员通过车辆诊断仪的故障码和数据流进行判断分析,也可以通过示波器观察执行器的信号来进行判断分析。如果是真空管路的问题,可使用手动真空泵来代替原有的真空源,从而进行判断和分析。

六、废气再循环系统故障

(一)EGR 系统

废气再循环系统工作机理是将少量不可燃烧的废气导入发动机燃烧室内,降低做功行程的燃烧速度和温度,以减少 NO_x 的生成。废气再循环系统可以是独立的一套 EGR 装置,如图6-83所示,也可以设计在可变进排气系统里,通过控制进排气门重叠角度来实现缸内 EGR 效应(图6-84)。

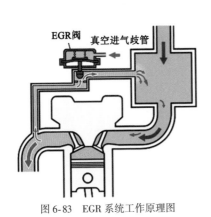

图 6-83　EGR 系统工作原理图

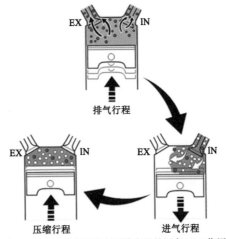

图 6-84　由可变气门控制系统实现的缸内 EGR 作用

废气再循环系统在冷车、怠速和急加速时不工作，在部分负荷时工作。

废气再循环系统的作用是降低燃烧温度以减少 NO_x 排放。

废气稀释了新鲜混合气中的氧浓度，导致燃烧速度降低，同时还使新鲜混合气的比热容提高。两者都会降低燃烧时的温度，因此，可以抑制 NO_x 的生成。

随 EGR 率的增加，NO_x 排放量迅速下降。由于废气再循环（EGR）系统依靠降低燃烧速度和燃烧温度达到目的，因而会导致全负荷时最大功率下降；中等负荷时燃油消耗率增大，HC 排放上升；小负荷特别是怠速时燃烧不稳定甚至失火。因此，一般在汽油机起动、暖机、怠速和小负荷时不使用 EGR，其他工况时的 EGR 率一般不超过 20%。

不同混合气浓度，在不同 EGR 率的情况下对 NO_x 排放量的影响如图 6-85 所示。

废气再循环系统的工作原理如图 6-86 所示，就是将排气管内的不可燃废气，再次

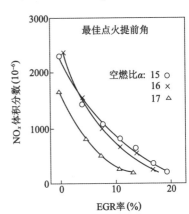

图 6-85　废气再循环对 NO_x 排放量的影响

运送到进气歧管内。在这期间 ECU 对废气运送量加以控制，并对整个系统是否可以正常运作加以判断。判断的依据一般是进气歧管压力传感器和废气再循环出口处安装的温度传感器反馈的信号，如图 6-86 所示。

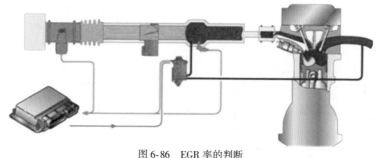

图 6-86　EGR 率的判断

（二）常见故障

1. 故障现象

（1）EGR 阀和管道内流通的是废气,如果发动机燃烧不良,会产生大量炭颗粒,引起阀门卡滞无法打开或管道堵塞,废气再循环功能失灵,导致尾气中 NO_x 的升高。

（2）EGR 阀卡滞在打开位置,会导致怠速等不需要废气再循环的工况,废气进入燃烧室,影响燃烧过程的稳定性,导致发动机抖动、熄火等故障。尾气中 HC、CO 等均可能超标。

2. 检测方法

（1）如果怠速抖动,怀疑 EGR 阀漏气,可以拆开 EGR 阀用密封垫堵塞废气再循环通道,观察发动机的运转是否变得稳定,如果稳定则是 EGR 阀内部泄漏。

（2）五气分析仪测得 NO_x 超标,可以拆检 EGR 阀,使用真空枪检测阀门是否卡滞无法打开,同时检查管道是否堵塞。

（3）可以利用汽车诊断仪读取故障代码、数据流判断和分析故障。

（4）通过示波器和万用表进行诊断,如图 6-87 所示。

不同阀的电磁线圈的阻值可能会有差异。

同时测量 EGR 阀的控制信号和进气歧管的压力信号,来判断和分析整套系统是否正常,如图 6-88 所示。

七、增压系统故障

（一）进气增压

进气增压系统在现代汽车中应用越来越多,以常见的废气涡轮增压为例。

它是在发动机排气歧管后加装涡轮增压器,利用排气作为动力,通过发动机控制单元 ECU 接收增压系统各传感器的信号,控制涡轮增压系统的执行元件工作,使各工况都有充足的进气量,保证发动机在各工况下都有较高的功率和转矩。

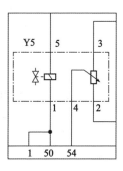

a)EGR位置传感器　　　　　　b)进气压力传感器

图 6-87　EGR 传感器

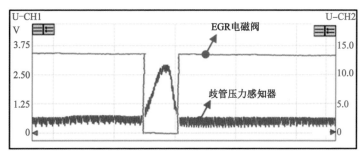

图 6-88　EGR 系统的检测

　　涡轮增压发动机是安装了涡轮增压系统的发动机,它是利用发动机排出的废气作为动力来推动涡轮室内的涡轮(位于排气道内),涡轮又带动同轴的叶轮,叶轮位于进气道内,转动时压缩由空气滤清器管道送来的新鲜空气,再送入汽缸。当发动机转速加快,废气排出速度与涡轮转速也同步加快,空气压缩程度就越大,发动机的进气量就相应地增加,进而增大发动机的输出功率。电控废气涡轮增压系统如图 6-89 所示。

　　废气涡轮增压系统与发动机无任何机械联系,实际上是一种空气压缩机,通过压缩空气来增加进气量。一般而言,加装废气涡轮增压器后的发动机功率及转矩要增大 20%~30%。增压器安装在发动机的排气一侧,所以增压器的工作温度很高,而且增压器在工作时转子的转速非常高,可达到每分钟十几万转,如此高的转速和温度使得常见的机械滚针或滚珠轴承无法工作,因此涡轮增压器普遍采用全浮动轴承,由机油来进行润滑,还需要冷却液为增压器降温。

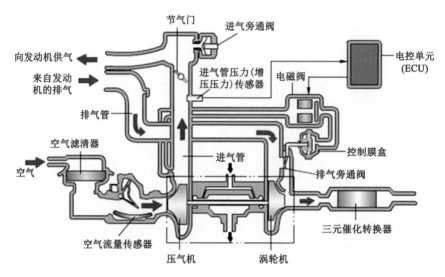

图 6-89　电控废气涡轮增压系统

(二)涡轮增压系统故障分析

废气涡轮增压器安装在发动机的进排气歧管上,处在高温、高压和高速运转的工作状况下,其工作环境非常恶劣,工作转速可达 10 万 r/min 以上。由于各种进气控制元件和传感元件的增加,故障发生的概率也就相应增多。常见的故障有:增压压力下降、增压器过热等。

1. 增压压力下降

当涡轮增压系统工作时,增压压力不足会使进气量不够而造成混合气过浓,发动机尾气 HC 值会偏高。增压压力下降的主要原因有:进气阻力大、涡轮转速下降等。

1)进气阻力大

进气阻力大的原因包括空气滤清器有脏物、中冷器有脏物及进气涡壳内有脏物等。

2）涡轮转速下降

涡轮转速下降的原因包括涡轮有积炭、涡轮排气阻力增大、轴承磨损、转子与壳体有刮碰、海拔高度增加等。

2. 增压器过热

当增压器过热时，会使进气管路的空气因过热膨胀，而导致进入汽缸的 O_2 减少，造成燃烧室内油多氧少；同时又因进气温度过高易使混合气出现爆震等现象。所以当增压器过热时，易使发动机尾气 HC、CO 和 NO_x 值都偏高。

增压器过热主要原因有：喷油质量差、润滑不良等。

1）喷油质量差

喷油器喷油性能下降使燃油后燃严重，造成排气温度升高，导致增压器过热。

2）润滑不良

润滑油压力不足，油温过高，供油量不足，带走的热量减少，使增压器温度升高。

（三）涡轮增压系统故障诊断

1. 读取故障码

使用汽车故障电脑诊断仪读取发动机故障码，当涡轮增压系统出现故障时会出现故障码，比如增压压力传感器及增压压力控制等故障码。

2. 读取数据流

根据发动机故障代码，读取相应的数据流。比如增压压力、进气压力、进气温度、增压控制器工作情况等数据。

以大众车型为例，增压数据流如图 6-90 所示。

组号 115
增压压力调节
1：发动机转速：700~6800r/min(带手动变速器)
　　　　　　　640~6800r/min(带自动变速器)

2：发动机负荷：15%~175%(带手动变速器)
　　　　　　　10%~150%(带自动变速器)

3：增压压力规定值：(990-2200mbar①)

4：增压压力实际值：(<2000mbar①)(带手动变速器)
　　　　　　　　　(<2200mbar①)(带自动变速器)

组号 119
进气增压控制
1：发动机转速：700~6800r/min(带手动变速器)
　　　　　　　640~6800r/min(带自动变速器)

2：进气量限制：(-15%~160%)

3：废气旁通阀占空比(0~100%)

4：实际最大进气压力：(<1800mbar①)(带手动变速器)
　　　　　　　　　　(<2200mbar①)(带自动变速器)

图 6-90　大众车型增压数据流

注：①1bar=0.1MPa。

(1)对增压压力数据流进行检查的时候,可以将怠速时压力值与熄火后的压力值进行对比。一般怠速时的压力值低于熄火后的压力值,因为怠速时由于汽缸工作产生一定的负压,熄火时应为大气压力。

(2)对增压控制器数据进行检查的时候,可以通过诊断仪的执行器控制功能单独对增压控制器进行检测。

3. 拆检

对增压系统进行拆检,检查涡轮是否有漏油,涡轮叶片是否有损坏,真空管是否损坏等。可以通过汽车诊断仪的故障码和数据流来进行判断和分析,也可以通过示波器进行判断和分析,如图 6-91 所示。

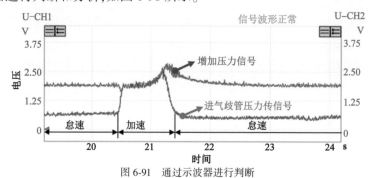

图 6-91 通过示波器进行判断

还可以通过手动真空泵来检测,如图 6-92 所示。

拆卸下来后手动检测,如图 6-93 所示。检查是否存在自由移动和研磨噪声。

图 6-92 手动真空泵检测

图 6-93 手动检测

用百分表测量轴向间隙,不同型号增压器数据会有不同,如图 6-94 所示。

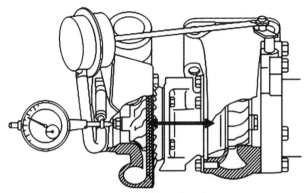

图 6-94　轴向间隙检测

测量径向间隙,不同型号增压器数据会有不同,如图 6-95 所示。

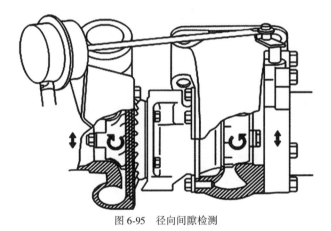

图 6-95　径向间隙检测

第六节　冷却系统故障诊断

　　为了满足发动机的需求,冷却系统需要为发动机提供合适的温度。不同的转速和转矩需要不同的发动机温度,如图 6-96 所示。因此发动机必须采用热管理措施。

　　热管理措施包含电子冷却液节温器、可切换的油-水热交换器、齿轮箱加热、空调加热系统用电子水泵、可切换活塞冷却喷嘴等。

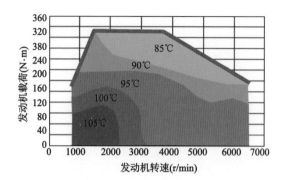

图 6-96　发动机理想温度需求

冷却系统结构如图 6-97 所示。

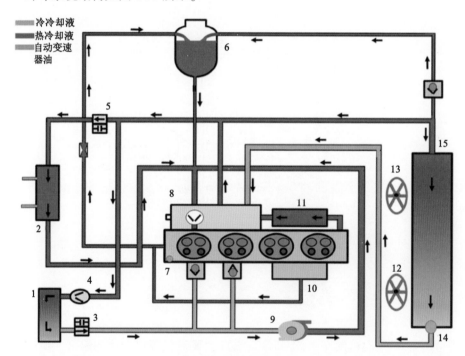

图 6-97　冷却系统结构

1-供暖用热交换器；2-传动油散热器；3-空调用冷却液切断阀；4-循环泵；5-冷却液阀；6-冷却液膨胀箱；7-冷却液温度传感器；8-冷却液泵；9-涡轮增压器；10-集成排气歧管；11-发动机机油冷却器；12-散热器风扇；13-散热器风扇 2；14-冷却液温度传感器；15-冷却液散热器

整个冷却系统电控部分可以通过车辆诊断仪获取故障码和数据流。电控元器件可以用示波器、万用表进行测试。

一、冷却液温度过低故障

冷却液温度过低时，发动机进气管内壁和汽缸内壁温度较低，汽油微粒出现碰壁冷凝，严重影响燃烧，发动机易发抖，尾气 HC 超标；同时压缩终了时的混合气温度较低，对混合气的燃烧不利，对尾气排放的影响也很大；冷却液温度低，燃油蒸发弱，发动机会加大喷油量，以维持发动机稳定的运转，造成尾气 HC 偏多；低温下，汽缸和活塞配合间隙不是最佳状态，容易窜气。

（一）冷却液温度过低常见原因

有的车辆在维修冷却液温度高或者节温器损坏故障时，维修人员将节温器拆除了，发动机冷却液直接大循环，导致发动机冷却液长时间处于较低的温度。

（二）检测方法

读取是否存在冷却液温度传感器等相关故障码；读取冷却液温度数据流，使用红外线感温枪，测量温度传感器旁水道的温度是否与数据流显示的冷却液温度接近或一致；监控发动机冷车到热车过程中节温器前后温度变化可以判断节温器工作状况。

二、冷却液温度过高故障

冷却液温度过高时，发动机燃烧温度相应提高，高温环境容易造成尾气中 NO_x 的升高；冷却系统压力升高易引起散热水箱和管路的泄漏；活塞的热膨胀导致与汽缸之间配合间隙过小，易引起拉花缸壁和活塞等严重机械故障。

（一）冷却液温度过高常见原因

冷却液温度过高的常见原因有缺乏冷却液、节温器不能正常开启、冷却水泵损坏、冷却液沸点过低、散热风扇运转不良、缸垫烧蚀导致高温气体进入水道等。

（二）检测方法

（1）检查冷却液是否充足，使用冰点仪鉴别冷却液冰点是否合格。如果冷却液不足需进一步检查有无漏水现象以及散热器盖的压力阀和真空阀是否正常。检查冷却系统是否漏水的方法如图 6-98 所示,测量散热器盖气门开启压力的方法如图 6-99 所示。

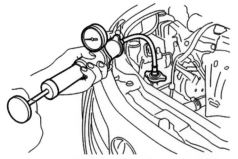

图 6-98　用水箱测漏仪检查冷却系统是否漏水

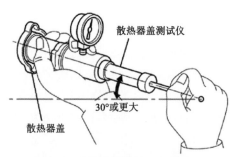

图 6-99　测量散热器盖气门开启压力

测量散热器盖气门开启压力的步骤如下:

①如果在橡胶密封材料上有水垢或杂质,则清洗这些部件。

②检查橡胶密封材料有无变形、破裂或膨胀。

③检查橡胶密封材料是否粘到一起。

④在使用散热器盖测试仪之前向橡胶密封材料添加发动机冷却液。

⑤在使用散热器盖测试仪时,将其水平倾斜 30°以上。

⑥抽吸散热器盖测试仪若干次,并检查最大压力。

抽吸速度:每秒抽吸 1 次。

标准值(全新散热器盖):93.3~122.7kPa。

最小标准值散热器盖使用后:78.5kPa。

(2)如果水循环不良,检查水泵运转是否良好,拆出节温器做加热试验,观察节温器开度;检查节温器。

①节温器上记录了气门开启温度,如图 6-100 所示。

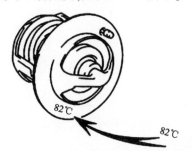

图 6-100　检查并记录节温器上的气门开启温度标记

②将节温器浸没在水中,逐渐将水加热,如图 6-101 所示。

③检查节温器的气门开启温度。

标准气门开启温度为 80~84℃(176~183°F),如果气门开启温度不符合规定,应更换节温器。

④检查气门升程,如图 6-102 所示。

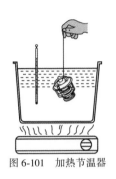

图 6-101　加热节温器

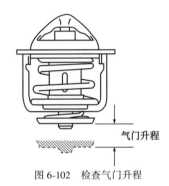

图 6-102　检查气门升程

标准气门升程:在 95℃时为 10mm 或以上,如果气门升程不符合规定,应更换节温器。

⑤当节温器在低温时(低于 77℃),检查气门是否完全关闭。如果没有完全关闭,则更换节温器。

(3)确定控制系统是否有问题,尤其是冷却液温度传感器数据是否真实。

(4)检查散热风扇的低高速挡是否能正常启动。

(5)用五气分析仪检测水箱内是否有大量 HC 存在,以判断缸垫是否漏气。

三、增压空气冷却器故障

以涡轮增压器为例,涡轮增压器会使进气温度升高,不利于充气效率的提升。所以需要使用增压空气冷却器(中冷器)降低进气温度。增压空气冷却器常见的故障有散热片上灰尘过多导致散热不良,可用高压水枪隔开一定距离冲洗干净。

以大众 EA888 发动机涡轮增压系统为例(图 6-103),涡轮增压器进气系统采用风冷式增压空气冷却系统,该系统通过流经热交换器表面的冷空气来带走热交换器内部热压缩空气的热量,然后再输送给发动机燃烧系统。进气温度可以降低 100℃,提高 O_2 的密度,从而改善燃烧状况。增压空气冷却器由柔性管件连接在涡轮增压器和节气门体上,该柔性管件需要使用专用高转矩固定卡箍固定。在进行管道维修作业时,为了防止任何类型的空气泄漏,必须严格按要求定位卡箍。

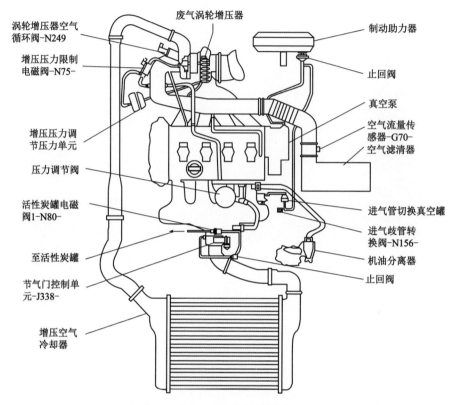

图 6-103　大众 EA888 发动机涡轮增压系统

第七节　排气后处理及汽油挥发物控制装置故障诊断

一、排气不畅故障

当存在排气不畅故障时,发动机会出现怠速不稳、加速无力、加速回火、急加速熄火等现象。

（一）排气不畅故障分析

排气不畅故障往往会造成发动机尾气排放 HC、CO 值超标，过量空气系数 λ 低于1，混合气过浓等。这是因为发动机的排气不畅，会造成燃烧速度变慢，影响处于做功行程的活塞下行的速度，作用于曲轴上的力就会减少，这样通过曲轴连接的其他汽缸活塞的运行速度会降低，进而影响汽缸的进气效率，造成进气压力升高。而通过进气压力传感器来确定喷油量的发动机会误认为是负荷上升增加喷油量，最终造成混合气过浓。

（二）排气不畅故障诊断方法

常见排气不畅故障原因有：气门间隙过小、排气门故障、排气管堵塞等。

1. 气门间隙过小

气门间隙过小会造成气门早开早关，进气和排气效率降低。气门间隙过小通常会导致：急加速时进气管有回火冒白烟，排气管放炮等。

检查气门间隙的方法有：汽缸压力检测、汽缸漏气量检测、内窥检测等。

2. 排气门故障

排气门故障原因有：排气门卡滞、排气门变形等。检查排气门故障的方法有：汽缸压力检测、汽缸漏气量检测、内窥检测等。

3. 排气管堵塞

排气管堵塞主要包括消声器堵塞、三元催化转换器堵塞等。

消声器堵塞原因有：消声器内有异物进入而造成堵塞；消声器内消音材料脱落霉烂造成堵塞等。

引起三元催化转换器堵塞的原因是多方面的，其中一个重要原因是燃油和润滑油的质量不高。

二、排气管漏气故障

汽车行驶过程中发动机噪声明显加大，先是轻轻的"嗦嗦"声，之后声音逐渐加大，再然后变为发动机的排气噪声，排气噪声一旦发生不会消失。

（一）排气管漏气故障分析

排气管漏气会对排气的气体成分产生影响。因为发动机在工作中，由于排气门关闭,会在整个排气管中形成一瞬间的负压,此时当排气管中某一中间部位漏气时,就会吸入一部分空气,空气中的 O_2 与发动机的尾气一起排出,检测尾气时会误认为是燃烧排出的 O_2,从而导致 λ 值和 O_2 值过高。

（二）排气管漏气检查方法

排气管漏气一般是行驶在不平路面造成的损伤,或者是使用年限长了生锈造成漏气,又或者是接口螺栓松动造成的漏气。

排气管的检查包括:发动机与排气管接头处固定螺栓是否松动或密封环是否损坏,排气管是否烧穿,排气管与排气消声器接头是否脱开,排气管是否放炮等。

三、二次空气喷射系统故障

二次空气喷射系统是为了解决车辆冷起动时混合气过浓,尾气污染超标的问题。系统由二次空气泵、二次空气阀、连接管路和相关的电路组成,如图 6-104 所示。利用空气泵向排气管和三元催化转换器注入新鲜空气,使废气在排气管内二次燃烧,并加热三元催化转换器来解决排气污染的问题。该系统工作时间较短（一般 1min 左右,主要取决于当前室外温度和当前冷却液温度）。

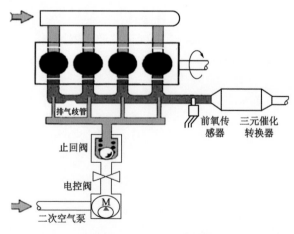

图 6-104　二次空气喷射系统

（一）常见故障现象

1. 二次空气泵系统堵塞和泄漏故障

二次空气阀工作环境直接与尾气接触,易因积炭引起卡滞。如果卡在打开的位置,则会有空气从这里漏进排气管导致氧传感器检测到过多的 O_2,从而导致错误的空燃比修正,引起排放超标。如果卡在关闭位置则冷车时空气泵注入的空气流量不足,导致排放超标。有些车型可以监控注入空气量是否足够,不正常时设置相关故障码。

2. 二次空气泵不工作

二次空气泵工作电流较大,电路容易出现故障。

（二）检测方法

（1）使用汽车故障电脑诊断仪驱动二次空气泵,听二次空气泵工作声音是否正常,管路是否漏气。

（2）若怀疑二次空气阀有故障,可拆检并作密封性实验。

（三）知识拓展

在宝马汽车使用的 M54 发动机中,二次空气喷射系统内安装了一个由西门子公司制造的紧凑型微型热膜式空气流量传感器(HFM)。

该微型 HFM 能够测定二次空气泵所输送的空气质量,可用于二次空气喷射系统的监控。如果微型 HFM 没有测出空气质量或测出空气质量不充足,发动机控制单元(DME)中就会出现一条故障记录,同时打开故障指示灯(MIL)以显示故障。如图 6-105 所示。

四、三元催化转换器故障

三元催化转换器在长时间的使用后,会出现转换效率低下或完全失效。导致污染物排放超标。

（一）三元催化转换器失效

1. 老化

三元催化转换器在使用中会逐渐失效,正常情况下车辆行驶距离达到

100000～150000km 时，三元催化转换器效率大幅下降。

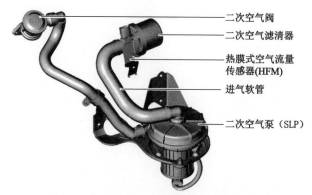

图 6-105　宝马 M54 发动机二次空气喷射系统

2. 失活与阻塞

催化剂载体承载催化剂，成蜂窝状，以增大与气流的接触面积。多数载体材料为稀土陶瓷，它的抗高温抗过载性能较好，但流动阻力较大、易碎。三元催化转换器正常工作温度是 300～850℃，最佳工作温度是 400～600℃。混合气过浓或过稀、发动机长期大负荷工作、发动机缺缸工作、喷油器卡在开的位置、点火时间滞后等导致大量未完全燃烧的 HC 进入排气管继续燃烧，导致三元催化转换器温度过高出现烧红甚至熔化现象，导致三元催化转换器失去活性或产生堵塞。如果温度超过 900℃，催化剂载体将会熔化。催化剂载体熔化堵塞排气管，会造成排气背压过大，动力下降。为防止该类故障发生，要对故障原因进行详细描述并进行修理。

3. 中毒

（1）燃油中铅含量超过 5mg/L 时会导致三元催化转换器严重中毒失效。所以装备有三元催化转换器的车辆严禁使用含铅汽油。劣质燃油中的硫也会导致三元催化转换器中毒失效。

（2）如果过多机油进入燃烧室参与燃烧，机油中的锌和磷也会导致三元催化转换器中毒。烧机油等导致尾气积炭过多，会堵塞三元催化转换器。

（3）使用了含硅密封胶会导致三元催化转换器中毒失效。

4. 损坏

高温下遇冷水引起的热冲击及外力撞击，导致三元催化转换器载体脱落堵塞和损坏。

5.劣质产品

使用不合格的三元催化转换器也是常见的导致三元催化转换器失效的原因，不合格的三元催化转换器常因载体与外壳密封不良导致出现漏气、净化率低下、载体蜂窝密度比较稀疏使表面积不足、载体上的催化剂成分不达标、涂覆量不足等问题。

（二）三元催化转换器的诊断方法

1.故障码和数据流分析法

读取发动机系统中是否存在三元催化转换器效率低的故障码：DTC P0420 催化转换系统效率过低。ECM 监测空燃比（A/F）传感器 1 和加热型氧传感器 2（图 6-106）。高含氧量的三元催化转换器意味着加热型氧传感器 2 的切换频率较低。随着三元催化转换器含氧量的降低，加热型氧传感器 2 的切换频率升高。若空燃比（A/F）传感器 1 和加热型氧传感器 2 的频率比达到一个规定的极限值，三元催化转换器就被诊断为故障。

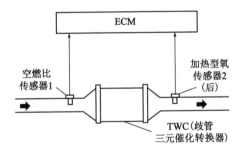

图 6-106　ECM 监测三元催化转换器
➡-排气

可以先通过检查排除下列可能导致催化剂性能下降的情况：发动机缺火、发动机润滑油/冷却液消耗过多、点火正时延迟、火花弱、燃油混合物过稀、燃油混合物过浓、氧传感器或线束损坏。然后按照维修手册要求试车，条件满足时 ECM 将运行三元催化转换器效能检测程序。

ECM 在稳定的负荷工况下对前、后氧传感器进行持续检测，判断三元催化转换器的效率。以 ZrO_2（二氧化锆）型氧传感器为例，发动机进入闭环控制后，前氧传感器不断监控燃烧后排气管里的 O_2 含量。O_2 多时，输出高于 0.45V 的电压，代表混合气过浓;O_2 少时,输出低于 0.45V 的电压,代表混合气过稀。电控燃油喷射系统根据前氧传感器不断修正空燃比,前氧传感器检测到的电压也不断变化。在发动机转速为 2000r/min 时,ZrO_2 型氧传感可以在 10s 产生超过 8 次穿越 0.45V 的电压,其在 0.1~0.9V 间变化。如果三元催化转换器正常工作,由于经过了三元催化转换器的氧化还原作用,后氧传感器检测到的氧气含量相对比较高,所以它的数值会保持在 0.4~0.7V 之间,发动机工况稳定时电压波动较小。反之,当 ECM 检测到后氧传感器和前氧传感器的电压波动值接近则说明三元催化转换器效率低,系统判断三元催化转换器失效并点亮发动机故障灯。

行驶里程低于 160km 的车辆,可能因催化转换器内表面气体逸出过多而生成故障码 DTC:P0420。

2. 检测三元催化转换器或排气管堵塞故障

(1)可以观察排气管外侧是否有凹陷变形;使用橡胶锤敲击排气管,听内部是否有"沙沙"的声音;使用内窥镜直接观察三元催化转换器载体堵塞程度。

(2)在不便使用内窥镜的车型,可以拆下前氧传感器,安装排气背压表检测排气背压。

拆下前氧传感器,将排气背压表专用接头接入排气管的氧传感器安装孔内,起动发动机,检查怠速时和发动机转速为 2500r/min 时的排气压力表读数。压力表读数小于 17.24kPa,说明排气通畅;如果读数大于 20.7kPa 则表明排气系统堵塞(有的排气背压表使用颜色来判断排气管堵塞程度,指针指在绿区为良好,黄区为比较堵塞,红区为严重堵塞)。

(3)通过真空表检测发动机进气歧管真空度,判断是否堵塞。

如果故障车型装有进气压力传感器也可以分析进气压力数据流。将真空表接到节气门后方的进气歧管真空测试口上,关闭空调、前照灯、音响等电器负荷,变速器置于空挡,发动机预热完毕后,对比发动机怠速和 2500r/min 的真空表读数,多数车型怠速时和转速稳定在 2500r/min 时真空度大约在 54~71kPa 范围(宝马新款发动机的电子气门系统设计独特,节气门后方真空度很小,不适合本方法),如果排气系统存在阻塞,怠速时读数有时会低至 53kPa,2500r/min 时会明显地下降甚至接近 0。

3. 温差法检测三元催化转换器是否工作

在发动机充分预热后用红外线感温仪检测三元催化转换器进口和出口的温度,如果出口温度比进口温度高 30℃ 以上说明三元催化转换器工作正常。

4. 尾气分析法

发动机正常工作,混合气正常,燃烧良好时,尾气经过三元催化转换器的净化作用,双怠速法检测的数值:CO 会小于 0.3%,HC 会小于 $100×10^{-6}$,NO 会小于 $100×10^{-6}$。如果数据超标,就需要判断是缸内燃烧不良导致尾气超出三元催化转换器催化能力,还是燃烧正常,三元催化转换器效能下降无法将尾气中有害成分进行有效地氧化还原,导致超标。

测试三元催化转换器效能最准确的方法是在三元催化转换器前段钻孔测量尾气样气,直接检测未经催化转换器的汽车尾气五种气体原始排放值和过量空气系数 λ 的原始值(就可以知道缸内燃烧和净化的效果),再将数据与三元催化转换器后经过净化的尾气样气成分数据对比,通过计算可以分析出三元催化转换器催化效能。

使用这种方法,需要在三元催化转换器前方的排气管恰当位置钻一个取气孔,如图 6-107 所示。检测完成后,用 M6 不锈钢抽芯铆钉和密封垫圈将孔封住,以便下次利用。

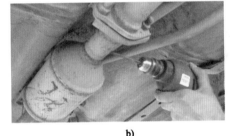

a)　　　　　　　　　b)

图 6-107　三元催化转换器前端钻取气孔

该方法把发动机排气系统分成两部分,取气孔测取数据属机内净化部分,经三元催化转换器后测取数据属机外净化部分,这样就可以分步骤分析。首先分析机内工作情况,包括发动机机械部分、发动机电控部分、燃油品质等因素导致燃烧状况的变化。如发现有问题就要有针对性地对发动机系统进行修理,使之达到正常运行的排放值。然后,分别检测并计算出三元催化转换器的 CO、HC 和 NO_x 净化效率,并且观察怠速和高转速下的三元催化转换器的空速特性,定量地评估三元催化转换器的工作能力。最后根据机内净化与机外净化两部分的具体工作情况,正确判断汽车尾气是否能够达标以及应该采取什么措施。

5. 利用时差法检查三元催化转换器的转换效能

首先将车辆预热,发动机预热进入闭环调节状态。按照双怠速法要求使发动机转速保持 3500r/min 预热 2min,三元催化转换器达到正常工作温度(300℃)时,根据提示检测三元催化转换器后的尾气,记录数据。将发动机熄火,等待 5min,让三元催化转换器温度下降到 300℃ 以下,此时三元催化转换器达不到正常的工作,催化效率比较低。起动车辆后立即跳过预热阶段,直接检测尾气成分,记录数据。对比两次测试的结果,如果第一次测试数据良好,第二次数据差,说明三元催化转换器正常;如果两次结果相近,说明三元催化转换器失效。

五、汽油机颗粒捕集器故障

(一)GPF 排气特性与再生

GPF 是一种高效可靠的汽油机颗粒捕集技术,用于控制汽油直喷发动机的超细颗粒排放,而不会对燃油消耗量和 CO_2 排放产生负面影响。GPF 中捕集到的炭颗粒越来越多,慢慢就会导致排气背压升高,从而导致发动机动力性及经济性恶化。

1. GPF 的排气特性

在典型驾驶条件下,汽油发动机排放的烟尘质量比柴油发动机低。因此,需要的再生频率较低。此外,GPF 在比柴油机颗粒捕集器更高的温度下运行,意味着被动烟尘再生更容易发生。更高孔隙率的 GPF 可以有更高、更厚的涂层量,该涂层也有助于提高过滤效率。

2. GPF 再生

排气温度和混合气浓度会影响 GPF 中的烟尘燃烧。在理论空燃比的情况下,点燃烟尘 GPF 堆芯温度为 650°C。但如果混合物更稀(含氧量更高),点燃烟尘 GPF 堆芯温度降至 500°C,带涂层的 GPF 还可以增强烟尘再生。

GPF 在排气管的布置形式如图 6-108 所示。

GPF 结构形式(在不断更新)如图 6-109 所示。

GPF 收集到的炭烟颗粒通过排气加热的方式烧掉的过程叫作再生。GPF 再生分为被动再生、主动再生两类。

1)被动再生

被动再生是指汽车在行驶过程中,驾驶员抬起加速踏板时,燃油供给系统开始断油,大量氧气进入 GPF 内发生化学反应并实现再生。被动再生时炭灰颗粒持续燃烧,不受发动机控制系统的影响,时时刻刻都在进行。

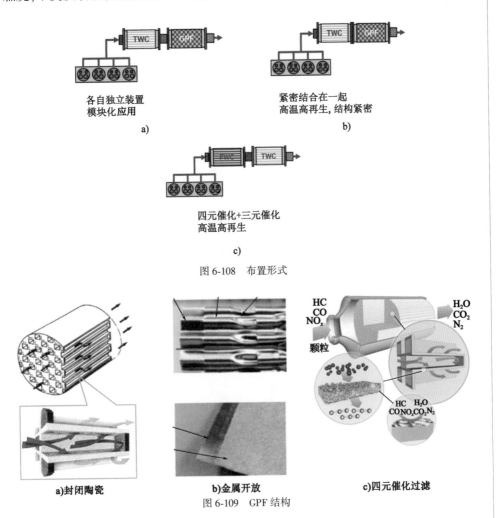

各自独立装置
模块化应用

a)

紧密结合在一起
高温高再生,结构紧密

b)

四元催化+三元催化
高温高再生

c)

图 6-108 布置形式

a)封闭陶瓷

b)金属开放

c)四元催化过滤

图 6-109 GPF 结构

2) 主动再生

主动再生是在被动再生无法满足条件的情况下,车辆按照特殊工况行驶(例如以最低 80km/h 的车速行驶,然后松开加速踏板滑行,反复循环行驶 30min),利用 ECM 给发动机发布指令,后推点火角,使得尾气温度升高,待 GPF 温度升高后,再减小空燃比(过量氧气),实现 GPF 再生。主动再生时通过发动机控制系统提高

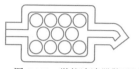

图 6-110　微粒滤清器警示灯
（位于组合仪表中）

废气温度而使炭灰颗粒燃烧。在发动机负载较小的城市交通行驶工况中,用于颗粒捕集器被动再生的废气温度太低,无法分解炭灰颗粒,因此会在捕集器中形成炭灰堆积。如车辆经常短途行驶,微粒滤清器无法再生,汽油微粒滤清器警报灯将点亮,如图 6-110 所示。

　　3)强制再生

　　强制再生属于主动再生类,使用诊断仪进行再生。通过压差传感器（图 6-111）的信号监控过滤器是否满足要求。

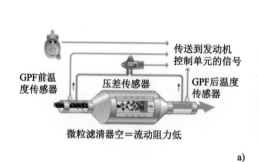

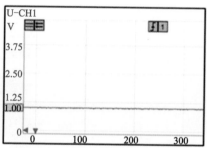

a)

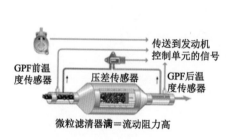

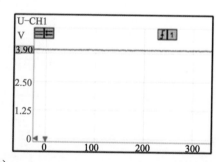

b)

图 6-111　压差传感器位置

（二）GPF 检测与诊断

　　(1)压差传感器如图 6-112 所示。

　　当 GPF 颗粒物增多,导致压差增大,如图 6-113 所示。可以通过此判断 GPF 的排气特性。

　　(2)压差传感器的检测如图 6-114 所示。

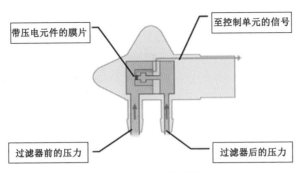

图 6-112　压差传感器

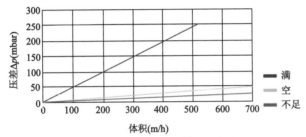

图 6-113　压差和颗粒物体积的关系

a)

b)

图 6-114　压差传感器检测

　　检测传感器电缆插头针脚 2 和蓄电池正极之间的电压,点火开关应该打开,测量值为:12.2V[图 6-114a)]。

　　检测传感器电缆插头针脚 1 和蓄电池负极之间的电压,点火开关应该打开,测量值为:5.02V[图 6-114b)]。

　　(3)测试压差信号变化并判断。

　　检查废气压差传感器信号电压(图 6-115)。压差增大,信号电压增加,两者呈线性关系。

从废气压差传感器中拔出从颗粒捕集器上游引出的软管,将压力/真空手动泵连接到废气压差传感器,如图 6-116 所示。

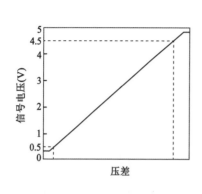

图 6-115　压差传感器信号　　　　　　图 6-116　压差传感器的判断

利用真空手动泵产生压差,就车测量方法如图 6-116 所示,测量结果可以接入真空表或压差检测仪(图 6-117)。

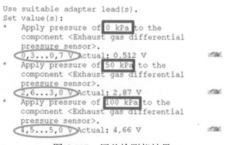

图 6-117　压差检测仪结果

从图 6-117 可知,分别在 0kPa、50kPa、100kPa 时进行测量,电压值应该为 0.3~0.7V、2.6~3.0V、4.5~5.0V。

(4)排气温度传感器及位置如图 6-118 所示。

排气温度传感器的信号如图 6-119 所示。

该温度传感器属 PTC(正温度系数)传感器。由图 6-119 可知 PTC 传感器的电阻随温度升高而升高。

诊断 GPF 需要用到车辆解码器的查询故障码功能、读取数据流功能,还可以使用压差表来进行检测和判断。

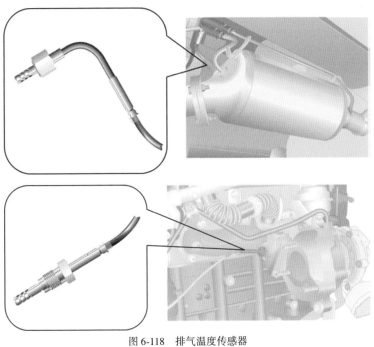

图 6-118　排气温度传感器

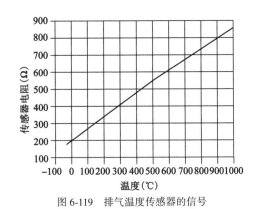

图 6-119　排气温度传感器的信号

六、燃油蒸发排放控制系统故障

汽油机燃油蒸发排放控制（EVAP）系统是为了减少从燃油供给系统泄漏到大气中的 HC。通过在 EVAP 炭罐中使用活性炭可以减少 HC 的排放。当发动机未运转或向燃油箱加油时,从密封的燃油箱中蒸发出的燃油蒸气被导入内有活性炭的 EVAP 炭罐中并被活性炭吸附存储。当发动机运转时,ECM 通过控制 EVAP 炭罐净化量控制电磁阀的开闭,炭罐中的燃油蒸气通过净化管路被空气带入进气歧管。当发动机工作时,燃油蒸气流量随着空气流量的增加而成比例调整。减速和怠速时,EVAP 炭罐净化量会控制电磁阀关闭蒸气清洁管路。燃油箱通风系统组成如图 6-120 所示。

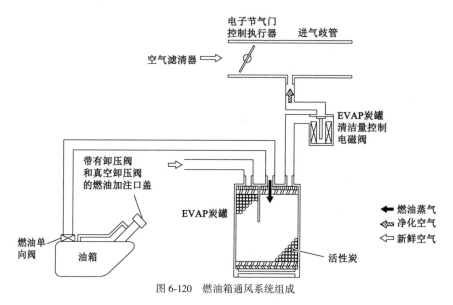

图 6-120　燃油箱通风系统组成

（一）负压油箱泄漏故障

如果车辆起动后处于静止状态,则炭罐电磁阀在怠速时关闭。随后,由于空气通过打开的切断阀流入,储罐系统中的负压降低,即储罐系统中的压力增加。如果用压力传感器测得的压力在特定时间内未达到环境压力,则表明切断阀有故障,因为它根本没有打开或没有充分打开。如果阀门没有关闭,则将其关闭,压力可以通过气体释放(燃料蒸发)而增加。自调整压力不得超过或低于特定值。

如果测得的压力低于规定范围,说明油箱通风阀有故障。压力过低的原因是油箱通风阀泄漏,即由于进气歧管中的负压,蒸气被吸入油箱系统。

如果测得的压力高于规定范围,说明燃油蒸发过多(例如,环境温度过高),无法进行诊断。如果气体释放产生的压力在允许范围内,则将此压力增加作为补偿梯度,用于精密诊断。只有在检查过切断阀和油箱通风阀后,才能继续进行油箱泄漏诊断。

1. 粗略检漏

怠速时打开炭罐电磁阀,油箱系统中的压力应该持续下降,压力变化小,证明有泄漏,终止检测;否则继续测试,进行精密检漏。

2. 精密检漏

当粗略检漏未检测到严重泄漏时,进行精密检漏。

炭罐电磁阀再次关闭,由于切断阀仍处于关闭状态,此时油箱内为负压状态,压力随后只应以先前节省的排放量(补偿梯度)的程度增加。

但是,如果压力增加得更大,则说明存在细微的泄漏,空气可以进入,如图 6-121 所示。

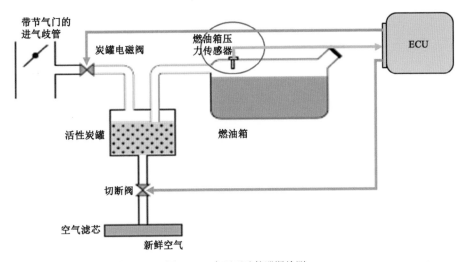

图 6-121 负压型油箱泄漏检测

（二）增压型的油箱泄漏故障

蒸发泄漏检测由燃油箱泄漏诊断模块（DMTL）泵在燃油存储系统上执行,DMTL 泵包含一个由 ECM 激活的整体式直流电机。ECM 监测泵的工作电流作为检测泄漏的测量值。该泵还包含一个由 ECM 控制的切换阀,该阀在泄漏诊断测试期间通电关闭。ECM 每隔两次启动一次泄漏诊断测试。增压型的油箱蒸气回路如图 6-122 所示。

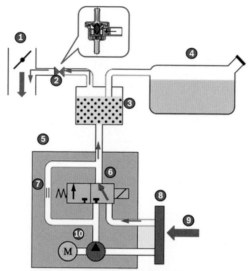

图 6-122　增压型的油箱蒸气回路

1-带节气门的进气歧管；2-炭罐电磁阀；3-活性炭罐；4-燃油箱；5-油箱泄漏诊断模块；6-切换阀；
7-基准泄漏；8-空气滤芯；9-新鲜空气；10-电动叶片泵

1. 泄漏检测

发动机关闭，点火开关关闭。ECM 仍处于激活状态（ECM 继电器通电，ECM 和部件在钥匙断开后长时间在线）。在发动机/点火开关关闭前，车辆必须至少行驶 20min。在至少行驶 20min 之前，车辆必须至少关闭 5h。

油箱油量必须在 15%~85%（安全近似值在油箱的 1/4~3/4 之间）。

环境温度介于-7°C~35°C；海拔高度<2500m。

蓄电池电压在 11.5~14.5V。

增压型的油箱泄漏诊断如图 6-123 所示。

2. 故障现象

（1）EVAP 电磁阀卡滞导致流量失控，可引起混合气控制偏差。卡在打开的位置可导致怠速混合气过浓，怠速抖动。

（2）炭罐失效，不能再储存燃油蒸气；空气阀堵塞。

（3）燃油蒸发排放控制系统净化控制阀电路有开路。

3. 诊断方法

（1）怀疑 EVAP 电磁阀卡滞导致流量失控，可使用排除法。暂时断开 EVAP

电磁阀,用密封胶带堵塞气管,观察发动机是否恢复正常。也可用五气分析仪同步监控尾气数据,看是否发生变化。

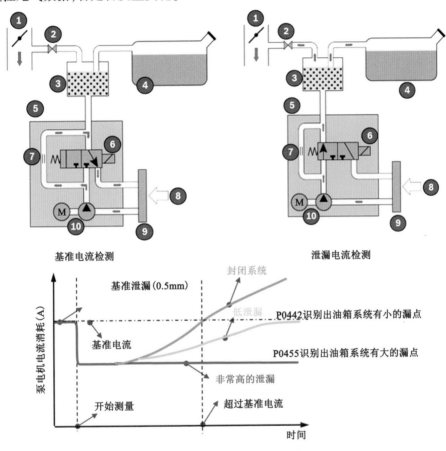

图 6-123 增压型的油箱泄漏诊断

1-带节气门的进气歧管;2-炭罐电磁阀;3-活性炭罐;4-燃油箱;5-油箱泄漏诊断模块;6-切换阀;7-基准泄漏;8-空气滤芯;9-新鲜空气;10-电动叶片泵

（2）分析故障码和数据流。读取故障码,看燃油蒸发排放控制系统流量是否过大或过小、燃油蒸发排放控制系统净化控制阀电路是否有故障等。

读取冻结帧数据。DTC 一旦被存储,ECM 就将车辆条件和驾驶信息记录成冻结帧数据的形式。在排除故障时,冻结帧数据能帮助确定故障发生时车辆处于运行还是停止状态,发动机是否暖机,空燃比是过大还是过小,以及其他数据。

柴油发动机排放污染诊断

　　柴油发动机具有能量转化效率高,输出转矩大,燃油经济性好等特点,常安装在中重型商用车上。但是,由于柴油发动机升功率指标不如汽油发动机,炭烟与颗粒物(PM)排放比汽油发动机多,因此,即使柴油车的保有量远少于汽油车,但其PM总排放量却大于汽油车。

　　随着技术的发展,一批先进的技术,例如直喷、涡轮增压、中冷、电控、共轨等技术在柴油发动机上的应用,使得柴油发动机原有的问题得到了较好的解决。近年来,柴油发动机在后处理技术方面也取得了很大的进步,如选择性催化还原装置(Selective Catalytic Reduction,SCR)、氧化催化装置(Diesel Oxidation Catalyst,DOC)、颗粒捕集器(Diesel Particulate Filter,DPF)等。尽管如此,在国内还有大量存在技术代差,甚至落后的柴油车在运行。

　　本章首先介绍了国六排放标准对柴油发动机排放控制的要求,其次介绍了柴油发动机排放控制系统故障诊断的基本思路和方法,最后深入介绍了发动机机械、燃油、进排气、冷却和排气后处理等系统常见故障的诊断。

第一节　国六排放标准对柴油发动机排放控制的要求

　　柴油发动机广泛地应用于国民生活的方方面面,如:轻中重型商用车、轿车、皮卡、SUV、MPV、工程机械、矿山机械、农用机械、发动机组、船舶、摩托车等。柴油发动机的能量转化效率最高可以达到50%,是能量转化效率最高的机械之一。柴油发动机的技术发展与排放标准的不断推进息息相关。了解柴油发动机排放控制技术的发展,有助于对在用柴油车的排放污染诊断。

一、柴油车排放标准与排放控制技术的关系

柴油车排放控制技术随着排放标准的推进不断发展,市场上不断推出的新技术推动了柴油车的升级换代。

2000 年,国一排放标准实施时,国内柴油车装备的柴油发动机,大多数采用非电子控制的机械式喷射泵,如 A 型泵、P 型泵和 VE 泵等。

2005 年,国二排放标准实施时,柴油车开始出现电子控制喷射泵,如 A 型泵电子调速器(RED3/RED4)、电控 P 型泵、电控喷油量和喷油时刻控制直列泵(H 泵,HD/MD-TICS 油泵)和电控分配泵(VE-EDC/COVEC)等,并应用了进气增压和中冷技术,通过增大进气提高柴油燃烧效率。

2008 年,国三排放标准实施时,彻底淘汰了机械式喷射泵,柴油车进入了电控单体泵、电控泵喷嘴,特别是电控共轨系统时代。此外,引入废气再循环(EGR)系统,对进气进行含氧量的调节和控制。

2011 年,国四排放标准实施时,柴油发动机的机内控制已经不能完全解决排放问题,后处理装置开始出现,如重型商用车开始大批量使用选择性催化还原装置(SCR)。国四排放标准之后的国五排放标准、国六排放标准,都是在以前技术的基础上进行优化和组合。特别是国六排放标准的实施,进一步将高压喷射等缸内净化技术与多种后处理系统进行组合,开始应用小型化、混合动力、起停系统等,以满足市场的要求。

为了降低柴油车排放,不仅要进行柴油发动机的技术升级,还要从整车方面综合考虑,如:使用匹配合适的自动变速器,使发动机一直处于最优的工作范围内;优化车辆设计,从而降低车辆运动的空气阻力;以及再利用制动力回收等措施,来满足更新的排放标准要求等。

国内柴油发动机的技术发展主要追随欧洲的技术发展趋势。欧洲柴油发动机的技术升级路线,如图 7-1~图 7-4 所示。

国内主流的柴油发动机的技术升级路线有两条:一条是带废气再循环,一条是不带废气再循环,如图 7-5、图 7-6 所示。

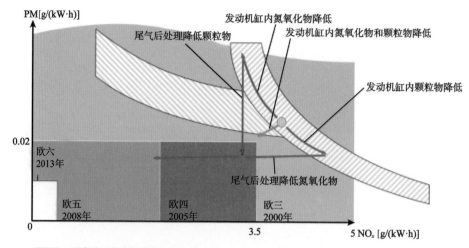

图 7-1　欧洲柴油发动机技术升级路线

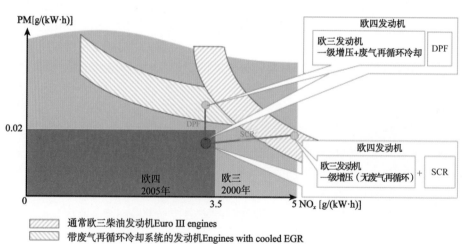

图 7-2　欧四柴油发动机技术升级路线

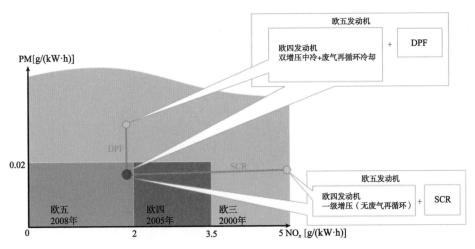

图 7-3　欧五柴油发动机技术升级路线

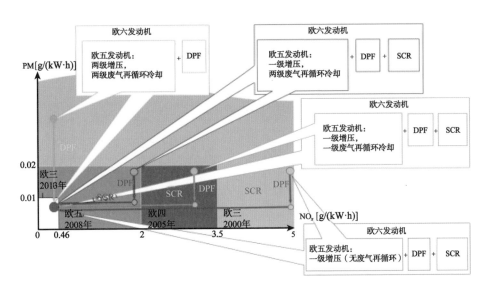

图 7-4　欧六柴油发动机技术升级路线

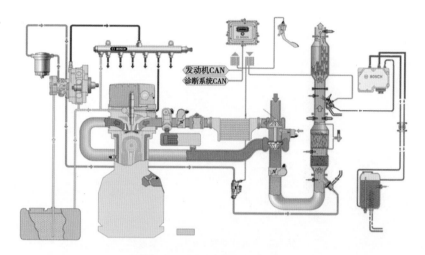

图 7-5　带废气再循环的国六路线

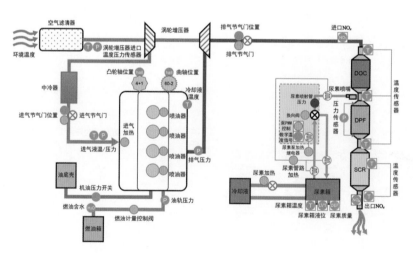

图 7-6　不带废气再循环的国六路线

传感器　智能传感器　执行器　智能执行器　控制阀

二、国六排放标准的基本要求

2016 年 12 月 23 日和 2018 年 6 月 22 日,生态环境部(原环境保护部)与国家市场监督管理总局(原国家质量监督检查检疫总局)分别联合发布了《轻型汽车污染物排放限值及测量方法(中国第六阶段)》(GB 18352.6—2016)和《重型柴油车污染物排放限值及测量方法(中国第六阶段)》(GB 17691—2018),并且设置了"国六 a"和"国六 b"两个排放限值方案。上述标准规定了柴油车及其发动机的型式检验、生产一致性检查、行车排放监督检查和在用汽车符合性检查。实施的时间见表 7-1。不同阶段的要求见表 7-2。

国六排放标准实施进程　　　　　　　　　　　　　　　　　表 7-1

标准阶段	车辆类型	实施时间
国六 a 阶段	燃气车辆	2019 年 7 月 1 日
	城市车辆	2020 年 7 月 1 日
	所有车辆	2021 年 7 月 1 日
国六 b 阶段	燃气车辆	2021 年 1 月 1 日
	所有车辆	2023 年 7 月 1 日

不同阶段的要求　　　　　　　　　　　　　　　　　　　　表 7-2

技术要求	国六 6a 阶段	国六 6b 阶段
PEMS[1]方法的 PN[2]要求(6.4.2 条)	无	有
远程排放管理车载终端数据发送要求(6.12.4 条)	无	有
高海拔排放要求(E.5 和 K.4 条)	1700m	2400m
PEMS 测试载荷范围(EA.3.1 和 K.8.3.1 条)	50%~100%	10%~100%

注:①PEMS 代表便携式车辆排放测试系统;
　　②PN 代表粒子数量。

柴油发动机型式试验项目较多,具体内容见表 7-3。

柴油发动机型式试验项目　　　　　　　　　　　　　　　　表 7-3

试验项目			柴油发动机
标准循环	稳态工况法(WHSC)	气态污染物	进行
		颗粒物(PM)粒子数量(PN)	
		CO_2 和油耗	

续上表

试验项目			柴油发动机
标准循环	瞬态工况法（WHTC）	气态污染物	进行
		颗粒物（PM）粒子数量（PN）	
		CO_2 和油耗	
非标准循环	发动机非标准循环（WNTE）	气态污染物	进行
		颗粒物（PM）	
整车车载法试验			进行
曲轴箱通风			进行
耐久性			进行
OBD			进行
NO_x 控制			进行

国六排放标准比国五排放标准严苛近50%,变更了污染物排放测试循环,采用世界统一的稳态工况法(WHSC)和瞬态工况法(WHTC)进行测试。这种测试循环更接近实际用车情况,可以对冷起动进行评估;更关注低速、低负荷,可以更好地实施对低温时后处理催化转换器的评估。重型柴油车的国六排放标准与国五排放标准相比,NO_x 下降77%,PM 下降67%,并且提出了对 PN 的考核要求,见表7-4。国六排放标准也被称为史上最严格的尾气排放标准。

发动机标准循环排放限值　　　　　　　　表 7-4

试验	CO [mg/(kW·h)]	THC [mg/(kW·h)]	NMHC [mg/(kW·h)]	CH_4 [mg/(kW·h)]	NO_x [mg/(kW·h)]	NH_3 ($\times 10^{-6}$)	PM [mg/(kW·h)]	PN [#/(kW·h)]
WHSC 工况（CI[①]）	1500	130	—		400	10	10	8.0×10^{11}
WHTC 工况（CI[①]）	4000	160	—		460	10	10	6.0×10^{11}
WHTC 工况（PI[②]）	4000	—	160	500	460	10	10	6.0×10^{11}

注:①CI=压燃式发动机;
　　②PI=点燃式发动机。

发动机非标准循环排放试验(WNTE),限值要求见表7-5。

发动机非标准循环排放限值　　　　表7-5

试　验	CO [mg/(kW·h)]	THC [mg/(kW·h)]	NO$_x$ [mg/(kW·h)]	PM [mg/(kW·h)]
WNTE 工况	2000	220	600	16

便携式排放测试系统(PEMS),限值要求见表7-6。

便携式排放测试限值　　　　表7-6

发动机类型	CO [mg/(kW·h)]	THC [mg/(kW·h)]	NO$_x$ [mg/(kW·h)]	PN[①] (#/kW·h)
压燃式	6000	—	690	$1.2×10^{12}$

注:①PN 测试从国六 6b 阶段开始实施。

国六排放标准提高了对污染物排放控制装置耐久性的要求,有效寿命期见表7-7。

污染物排放控制装置耐久性　　　　表7-7

分　类	有效寿命期[①]	
	行驶里程(km)	使用时间(年)
用于 M$_1$,N$_1$,M$_2$ 类车辆	200000	5
用于 N$_2$ 类车辆;最大设计总质量不超过 18t 的 N$_3$ 类车辆;M$_3$ 类中的Ⅰ级、Ⅱ级和 A 级车辆;以及最大设计总质量不超过 7.5t 的 M$_3$ 类中的 B 级车辆	300000	6
用于最大设计总质量超过 18t 的 N$_3$ 类车辆;M$_3$ 类中的Ⅲ级车辆;以及最大设计总质量超过 7.5t 的 M$_3$ 类中的 B 级车辆	700000	7

注:①有效寿命期中的行驶里程和使用时间,两者以先到者为准。

国六排放标准定义了排放质保零部件,包含发动机进气系统(含进气计量控制、废气再循环系统、曲轴箱通风系统)、燃油供给系统、后处理装置、电子控制单元及其传感器等,如图7-7所示。排放相关零部件最短质保期的规定,见表7-8。

图 7-7　排放质保零部件

排放相关零部件最短质保期^①

表 7-8

汽车分类	行驶里程(km)	使用时间(年)
M_1,M_2,N_1	80000	5
M_3,N_2,N_3	160000	5

注:①最短质保期中的行驶里程和使用时间,两者以先到者为准。

  2018 年 9 月 27 日,生态环境部和国家市场监督管理总局联合发布了《柴油车污染物排放限值及测量方法(自由加速法及加载减速法)》(GB 3847—2018),并决定于 2019 年 5 月 1 日实施。该标准规定了柴油车在用汽车检验、新车下线检验和注册登记检验项目,具体见表 7-9。

检 验 项 目

表 7-9

检 验 项 目	新车下线	进口车入境	注册登记^①	在用汽车^②
外观检验(含对污染控制装置的检查和环保信息随车清单核查)	进行	进行	进行	进行^②
车载诊断系统(OBD)检查	进行	进行	进行	进行^③
排气污染物检测	抽测^④	抽测^④	进行	进行^⑤

注:①符合免检规定的车辆,按照免检相关规定进行;
  ②查验污染控制装置是否完好;
  ③适用于装有 OBD 的车辆;
  ④混合动力汽车的排气污染物抽测应在最大燃料消耗模式下进行;
  ⑤变更登记、转移登记检验按有关规定进行。

  在用汽车和注册登记排放检验排放限值,见表 7-10。

在用汽车和注册登记排放检验排放限值

表 7-10

类别	自由加速法	加载减速法		林格曼黑度法
	光吸收系数(m^{-1})或不透光度(%)	光吸收系数(m^{-1})或不透光度(%)^①	氮氧化物($\times 10^{-6}$)^②	林格曼黑度(级)
限值 a	1.2(40)	1.2(40)	1500	1
限值 b	0.7(26)	0.7(26)	900	

注:①海拔高度高于 1500m 的地区,加载减速法可以按照每增加 1000m 增加 $0.25m^{-1}$ 幅度调整,总调整不得超过 $0.75m^{-1}$;
  ②2020 年 7 月 1 日前,限值 b 过渡限值为 1200×10^{-6}。

  2017 年 7 月 27 日,环境保护部发布了《在用柴油车排气污染物测量方法及技术要求(遥感检测法)》(HJ 845—2017),规定了装用压燃式发动机汽车采用遥感检测法测量排放限值,具体见表7-11。

装用压燃式发动机汽车采用遥感检测法测量排放限值　　　　表 7-11

指　标	不透光度(%)	林格曼黑度(级)	NO[①](体积浓度×10⁻⁶)
限值	30	1	1500

注:①NO 限值仅用于筛查高排放车。

在用汽车环保检验流程,如图7-8所示。

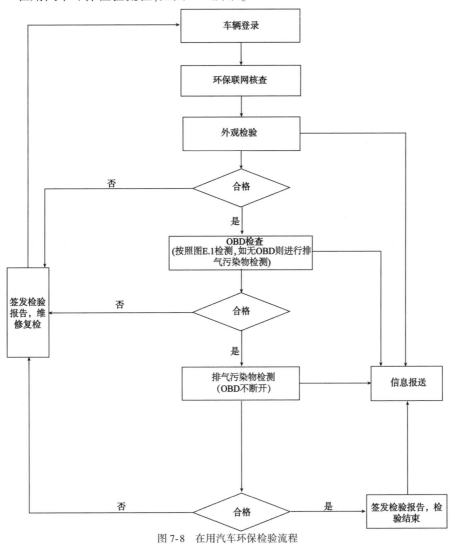

图 7-8　在用汽车环保检验流程

275

三、国六排放标准对柴油发动机排放污染诊断的要求

国六排放标准对车载诊断系统(OBD)的监测项目、阈值及监测条件等技术要求进行了修订,是全球首次将远程 OBD 监控应用到国家标准中。OBD 可实现排放限值监测、功能监测、严重功能性故障检测及部件检测,增加了两级驾驶性能限值系统,即初级驾驶性能限值系统(发动机性能限值,限制转矩 75%)和严重驾驶性能限值系统[有效限值车辆运行,限速 20km/h(跛行模式)]。

OBD 如果出现故障,可通过故障指示器点亮故障指示灯(MIL),并且存储故障码。如果在至少三个连续驾驶循环中(驾驶循环是指由发动机起动、运转和停机状态组成,也包含发动机从停机到下一次起动的过程),OBD 不再出现故障,则可以熄灭 MIL。OBD 限值见表 7-12。

柴油发动机 OBD 限值   表 7-12

污染物	NO_x	PM
限值[mg/(kW·h)]	1200	25

故障码分为永久故障码、待定的故障码和确定并激活的故障码。故障等级分为 A 类、B1 类、B2 类和 C 类。具体故障等级分类如图 7-9 所示。

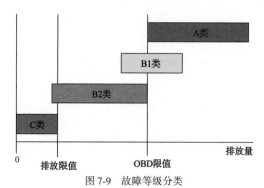

图 7-9 故障等级分类

确定并激活的 A 类故障(故障导致超 OBD 限值)记录为永久故障码。累计运行时间超过 200h,使连续 MIL 激活的未修复的 B1 类故障也记录为永久故障码。

永久故障码不能通过外部诊断工具清除,也不能通过车载电脑断电清除。包含永久故障码的控制模块,只有在被重新编程时,所有被检测部件和系统的准备就绪状态被设置为"未完成",方可清除永久故障码。OBD 在自身确认引发该永久故障码的故障已经不存在时,可立即清除永久故障码。

除永久故障码之外,已确认的故障码和相关信息,可以由外部诊断工具删除,而不能由 OBD 直接从电控单元中删除。只有当已确认的故障码,在历史激活状态下至少保存 40 个暖机循环[暖机循环是指发动机充分运转时,冷却液比起动时至少高 22℃,并且至少达到 71℃(对于柴油机,至少达到 60℃)]或发动机运行 2000h 内该故障不再被检测到,两者以先到者为准,则该历史激活故障码和相关信息可由 OBD 直接从电控单元中删除。

OBD 检测内容包含:电气/电子部件检测、燃油供给系统、进气计量、进气增压、可变气门正时、曲轴箱通风、废气再循环、冷却系统、氧化催化器(DOC)、颗粒捕集器(DPF)、选择性催化还原装置(SCR)、吸附式氮氧化物储存式催化转换器(NSC)等。

当 NO_x 控制系统检测到反应剂存量低、质量异常、消耗量低,或存在故障时,如果不及时纠正,会同时激活驾驶性能报警系统和视觉警报(如报警信息显示:尿素液位低、检测到错误尿素、尿素喷嘴失效)。该警报不应和 OBD 警报(MIL)或发动机维护警报相同。激活驾驶性能限值系统(即转矩限制和转速限制)的故障类型,设为排放后处理器 A 类故障,即所有定义为 A 类的故障均需进行转矩限制和转速限制。驾驶性能报警系统和限值系统的激活见表 7-13。

驾驶性能报警和限值系统的激活 表 7-13

项　　目	MIL 激活(亮灯)	限矩条件	限矩比例	限速条件	限速
尿素液位	液位不足 10%	液位不足 2.5%	75%	液位空,立即激活	20km/h
尿素喷嘴动作中断	故障确认,立即激活	10h 内	75%	20h 内	20km/h
反应剂质量差	故障确认,立即激活	10h 内	75%	20h 内	20km/h
反应剂消耗率<20%	疑似故障,立即激活	10h 内	75%	20h 内	20km/h
EGR 阀卡滞	故障确认,立即激活	36h 内	75%	100h 内	20km/h
监测系统/排放后处理 A 类故障	故障确认,立即激活	36h 内	75%	100h 内	20km/h

国六排放标准对柴油发动机排放污染的监控非常严格,当出现故障,尤其是出现对排放有影响的故障时,车辆本身有各种警报灯、故障码和冻结帧灯,便于车辆的故障诊断。

第二节 柴油发动机排放污染诊断基本思路和方法

柴油发动机为压燃式发动机,且因为柴油燃点较低,不需要点火系统。通过进气行程活塞下行吸入的空气,在压缩行程活塞上行被加压升温,活塞压缩上止点前,柴油被高压喷射到燃烧室,与高温压缩空气进行混合并燃烧。在燃烧室内,柴油与空气的混合是非均匀的,各处柴油油雾浓度不同。过量空气系数(过量空气系数是指实际燃烧与理论完全燃烧所用空气的质量之比)为 0.3~1.5 的区域,会先行发生着火燃烧(图 7-10)。

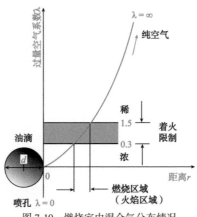

图 7-10　燃烧室内混合气分布情况

柴油在燃烧室内同时完成燃烧、蒸发及与空气混合,燃烧是非均值的,即部分区域是富氧燃烧,部分区域是缺氧燃烧。柴油发动机缸内燃烧后产生的 PM 远多于汽油发动机,主要由柴油中碳的不完全燃烧产生;通常形成黑色的炭烟,主要成分是一些细小的炭颗粒并吸附了一些有害的其他物质;容易对环境造成严重污染。

为了让这些炭颗粒尽可能地燃烧完全,柴油发动机多处于"稀"燃烧状态,即让柴油机多进气,依靠高温和充足的氧气尽可能地燃烧掉柴油中的碳成分。但是,高温富氧燃烧又不可避免地会产生大量的氮氧化物。所以,柴油发动机缸内净化,控制排放污染物,需要处于一种相对平衡的状态,如图 7-11 所示。

1.做好基本检查和读懂机动车排放检验机构(Ⅰ站)检测报告

基本检查包括整车外观检查;机油液位是否合适、冷却液位是否正常、SCR 尿素液位是否正常,进排气管有无泄漏,曲轴箱强制通风系统是否正常,空气滤清器是否堵塞,OBD 故障灯是否点亮、有无故障代码、OBD 是否处于就绪状态,DPF 再生指示灯是否点亮,发动机是否抖动、有无限速限矩等激活驾驶性能限制,有无烧机油或严重冒黑烟现象,排气检测中颗粒物和氮氧化物排放指标等检查。

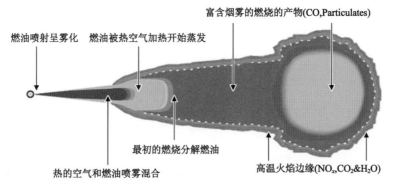

图 7-11 柴油在燃烧室内的燃烧情况

2. 重视发动机系统故障码和数据流的分析

车载诊断系统(OBD)是车辆排放监测的有效手段,即借助汽车故障电脑诊断仪,如博世 KT 系列诊断仪,读取发动机系统有无影响发动机排放的故障码,优先排查与故障码对应的疑似故障点。采集与分析相关数据流,如发动机转速、节气门开度、冷却液温度、实际轨压、理论轨压、轨压偏差、进气压力、进气温度、进气流量、废气再循环率等数据。

3. 重点排查发动机后处理系统

不同的柴油车车型,其后处理系统的配置有所不同,主流的商用车车型,采用 DOC+DPF+SCR+ASC 装置,部分轻型车,如高端皮卡、MPV 等,采用 NSC+DPF+SCR+ASC 装置,对尾气进行进一步的净化。

有些车型后处理系统的控制与发动机 ECU 集成为一体,监测由 OBD 进行,可直接读取后处理系统的监测数据。通过读取和分析 OBD 的监测数据,辅助一些检测设备和工具,可检测诊断后处理系统的故障。

有些车型后处理系统自带 ECU,且监测结果与 OBD 共享,但获取的数据比较简单。对后处理系统的检测诊断,可以借助专用的汽车故障电脑诊断仪,读取有无故障码,优先排查故障码相关的部件;读取如排气温度传感器、压差传感器、NO_x 传感器等数据,分析排放合理性等。

图 7-12 是通过一个故障灯亮引出的诊断思路和方法。

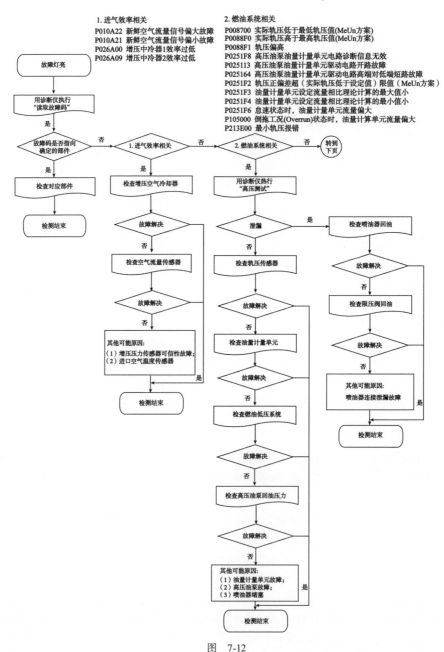

图 7-12

3. EGR相关
P04019B 新鲜空气进气量过大
P04029C 新鲜空气进气量过小
P04019C EGR阀开度正偏差过大
P04029B EGR阀开度负偏差过大
P040173 EGR阀卡在关闭状态
P040272 EGR阀卡在开启状态
P245792 EGR冷却器冷却效率过低

4. 排气相关
P042200 氧化催化器(DOC)效率过低
P24C285 排气温度偏差高于上限值（排温偏低）
P24C284 排气温度偏差低于下限值（排温偏高）
P24C252 排气温度外部控制循环反应时间过长故障

5. 冷起动相关
P100564 系统冷起动时温度传感器可信性故障

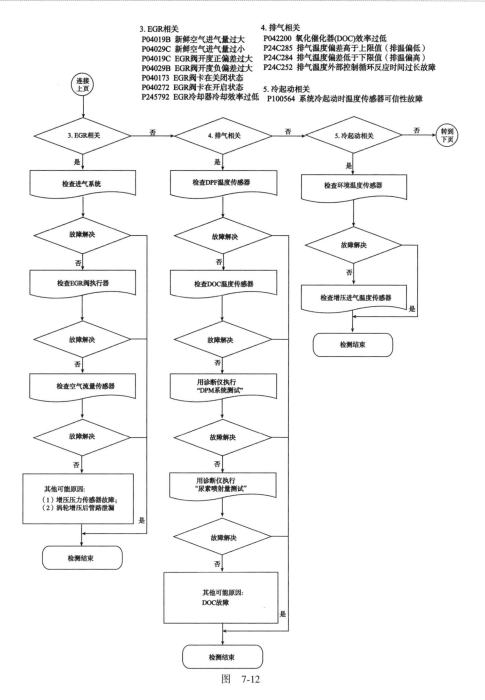

图 7-12

6. DPF相关
P20CBxx HCl（碳氢喷射）系统合理性相关
P20D713 HCl（碳氢喷射）系统最后一次自清洁或再生所用时间丢失
P20D704 DPM上游静态泄漏测试压力泄漏小于标定限值
P20DDxx DPM上下游压力相关
P24AEF8 DPM喷射系统喷射压差低于标定限值
P24AExx 颗粒传感器(PM sensor)相关

7. 加速/制动相关
P012064 加速踏板和制动踏板信号不合理故障

8. 排气温度相关
P06F000 SCR上游温度传感器错误，禁止SCR系统喷射
P141164 排气温度信号在低温下不可信

9. 增压压力相关
P226385 增压压力调节控制器偏差高于上限（正偏差过大）
P226384 增压压力调节控制器偏差低于下限（负偏差过大）

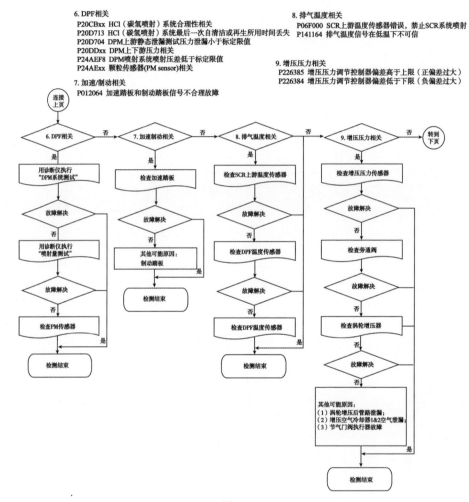

图 7-12

10. 尿素温度、液位、质量相关

P203B52 尿素箱温度传感器不可信故障
P203F00 尿素箱液位过低故障
P203FF3 尿素液位低至激活驾驶员诱导系统限值
P203FF4 尿素箱液位警告
P20431C 尿素箱温度过高故障
P207FF0 尿素质量绝对偏差故障
P207FF1 尿素质量相对偏差故障
P20F400 尿素箱液位传感器故障（测量值偏低）

11. 尿素管路相关

P05F800 SCR系统加热部件发生故障而引起的SCR系统停机
P20A0F0 SCR系统尿素回流管堵塞故障
P20A013 尿素供给单元反向阀低端驱动电路开路或短地故障
P20A012 尿素供给单元反向阀低端驱动电路对电源短路故障
P20A011 尿素供给单元反向阀低端驱动电路对地短路故障
P20FF00 SCR系统在标定时间内没有完成喷射
P305400 SCR系统压力波动过大故障

12. 尿素喷射单元相关

P20E985 SCR系统压力过高故障
P20FE84 SCR系统喷射时压力过高故障
P20FE85 SCR系统喷射时压力过低故障
P3000F1 尿素泵在不喷射时泄漏

13. 排放超标相关

P2BAEF0 发动机氮氧排放超5.0g/(kW·h)故障

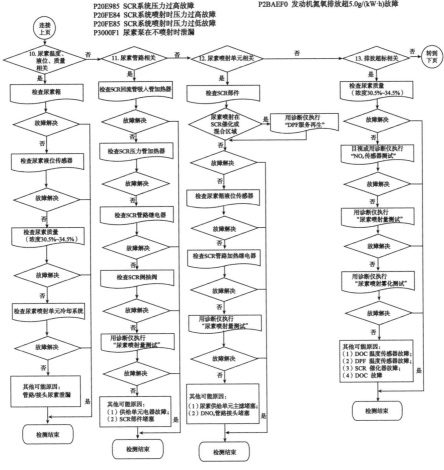

图　7-12

14. 发动机超速
P021900 发动机超速指示
P050785 高低怠速调节激活时，发动机转速超上限
P052400 机油压力过低
P100800 喷油切断请求指示

15. NOₓ传感器相关
P2201F5 上游NOₓ传感器供电电压不合理故障
P2201F6 下游NOₓ传感器供电电压不合理故障
P220185 上游NOₓ传感器合理性检查故障（NOₓ值偏大）
P220184 上游NOₓ传感器合理性检查故障（NOₓ值偏小）

16. DPF压差
P242FF0 DPF吸附颗粒过载，防止DPF烧毁，发动机强制限矩 指示
P243C00 DPF再生频率超限
P244B00 DPF两端压差过大
P246385 DPF吸附颗粒过载，亮DPF灯
P246C00 DPF两端压差过大导致的发动机保护

17. 转速超下限
P050684 高低怠速调节激活时，发动机转速超下限

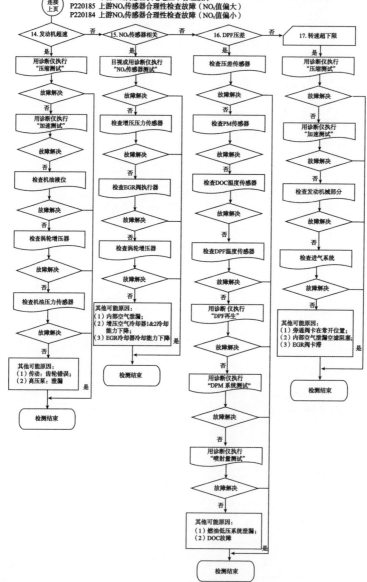

图 7-12　诊断思路和方法

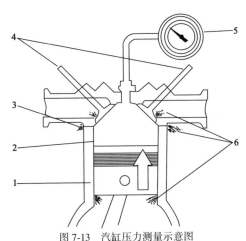

第三节　发动机机械故障诊断

发动机机械部分是发动机正常工作的基础。机械故障会造成发动机无法正常工作,同时会严重影响污染物的排放控制。

一、汽缸压力故障

通过检测各汽缸的压力,可以了解汽缸、活塞、活塞环、气门、气门座、汽缸垫的损坏情况以及各汽缸之间的压力差别(图7-13),这是判断发动机机械工作性能的重要手段。

图 7-13　汽缸压力测量示意图

1-活塞;2-燃烧室;3-汽缸垫;4-气门;5-压力表;6-可能的漏气部位

测量时,需要使用汽缸压力测量装置。

(一)故障现象

(1)汽缸压力不足,会导致发动机起动困难、动力不足、油耗增加,也会导致尾气尤其是炭烟排放超标等故障。若个别汽缸压力不足,会导致发动机运转不稳定。

(2)汽缸压力过大,会导致发动机机械负荷增大、机械磨损加快、噪声上升、使用寿命缩短等。

（二）原因分析

1.汽缸压力不足原因分析

汽缸压力不足的直接影响因素有燃烧室压缩终点容积变大、汽缸密封性变差以及进气量减少等。具体原因有：

（1）曲轴-连杆-活塞机构中相互连接的运动件的早期磨损，导致相互之间的间隙增大；连杆弯曲变形；更换的汽缸垫过厚等。

（2）气门关闭不严，活塞环磨损，汽缸垫烧损等。

（3）空气滤芯堵塞导致进气阻力大。

2.汽缸压力过大原因分析

汽缸压力过大可能是由汽缸垫厚度太薄导致燃烧室容积过小造成的。该故障的出现概率不大。

（三）故障诊断

首先要使用汽缸压力测量装置进行测量。对于安装了预热塞的小型柴油发动机，可以先拆除预热塞，通过预热塞安装孔安装缸压测量适配器，再连接测量表具。对于中大型柴油发动机，可以先拆除喷油器，通过喷油器安装孔安装缸压测量适配器，再连接测量表具。通过切断喷油器驱动信号的方式（为了避免对发动机控制单元 ECU 的干扰，可以将发动机上喷油器供电外接到其他单独的喷油器上或者喷油器模拟盒上），启动电动机，让发动机运转而不起动发动机，记录表具的读数。分别测出各缸的压力并与状态良好的同型发动机作比对。若判断是汽缸压力的问题，需要进一步拆检，排查问题的根源。

二、机油故障

机油是保证发动机润滑系统正常工作的载体，是保障发动机运动件正常工作的基础。机油消耗过大，一方面会导致维修频次上升，增大尾气的排放，另一方面可能会严重威胁发动机的正常工作。

（一）故障现象

机油异常损耗，尾气排放超标，后处理装置经常堵塞，严重的可能会导致发动机运动件异常磨损或损坏。

（二）原因分析

机油消耗过大可能有以下几种原因：机油泄漏；机油从油底壳中进入燃烧室（因为机油加注过多、活塞环磨损等）；机油从进气道中进入燃烧室（涡轮增压器漏油进入进排气道、气门油封损坏、曲轴箱强制通风系统故障等）。

（三）故障诊断

首先询问驾驶员，了解车辆维护时机油的实际加注和消耗情况。必要时通过称重法测量车辆机油实际消耗。当确认机油消耗过大时，进行下列检查：
（1）检查车辆是否有机油泄漏的情况。
（2）检查目前油底壳机油油液的高度。
（3）拆解检查涡轮增压器进出口气道，看是否有机油泄漏进入气道。
（4）拆解检查曲轴箱通风进入进气管路部分，看是否有机油泄漏进入气道。
（5）必要时进行发动机大修，着重检查缸套与活塞的间隙、活塞环与活塞环槽的配合间隙、油环本身以及进排气门油封等情况。

三、曲轴箱强制通风系统故障

曲轴箱强制通风系统可对曲轴箱燃烧窜气含油气体进行油气分离，使得机油再次回流到油底壳，气体再次回流进入进气歧管，而不直接排放到大气中。燃烧窜气含油气体进入曲轴箱强制通风系统，通过精密机油漩涡分离器多次改变气流方向和大颗粒机油撞击挡板进行分离，气体向上流经垂直的通道，流速降低，在重力作用下进一步分离机油，剩余较轻的气体流经压力调节阀，进入进气歧管。曲轴箱强制通风系统的主要作用是减少发动机的碳氢排放，通过集成的压力调节阀，还可防止过大的气压施加到曲轴箱，避免轴封损坏。曲轴箱通风装置结构及工作原理如图7-14所示。

（一）故障现象

曲轴箱强制通风系统有故障，会导致曲轴箱废气正压太大或有真空。通过插拔机油尺，可以感觉出曲轴箱的气压异常。

（二）原因分析

曲轴箱强制通风系统可能因下排气较多导致压力控制阀堵塞、卡滞等，进而导致压力调节失效。

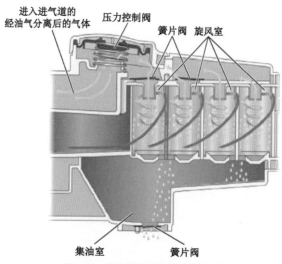

进入进气道的
经油气分离后的气体　　压力控制阀　　簧片阀　旋风室

集油室　　　　　簧片阀

图 7-14　曲轴箱通风装置结构及工作原理

（三）故障诊断

柴油发动机中曲轴箱强制通风系统大部分都是机械构造。可以通过从油标尺部位实车测量曲轴箱内压力，来判断曲轴箱通风的压力控制阀状况；可以通过拆开曲轴箱通风排气软管，来实车测量曲轴箱通风油气分离的实际情况；可以通过拆检曲轴箱强制通风系统压力控制阀，检查其清洁度，判断是否有因卡滞而导致的无法开启和关闭。若清洁度有问题，再看其根源，是否因为下排气太多造成故障，必要时可大修发动机。

四、发动机缸内制动故障

（一）发动机缸内制动

发动机缸内制动就是将产生动能的柴油发动机转变为吸收动能的类似于空气压缩机的装置，其主要在重载连续下长坡时辅助制动使用。

如图 7-15 所示，缸内制动作用时，发动机燃油喷射系统不喷油，而是利用车辆的运动惯量，带动活塞不断上下运动，压缩、输送空气。在压缩行程与做功行程中间增加一个排气阀的打开动作。在压缩行程后期，缸压接近最大时，释放压缩后的气体，在做功行程活塞下行时，汽缸内真空阻滞活塞下行，从而消耗车辆的动能产生制动效果。

缸内制动可以减轻车轮制动器的负担,避免制动器热失效,延长其工作寿命,从而大大提高车辆的制动效果。

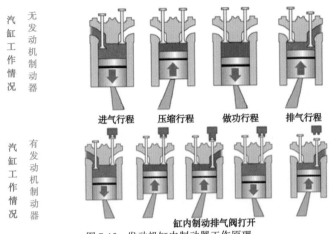

图 7-15　发动机缸内制动器工作原理

缸内制动排气阀的电控液压驱动方式,如图 7-16 所示。

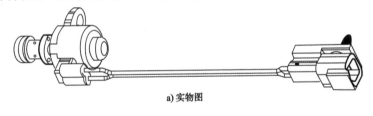

a) 实物图

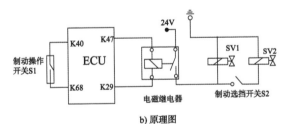

b) 原理图

图 7-16　发动机缸内制动排气阀的电控液压驱动

当发动机工作工况同时满足以下条件时,缸内制动功能开启:

(1)发动机缸内制动开关打开,并选择正确的发动机缸内制动挡位;

(2)变速器挡位处于非空挡位置;

(3)加速踏板处于零位;

（4）离合器必须处于啮合状态；

（5）发动机机油温度>85℃；

（6）发动机转速>900r/min。

当驾驶员踩踏离合器踏板或加速踏板时,发动机缸内制动立即解除。

发动机缸内制动工作时,仪表板上发动机缸内制动指示灯点亮。发动机转速在1800~2200r/min时,发动机缸内制动效果最佳。建议在使用发动机缸内制动时,应根据坡度和车速选择相应变速器挡位及发动机缸内制动挡位,必要时应使用驻车制动,使发动机转速尽量控制在1800~2200r/min,以发挥发动机缸内制动的最大效能。发动机缸内制动器在工作时,喷油器不喷油,不必考虑经济运行区域的问题。发动机转速低于1500r/min时,发动机缸内制动功率小,效果不明显,不建议使用。发动机缸内制动不能用于替代行车制动来紧急制动,也不能用于替代驻车制动。

（二）故障现象

制动功率不足、亮灯或报码。

（三）原因分析

电路、油路和气路问题。

（四）故障诊断

若发动机缸内制动功率不足,可以按照图7-17所示进行排查。

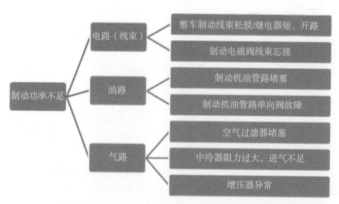

图7-17　发动机缸内制动功率不足故障诊断与排查

此外,还要关注缸内制动排气门间隙的检查与调整,如图 7-18 所示,停机检测气门间隙及制动器间隙是否在合格范围内。具体调整方法见相应的产品维修服务手册。

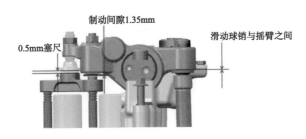

图 7-18　发动机缸内排气制动间隙调整

第四节　燃油供给系统故障诊断

燃油供给系统随着技术的发展,从机械泵系统、机械泵电控(喷油位置电控)、分配泵喷油时间电控(VP29/30/VP44)、电控泵喷嘴和单体泵系统喷油时间电控(UI/UP)到喷油压力和喷油时间都电控的共轨系统(Common Rail Systems,CRS),喷油控制的精确度越来越好,更能满足燃油经济性、舒适性和排放的要求。

柴油供给系统是柴油发动机控制的核心。柴油发动机为降低排放,经历了控制喷油量、控制喷油量和喷油时刻、引入增压器控制进气量、利用废气再循环调节进气氧含量、对柴油发动机尾气进行后处理。

本节以市场上主流的博世共轨系统为例来介绍燃油供给系统故障诊断。

一、燃油共轨系统简介

燃油共轨系统通过高压油轨来分别控制燃油加压和喷射。其根据不同工况,可灵活控制油轨压力、喷油器喷油正时和喷油量,从而可实现低速高喷射压力,达到低速高转矩、低排放以及优化燃油经济性的目的。

共轨系统按系统组成可分为燃油油路系统和电子控制系统两部分。柴油发动机共轨系统布置如图 7-19 所示。

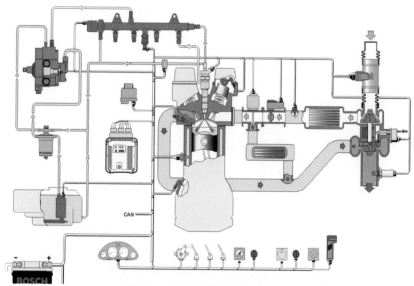

图 7-19　柴油发动机共轨系统布置

燃油油路系统又可分为低压油路系统和高压油路系统,组成如图 7-20 所示。

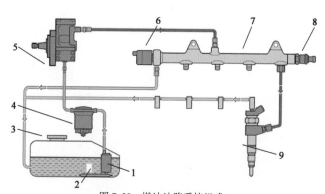

图 7-20　燃油油路系统组成

1-输油泵;2-粗滤;3-油箱;4-精滤;5-共轨泵;6-压力限制阀;7-共轨;8-轨压传感器;9-共轨喷油器

　　低压油路系统由油箱、输油泵、燃油滤清器、低压进回油管等组成。高压油路系统由高压泵、油轨总成、喷油器和高压管路组成。

　　电子控制系统包括燃油喷射系统控制、进排气系统控制、冷却系统控制和排气后处理系统控制。本节主要介绍燃油喷射系统控制,其最终目标是实现轨压控制和喷油控制。

共轨系统按最重要的轨压控制型式，可分为单点式压力控制阀控制型、单点式燃油计量单元控制型和双点式燃油计量单元和压力控制阀控制型。博世三种轨压控制方式如图 7-21 所示。

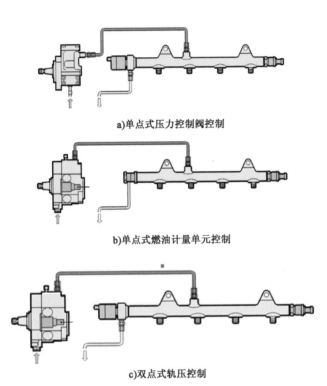

a)单点式压力控制阀控制

b)单点式燃油计量单元控制

c)双点式轨压控制

图 7-21　博世三种轨压控制方式

1997 年，博世推出的第一代共轨系统，采用的是压力控制阀控制轨压，即：采用径向分布的三柱塞柴油润滑型高压泵 CP1。压力控制阀有两种布置方式：一种集成于 CP1 泵上，称为标准型 CP1S 型油泵；另一种集成于油轨上，该型高压泵结构紧凑，称为 CP1K 型油泵。这种轨压控制方式也叫高压端控制型，高压泵满负荷给燃油进行加压，通过压力控制阀控制高压燃油的泄漏量，进而控制轨压。

2001 年，博世推出了第二代共轨系统，采用的是低压端控制型，即通过调节燃油计量单元的开度，来调节进入高压泵进行加压的燃油量，进而调节轨压。这种轨压控制方式效率高，减少了大量燃油经过加压后回油而导致的油箱温度升高和能量浪费的问题。目前主流的在用商用车都是采用这种轨压控制方式。

2003年,博世推出压电式共轨喷油器,但因其回油量非常小,仅采用燃油计量单元控制轨压,在进行轨压调节时遇到了问题,又推出了第三代共轨系统,采用了双点式轨压控制方式,即:采用燃油计量单元和压力控制阀进行组合式控制,很好地解决了装备压电式共轨喷油器系统中轨压的控制问题。随着国六排放标准的推出,轨压控制的响应速度被要求提升,很多商用车厂家也采用了这种方式。通过燃油计量单元进行低压端控制,通过压力控制阀进行高压端控制,适应低回油量的商用车喷油器发展趋势,使得系统轨压控制效率高并且响应迅速。

对于所有厂家,轨压的控制原理基本都可归入上述三类。但是,有的生产厂家进行了部分革新。如:大陆VDO共轨系统,对于双点式控制型,既有共轨泵带进油开度控制阀(VCV)+轨上带压力控制阀(PCV)型,又有共轨泵同时带VCV和PCV型;对于单点式控制型,有共轨泵带VCV并集成了压力限制阀(PLV)型。图7-22所示为大陆VDO三种轨压控制方式。

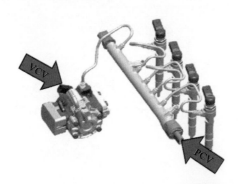

a)共轨泵带VCV+轨上带PCV型双点式控制

b)共轨泵同时带VCV和PCV型双点式控制　　c)共轨泵带VCV并集成PLV型单点式控制

图7-22　大陆VDO三种轨压控制方式

共轨系统的喷油控制以电磁阀式共轨喷油器为例,通过发动机控制单元给到共轨喷油器控制信号,如电流波形。在电磁阀中产生电磁力。电枢在电磁力的作用下,克服电磁阀弹簧力移动,产生电枢升程。电枢下方阀帽上的球阀打开,阀帽与阀杆之间的控制腔的燃油,通过阀帽上的回油节流孔回到油箱,部分燃油通过阀帽侧面的进油节流孔进入控制腔。因回油节流孔比进油节流孔大,控制腔的燃油压力下降。而喷油器油嘴针阀承压面部位的燃油,与共轨内燃油通过高压油管连通,中间没有节流,压力只有些许的波动,几乎与轨压一致。油嘴针阀与阀杆共同在液压力的作用下,克服油嘴弹簧力发生移动,产生针阀升程。油嘴喷孔打开,燃油喷射开始。

当喷油器控制信号切断后,电磁阀中电磁力消失,电枢在电磁阀弹簧力的作用下落座,将球阀关闭。回油停止,控制腔内进油继续,直到等同于油轨压力。油嘴轴针与阀杆共同在液压力的作用下,外加油嘴弹簧力,使得油嘴针阀关闭,油嘴喷孔关闭,燃油喷射停止。

喷油控制取决于发动机控制单元的控制波形和喷油器结构,决定了喷油时刻、喷油速率和喷油量。共轨喷油器控制工作原理如图 7-23 所示。

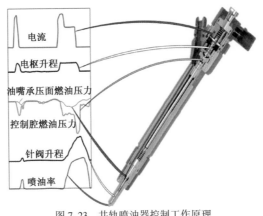

图 7-23 共轨喷油器控制工作原理

二、燃油供给系统故障

(一)低压油路故障

1.低压油路

低压油路的主要作用是为高压泵提供足量清洁的燃油,并把从高压泵、油轨以及喷油器的回油再流回燃油箱。低压油路要保证：①向共轨泵的供油足量；②供油过滤清洁；③回油通畅。

2.诊断检测

低压油路若发生故障,可以参照博世 ESI[tronic]2.0 中的维修指导手册进行一步步排查。标准检测流程中,低压油路检测连接如图 7-24 所示。

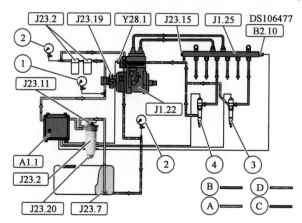

1	工具压力表−1～5bar
2	压力表 16 bar
3	具有单个喷油器回油接头的部件< ≡ *喷油器* >
4	部件< ≡ *喷油器* >通过部件< ≡ *汽缸* >中的回流管与集中回流口相连
A	吸入侧
A1.1	≡ 发动机控制单元
B	燃油低压
B2.10	≡ 共轨压力传感器
C	高压燃油
D	燃油回流口
J1.22	≡ 高压泵
J1.25	≡ 轨道
J23.2	≡ 燃油滤清器
J23.11	≡ 燃油手动泵
J23.15	≡ 蓄压管限压阀
J23.19	≡ 齿轮泵
J23.20	≡ 脱水器
J23.7	≡ 燃油预过滤器
Y28.1	≡ 燃油计量单位

图 7-24 低压油路检测连接

（1）齿轮泵的排查，如图7-25所示。

检查部件 < ☰ *齿轮泵* > 的吸力：

在部件 < ☰ *发动机控制单元* > 与部件 < ☰ *齿轮泵* > 之间检查吸入侧（A）上的压力。

使用工具0 986 613 119（检测压力管）。

使用工具0 986 613 103（压力表–1～5bar）。

发动机正在运转时的额定值：

测量（手动输入）	
实际值	--- mbar
额定值	–700 mbar～–300 mbar

图7-25　齿轮泵的排查

（2）燃油滤清器的排查，如图7-26所示。

检查部件 ☰ *J23.2 燃油滤清器* 和部件 ☰ *J1.22 高压泵* 之间的供油压力 (B)：

使用工具0 986 613 102（压力表 16bar）。

发动机正在运转时的额定值：

测量（手动输入）	
实际值	--- mbar
额定值	4 800 mbar～5 200 mbar

图7-26　燃油滤清器的排查

（3）回油管路通畅情况的排查，如图7-27所示。

检查回油压力：

检查部件 ☰ *J1.22 高压泵* 和部件 ☰ *J23.4 燃油箱* 之间的回油压力（D）。

使用工具0 986 613 119（检测压力管）。

使用工具0 986 613 102（压力表 16bar）。

发动机正在运转时的额定值：

<= 120 kPa。

图7-27　回油压力的排查

排查中所需工具为柴油套件1(表3-3)。

此外，还要检查低压油路是否有管路弯折、受压，检查管接头、安装面是否有泄漏，确保燃油油水分离器可通过放水旋钮排除游离水，如图7-28所示。

图 7-28　燃油油水分离器和燃油滤清器

对于装备齿轮泵型的输油泵,若低压油路进入空气,则车辆无法起动或起动困难。需要使用柴油套件 2(表 3-3)来对低压油路排空空气。

排查方式原理如图 7-29 所示。将柴油套件 2连接到高压泵回油接头处,用力往外抽吸,空气随着燃油从图 7-29 中品红虚线排气通道排出。

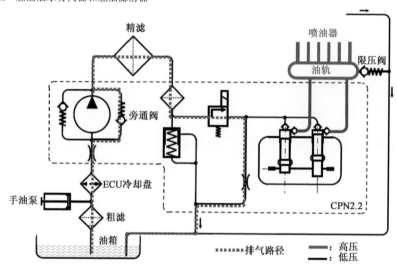

图 7-29　低压油路排空空气的路径

(二)高压油路故障

1.高压油路

高压油路的主要作用是轨压建立、燃油储存与分配、燃油喷射。高压组件中核心部件是共轨高压泵、共轨总成和共轨喷油器,如图 7-30 和图 7-31 所示。

共轨高压泵的主要作用是高压建立。博世的高压泵型式有 CP1、CP1H、CP2、CPN2、CP3、CP4、CPN5、CB08/18/28、CB4、CB6 等类型。

共轨高压泵有柴油或机油润滑类型,有三柱塞或两柱塞的结构,有偏心多角环和直列泵凸轮轴驱动型结构。共轨高压泵上常带有附件,如燃油计量单元(VCV),压力控制阀(PCV),压力限制阀(PLV),燃油温度传感器,齿轮泵、溢流阀(ÜV)/阶跃回油阀(KÜV)等。

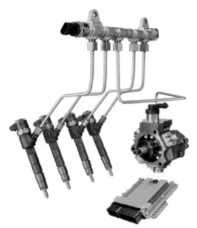

图 7-30　博世轻型车共轨系统高压组件　　　　图 7-31　博世重型车共轨系统高压组件

　　共轨有焊接轨和锻造轨之分。共轨总成包含轨压传感器(RDS)、轨压控制阀(PCV)或压力限制阀(PLV),如图 7-32~图 7-35 所示。

图 7-32　焊接轨带 RDS 和 PLV

图 7-33　锻造轨带 RDS

图 7-34　锻造轨带 RDS 和 PLV

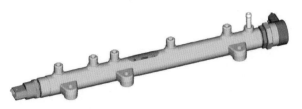

图 7-35　锻造轨带 RDS 和 PCV

2.共轨高压泵和共轨总成诊断检测

高压油路中与共轨高压泵和共轨总成相关的故障主要有:因轨压建立和轨压信号偏差问题而导致的车辆无法起动、油耗高或冒黑烟等问题。

(1)因轨压建立问题而导致车辆无法起动。

①先做基础检查,如柴油箱是否有燃油、电动机是否运转、电动机转速是否足够;

②使用博世 KT 系列诊断仪读取轨压实际值,是否达到起动目标轨压要求;

③如果油轨上安装限压阀,起动时,目检限压阀处回油管内是否有回油。

除此之外,还可以使用博世柴油套件 3.1(表 3-3),对共轨高压泵的压力建立进行测量,如图 7-36 所示。

图 7-36　高压泵建压能力检查
1-压力显示仪;2-带压力传感器的测试单元;
3-连接适配器

停机状态下等待最少 30s 之后,拆卸高压泵与油轨之间的高压油管,使用博世柴油套件 3.1 中的连接适配器连接高压泵高压出油口到测试单元。启动电动机观察轨压的建立状况,起动时要求大于 250bar。注意电动机运转时间不超过 15s。

若测量结果显示高压泵轨压建立有问题,则检查高压泵,如齿轮泵吸力问题、溢流阀卡滞问题、燃油计量单元问题或者低压油路相关问题等。

(2)因轨压信号偏差导致车辆油耗高或冒黑烟。

使用博世柴油套件 3.1 对轨压传感器的信号偏差做对比测量,如图 7-37 所示。

测量可以有两种方式,一种是在发动机缺一缸工作状态下进行测量,另一种是在发动机所有缸都工作的状态下进行测量。首先,将博世 KT 系列诊断仪和博世柴油套件 3.1 同发动机连接好(拆卸一缸喷油器与油轨之间的高压连接管);起动发动机并踩踏加速踏板,读取诊断仪上轨压实际值,与压力显示仪的读数进行比对。怠速状态下,诊断仪上数据流如图 7-38 所示。其中,图 7-38a)是轨压相关数据流入口,图 7-38b)是数据流参数。

图 7-37　发动机缺一缸工作以及发动机所有缸都工作状态下的轨压对比测试

1-带压力传感器的测量模块;2-压力显示仪;3-适配器

a)

b)

图 7-38　诊断仪上数据流

轨压<1000bar 时,允许压力值偏差为最大 70bar(7MPa);轨压在 1000～2000bar 时,允许压力值偏差为最大 100bar(10MPa)。如果超出最大偏差,发动机上的轨压传感器必须更换。

轨压控制对于共轨系统来说非常重要,发动机管理系统用于监控轨压控制。发动机工作时,轨压实际值与轨压目标值必须在合理范围内,轨压控制的关键,即执行器燃油计量单元和压力控制阀的信号,也必须在合理范围内,否则会报轨压偏差相关故障。

排查主要侧重于油路系统。此外,要关注因燃油脏污导致燃油计量单元和压力控制阀的控制与响应出现问题。在实车故障排查中,燃油计量单元的更换频率非常高。

3. 共轨喷油器诊断检测

高压油路中另一核心部件是共轨喷油器。它是发动机的核心,主要作用是喷油。与喷油相关的喷油量、喷油时刻、喷油速率,以及喷油在燃烧室内的油束方向、贯穿距离、雾化程度等决定性地影响着发动机的燃油经济性、动力性、舒适性和排放水平。

共轨喷油器可以分为电磁阀式共轨喷油器和压电式共轨喷油器。压电式共轨喷油器响应速度更快,主要用于高端柴油轿车。共轨喷油器的发展方向是工作轨压更高,目前国内已经达到 2000bar,国外已经达到 2500bar 甚至 2700bar;回油量更小(低回油,降低能量损失,提高效率);响应速度更快(更好燃烧,更低排放)。共轨喷油器的进油方式有外进油和内进油,回油方式也有外回油和内回油,如图 7-39 所示。

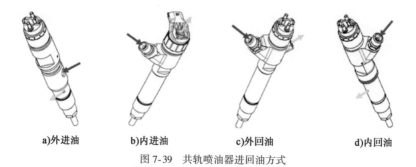

a)外进油　　　　b)内进油　　　　c)外回油　　　　d)内回油

图 7-39　共轨喷油器进回油方式

共轨喷油器相关的故障主要有:发动机控制单元触发信号问题、安装问题(进油连接故障);喷油器本身故障导致发动机无法起动、噪声大、抖动、油耗高和排放超标等问题。

（1）共轨喷油器的发动机控制单元触发信号故障。

共轨喷油器控制信号的电流波形测量可以判断发动机控制单元以及共轨喷油器控制线路的问题。

测量时，首先通过博世 ESI［tronic］2.0 找到相关系统的电路图，如图 7-40 所示。

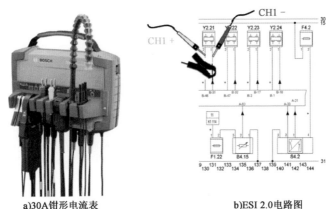

a)30A钳形电流表   b)ESI 2.0电路图

图 7-40 共轨喷油器信号测量用电路图

实际测量连接如图 7-41 所示。

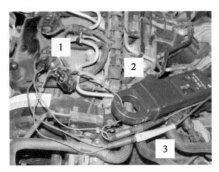

图 7-41 喷油器信号测量连接

1-喷油器和连接线束插头；2-连接电流钳；3-电压测量通道 CH1

实际测量信号如图 7-42 所示。

测得的共轨喷油器触发信号与完好发动机相同工况下的触发信号做对比，若一致，则消除存在这方面故障的可能性。

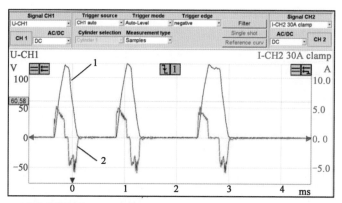

压电式喷嘴-驱动

图 7-42　共轨喷油器触发信号

1-喷油器电压信号;2-喷油器电流信号

（2）共轨喷油器安装故障。

共轨喷油器安装需要遵循特定的规范流程，否则可能导致漏油、喷油器烧结、柴油与机油之间的混合、喷油器在燃烧室内部位置错误等。对于内进油式共轨喷油器，跨接管与喷油器之间的安装连接更需要特别小心，如图 7-43 所示。否则容易导致连接处泄漏，进而导致轨压无法建立或喷油器不工作。

故障可以通过定量或定性检查喷油器回油来判断。

共轨喷油器回油量由内部机械泄漏和工作回油两部分组成。通过检查回油量，可以初步判断共轨喷油器是否正常工作。

对于轻型商用车共轨喷油器，可以使用博世回油量检测仪来测量回油。

在发动机熄火状态下，拆卸共轨喷油器回油连接头，使用闷堵或管夹，不让回油接头处漏油;在各缸共轨喷油器外回油处，连接共轨喷油器回油量检测仪;使用绑带或调整安放位置，使得共轨喷油器回油量检测仪处于水平位置，如图 7-44 所示。

图 7-43　内进油式共轨喷油器与跨接管的连接

图 7-44　共轨喷油器回油量检测仪安装测量

起动发动机并让其怠速运转 1min,观察各缸共轨喷油器的回油量。回油量差额在 3 格以上的共轨喷油器有问题,如图 7-45 所示。

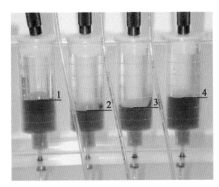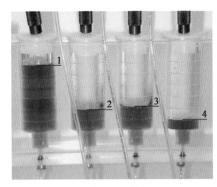

图 7-45　共轨喷油器的回油量比对(左图完好,右图第一缸有问题)

对于中重型商用车共轨喷油器,可以使用博世共轨喷油器静态磨损测试工具 BTD3020 来测量。

在发动机停机状态下,首先,拆卸共轨喷油器与共轨之间的高压油管,然后,使用设备中自带的高压管和转换头,连接共轨喷油器高压进油,随后,使用蓄电池夹供电线给设备供电,并打开 BTD 3020APP 进行蓝牙连接,最后利用手压高压泵检测共轨喷油器,如图 7-46 所示。

图 7-46　博世共轨喷油器静态磨损测试(车上测试)

检测报告如图 7-47 所示。

共轨系统的工作压力越来越高,对于经验欠缺的人员来说,在车上进行共轨喷油器的检测风险比较大,并且只能做出大致的判断。对于配备了博世 DCI700 试验台的维修站,可以在车辆熄火状态下,等待系统压力释放后,直接拆卸共轨喷油器,进行车下精确的共轨喷油器性能测试。

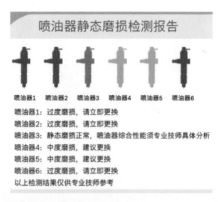

图 7-47　博世共轨喷油器静态磨损 BTD3020 检测报告

博世 DCI700 试验台可以对共轨喷油器进行电气、高低压密封性、全负荷点喷油量、排放点喷油量、怠速点喷油量、预喷射点喷油量和各测试点的回油量进行多方面的检查,如图 7-48 所示。

图 7-48　博世 DCI700 试验台检查项目

通过试验台的检查,可以对共轨喷油器性能做全方面评定。

三、柴油品质引发的故障

柴油是从石油中提炼出来的复杂的烃类混合物,分为轻柴油(沸点范围在

180~370℃)和重柴油(沸点范围在350~410℃)两大类,广泛用于大中型车辆、铁路机车和船舰。车辆上使用的主要是轻柴油。柴油主要指标是十六烷值、凝固点和含硫量等。柴油质量要求指标是流动性好、燃烧性能稳定、游离水含量低和硫含量低。

凝点是评定柴油流动性的重要指标,表示燃料不经加热而能输送的最低温度。柴油按凝点可分为:10#、0#、-10#、-20#和-35#。柴油的选用依据是使用温度,温度在4℃以上时,选用0#柴油;温度在4~-5℃时,选用-10#柴油;温度在-5~-14℃时,选用-20#柴油;温度在-14~-29℃时,选用-35#柴油。如果在高于上述温度的环境下使用相应牌号柴油,发动机中的燃油供给系统就可能结蜡,堵塞油路,影响发动机的正常工作。

柴油发动机的燃烧性能常用十六烷值来表示,十六烷值越高,燃烧性能越好。但是,柴油发动机选用柴油的十六烷值不能太高或太低。如果十六烷值太高,则柴油的热稳定性不好,工作时着火落后期提前,导致发动机的机械负荷增大,严重时导致曲轴连杆断裂。如果十六烷值太低,则不易起动或者因着火落后期延长,造成柴油发动机工作粗暴,冷却液温度和排气温度都升高。国六排放标准对不同牌号柴油的十六烷值有不同的要求(如0#柴油十六烷值要求在51以上)。

柴油中不能含有游离水,否则,容易导致金属件锈蚀(图7-49)、产品性能失效,导致柴油发动机起动性能、工作性能都变差。故驾驶员要关注油水分离器中游离水的排除。

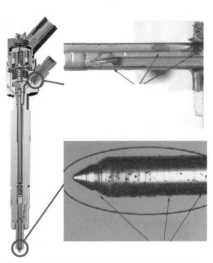

图7-49　柴油含水导致喷油器内部零件锈蚀

国四及以上排放标准的柴油发动机,后处理系统使用了较多的贵金属催化剂,如铑、钯等,这些物质对硫非常敏感,极易引发硫中毒。国四排放标准要求,车用柴油硫含量<$50×10^{-6}$,国五和国六排放标准要求,车用柴油硫含量<$10×10^{-6}$。硫含量过高将降低催化剂的活性,使得后处理系统的催化转换效率降低,容易导致DPF和SCR的经常堵塞。

第五节 进排气系统故障诊断

一、进排气系统简介

进气系统包含进气过滤、进气量控制[进气计量、进气增压器中冷(WGT/VGT,中冷器)]、废气再循环(节气门 ITV/TVA、废气再循环阀、废气再循环冷却)和进气预热(预热塞/预热格栅、预热控制单元)等。

排气系统一般包含排气热管理、排气制动和尾气后处理等。各种进排气系统布局如图 7-50 和图 7-51 所示。

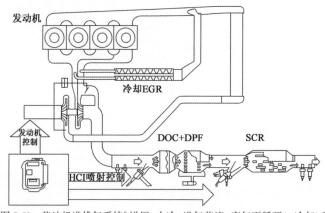

图 7-50 柴油机进排气系统[增压+中冷+进气节流+废气再循环(+冷却)]

二、进气系统故障

(一)进气过滤故障

1)功能作用

空气滤清器的主要功能是进气过滤。进气过滤可保证进入燃烧室的空气清洁,保证进气管路上各传感器不受污染,减少活塞、活塞环和缸套的磨损,确保传感器计量的准确性和延长使用寿命。空气滤清器既要保证进气顺畅,又要确保滤芯周边密封完好,防止空气绕过滤芯。此外,空气滤清器壳体排水孔不能有堵塞问题。

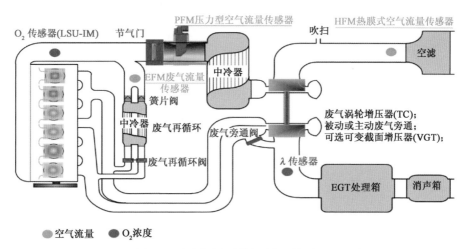

图 7-51　柴油发动机进排气系统（进气计量）

2）故障现象

发动机冒黑烟或动力不足。

3）故障诊断

可以使用诊断仪读取进气压力相关传感器信号,检查发动机进气管路上各部位的进气压力。也可以通过询问驾驶员,了解空气滤芯的更换间隔或拆卸空气滤芯,进行实车检查。

（二）进气量控制故障

进气量控制包含进气计量、进气增压和进气中冷冷却等。

1. 进气计量故障

1）进气计量相关传感器

该部分的故障诊断可以简单地归类到传感器故障诊断,主要有传感器线路排查和传感器本体排查等。

商用车进气计量一般用增压压力（温度）传感器,如图 7-52 所示。一般安装于进气歧管上,主要测量发动机的进气总量,包含进入汽缸的新鲜空气和废气的总和。

2）功能作用

进气量计算、高原补偿、冒烟限制、增压器保护、进气温度过热保护等。

图 7-52　增压压力(温度)传感器

3)故障现象

发动机无力、动力受限或冒黑烟等。

4)故障诊断

使用诊断仪读取相关故障码、数据流,进行线路排查和传感器信号对比测量等。

2. 轻型车空气流量传感器故障

1)轻型车空气流量传感器

为了精确计量进入汽缸内新鲜空气的量,引入了空气流量传感器。轻型商用车可以使用热膜式空气流量传感器 HFM。一般安装在空气滤清器之后,其工作原理是,利用冷空气带走两只加热器上的热量,通过引起温度的变化来测量空气流量,如图 7-53 所示。空气流量传感器的发展历经了很多代的产品,输出信号从频率、占空比到数字信号,测量信号从空气流量、进气温度、进气压力到进气湿度等。

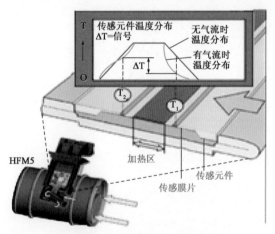

图 7-53　空气流量传感器工作原理

2)功能作用

进气流量计算、EGR 控制、冒烟限制、增压器保护、进气温度过热保护等。

3)故障现象

发动机无力、动力受限或冒黑烟等。

4)故障诊断

使用诊断仪读取相关故障码、数据流,进行线路排查、传感器信号对比测量,物理检查 HFM 后进气管路是否泄漏(烟度检漏计)等。

3. 重型车空气流量传感器故障

1)重型车空气流量传感器

重型商用车增压器之前的管路截面大、路径长,容易形成空气泄漏,且不便于空气流量传感器的安装。所以,重型商用车装备空气流量传感器的最佳位置是增压中冷器之后进气节气门之前的管路中。博世推出了压力型的空气流量传感器 PFM,如图 7-54 所示。该流量传感器包含两个压力信号测量:动态压力(P_{tot}"总压力")和参考压力(P_s"静态压力")。此外,还包含温度信号(T"进气温度")的测量。测量原理如图 7-55 所示。博世 PFM 传感器通过两个 SENT 单向传输数字信号到发动机 ECU,如图 7-55b)和 c)所示。

图 7-54 PFM 空气流量传感器

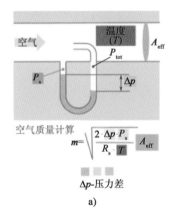

空气质量计算

$$m=\sqrt{\frac{2 \cdot \Delta p \cdot P_s}{R_s \cdot T}} \ A_{eff}$$

Δp-压力差

a)

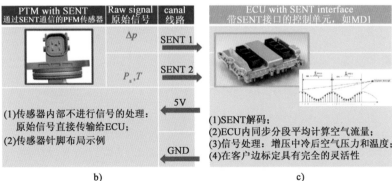

b)

c)

图 7-55 PFM 测量原理

图 7-56　TFI4 空气流量传感器

用于重型商用车的还有另一种 TFI4（Truck Flow Integrated, TFI）空气流量传感器, 如图 7-56 所示。它是利用文丘里管效应, 即空气流经管道内节流喉颈时, 流速增加、压力降低, 流量越大, 文丘里管喉颈前后的压差就越大, 这样, 可根据压差、温度和绝对压力来计算出流量的大小。TFI4 传感器通过 CAN 通信, 将这三个信号输出给发动机 ECU, 从而计算出空气流量信号, 如图 7-57 所示。

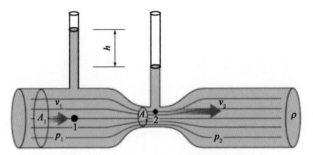

图 7-57　TFI4 空气流量传感器测量原理

TFI4 空气流量传感器安装位置如图 7-58 和图 7-59 所示。

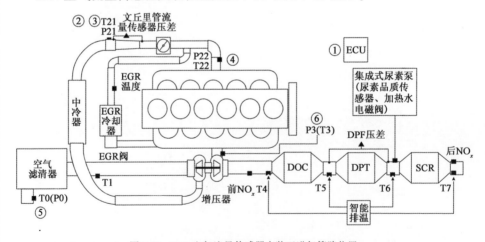

图 7-58　TFI4 空气流量传感器安装于进气管路位置

1-控制器;2-进气温度传感器 T21;3-进气温度传感器 T21;4-增压压力温度传感器（P22/T22）;5-环境温度传感器 T0;6-排气歧管压力传感器 P3（排温传感器 T3）

2）功能作用

精确的计量可获得转矩请求的保障,尽可能避免颗粒物生成,获得最佳的 EGR 率,降低 NO_x 排放以及高温保护。

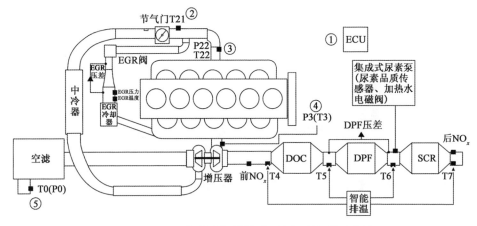

图 7-59　TFI4 空气流量传感器安装于排气再循环管路位置

1-控制器;2-进气温度传感器 T21;3-增压压力温度传感器(P22/T22);4-排气歧管压力传感器 P3(排温传感器 T3);5-环境温度传感器 T0

3）故障现象

发动机无力、动力受限或冒黑烟等。

4）故障诊断

使用诊断仪读取相关故障码、数据流,进行线路排查、传感器信号对比测量,检查传感器本体有无污染等。

4. 涡轮增压器和中冷器故障

内燃机因为燃油需要与空气混合才能完成燃烧冲程,是一种耗气机械。但是,超过空燃比极限后,增加供油量只会造成燃油消耗量过多,大气污染、废气温度升高,并使柴油发动机寿命缩短。由此可见,增加空气量的能力对发动机来说非常重要。

1）功能作用

涡轮增压器是一种利用发动机排气中的剩余能量来工作的空气泵。废气驱动涡轮叶轮总成与空气压缩机叶轮相连接,当涡轮增压器转子转动时,大量的压缩空气被输送到发动机的燃烧室里。

此外,中冷器的使用,可使增压空气从大约140°C 降低到90°C 左右,并使增压压力再提高大约 0.5bar，进一步提高充气效率，如图 7-60 所示。

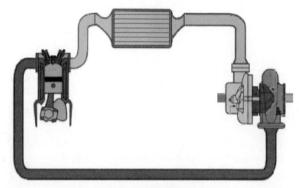

图 7-60　单增压和中冷器

由于增加压缩空气的质量，可以使更多的燃油喷入发动机里，这促使发动机向小型化方向发展，即小机型大动力。

增压器种类有很多，有单增压和双增压，有非控制型和控制型，控制有废气旁通型和可变截面型，如图 7-61 和图 7-62 所示。

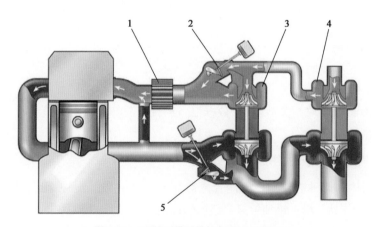

图 7-61　双增压（带进排气旁通）和中冷器

1-中冷器；2-进气旁通阀；3-高压端 - 废气涡轮增压器（进排气旁通控制型）；4-低压端 - 废气涡轮增压器（非控制型）；5-废气旁通阀

可变截面型涡轮增压器有通过真空来控制的，也有通过电动机实现快速响应和精确控制的，如图 7-63 所示。

控制电路如图 7-64 所示。

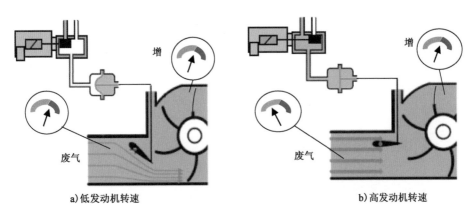

a) 低发动机转速　　　　　　　　　b) 高发动机转速

图 7-62　VGT 可变截面增压器

图 7-63　VGT 增压器

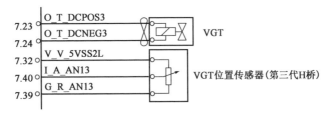

图 7-64　VGT 增压器驱动与反馈

2）故障现象

发动机无力、动力受限、运转异响、排温高、冒黑烟或烧机油等。

3）故障诊断

首先,检查漏气、漏油、积炭、机械碰擦的可能。其次,使用诊断仪读取增压控制相关故障码、数据流,进行传感器和执行器线路以及真空管路的排查、传感器信号对比测量,检查信号的合理性监控等。

三、废气再循环系统故障

（一）废气再循环系统

废气再循环(EGR)是在燃烧室中引入废气,降低燃烧室内氧含量,从而降低发动机内氮氧化物的生成量。根据废气是否通过发动机的进气系统进入燃烧室,废气再循环系统可分为内部 EGR 系统和外部 EGR 系统。

1. 内部 EGR 系统

内部 EGR 系统通过改变配气正时实现。该系统结构简单,应用方便,而且可以避免再循环废气对管道的腐蚀,有利于提高系统耐久性。由于是在进气行程内直接开启排气阀,实现废气回流,因而难以精确控制 EGR 率。同时,废气未经冷却直接回流,会引起混合气温度升高,不利于 NO_x 的降低。因此,内部 EGR 系统对 NO_x 的抑制效果并不显著。

2. 外部 EGR 系统

外部 EGR 系统利用专门的管道,将废气引入进气歧管,使废气与新鲜空气在进入燃烧室前得以充分混合。自然吸气式柴油发动机所用的 EGR 系统,由于进排气之间有足够的压力差,EGR 的控制比较容易实现。但在增压柴油发动机中,由于经过增压器,进气压力高于排气压力,造成废气再循环的困难,至少不会获得足够高的 EGR 率。为此,在废气再循环中引入进气节流、排气节流和废气再循环冷却,可提高废气再循环率,实现精确控制。目前较为常用的是外部 EGR 系统。

外部 EGR 系统包含进气节流阀 TVA、排气节流阀 TVA、EGR 阀、EGR 冷却等。废气再循环有高压端废气再循环和低压端废气再循环两种,如图 7-65 和图 7-66 所示。

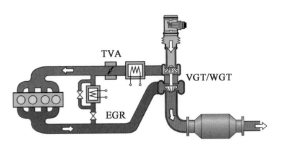

图 7-65 高压端废气再循环

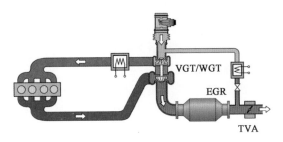

图 7-66 低压端废气再循环

（二）进气节流阀故障

因为汽缸的充气量一定,为了向汽缸内引入废气,必须对进气进行节流,从而提高 EGR 率、降低 NO_x 的生成,同时还参与 DPF 再生过程下的排气温度管理。

1）功能作用

进气节流阀作为热管理部件,通过凸缘安装在中冷器之后的进气接管上;壳体为铸铝件,电气外壳为塑料件;采用步进电机调节,适用于 24V;位置传感器为非接触式,采用发动机控制单元 5V 供电;驱动方式为 H 桥驱动,断电自学习保证全开/全关位置的准确性;应用环境温度条件:$-40\sim140^{\circ}C$;接插件形式:5 针脚;响应时间为阀开启<120ms,阀关闭<100ms;阀门默认开启位置;可承受的压力范围:$-800\sim+3500hPa$。产品如图 7-67 所示。

图 7-67 进气节流阀

2)故障现象

发动机无力、动力受限或冒黑烟等。

3)故障诊断

使用诊断仪读取相关故障码、数据流,看信号的合理性监控是否有问题;使用万用表或FSA500测量;拆检节气流阀本体有无污染、卡滞、传动部件磨损等。

（三）EGR阀故障

1)功能作用

EGR阀主工功能是降低燃烧峰值温度,降低燃烧室内氧的浓度,抑制NO_x生

图7-68　电控EGR阀

成。EGR阀用于排放控制,应用于EGR循环上,热端阀在EGR冷却器之前,冷端阀在EGR冷却器之后;EGR阀主体为不锈钢件,阀座铸铝,电气外壳为塑料件;采用无刷转矩电机,适用于24V;位置传感器为非接触式,采用发动机控制单元5V供电;驱动方式为H桥驱动,断电自学习保证全开/全关位置的准确性;应用环境温度条件:$-40 \sim 140°C$;接插件形式:5针脚;阀开启<100ms,阀关闭<100ms。产品如图7-68所示。

2)故障现象

EGR阀打不开,排气温度提高,冷却液温度升温周期缩短,会导致尾气后处理系统损坏、尾气排放NO_x不合格等。EGR阀关闭不严,废气一直参与燃烧,会出现动力不足、加速无力、冒黑烟、高油耗等。

3)故障诊断

使用真空测试仪操纵真空阀与诊断仪,查看真空EGR的驱动气压、EGR开度和空气流量的关系。在发动机怠速时测试,应可以感觉发动机怠速不稳或熄火,否则,说明EGR阀卡滞应更换。

对于电控部件,可以使用万用表、FSA500和诊断仪测量电气部分,读取相关故障码、数据流、执行器动作测试,检查PWM驱动波形以及反馈信号,检查线束、线圈电阻等,如图7-69和图7-70所示。

（四）废气再循环冷却故障

1)功能作用

通过废气再循环冷却可以提高废气再循环率,达到60%。通过废气再循环冷却控制阀可以改变再循环的废气流通通道,通过冷却液进行热交换,如图7-71所示。

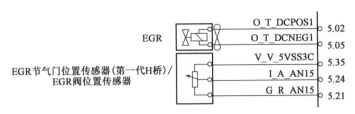

图7-69 电控 EGR 阀电路图

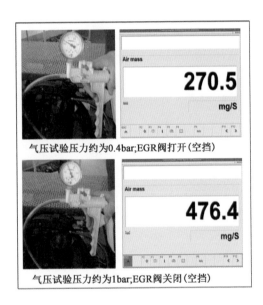

气压试验压力约为0.4bar;EGR阀打开(空挡)

气压试验压力约为1bar;EGR阀关闭(空挡)

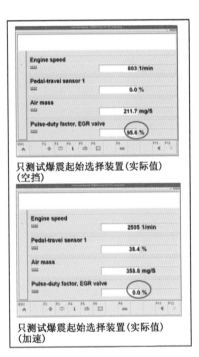

只测试爆震起始选择装置(实际值)
(空挡)

只测试爆震起始选择装置(实际值)
(加速)

图7-70 使用真空测试仪和诊断仪对真空 EGR 进行测试和测量

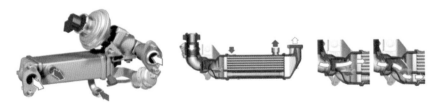

图7-71 废气再循环冷却过程

319

2）故障现象

氮氧化物排放超标。

3）故障诊断

使用真空测试仪检查 EGR 冷却阀。

四、进气预热故障

为了低温快速起动、降低燃烧噪声和降低排放,柴油发动机引入进气预热系统。进气预热有两种形式:进气格栅预热和进气预热塞预热。

1）功能作用

中重型柴油车主要采用进气格栅预热。当外界环境温度比较低时,发动机有较低的冷却液温度、进气温度、燃油油温等,造成发动机压缩行程后燃烧室温度较低,从而引起起动困难、燃油不完全燃烧,排放性能变差。进气格栅预热继电器控制电路,通过安装在进气管上的格栅加热器,对进入发动机的空气进行加热,使发动机进气温度升高,提高发动机的冷起动性能,同时降低冷起动排放。进气格栅预热系统组成包括:预热格栅继电器、预热格栅和预热指示灯,电路如图 7-72 所示。

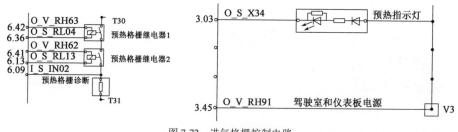

图 7-72　进气格栅控制电路

轻型柴油车主要采用进气预热塞预热。随着技术的发展,预热控制有起动前、起动中和起动后三个预热阶段,如图 7-73 所示。

预热控制由预热控制器或继电器来实施,如图 7-74 和图 7-75 所示。

2）故障现象

发动机难起动、工作粗暴和排放超标等。

3）故障诊断

使用诊断仪查看故障码,使用万用表检查线束、熔断器、接插件和预热控制器及预热塞。

a)　　　　　　　　　　　　b)　　　　　　　　　　　　c)

图 7-73　预热三阶段

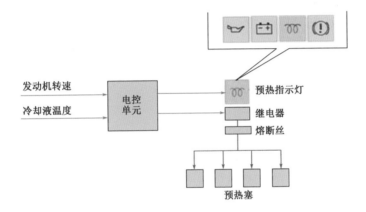

图 7-74　预热控制方式

图 7-75　预热控制器

五、排气系统故障

排气系统包含排气热管理和排气制动(iBrake)。与汽车排放控制相关的是排气热管理。

图 7-76　排气节气门

为了对排气进行热管理,需要对进气和喷油进行控制,如进气节流和关闭 EGR 以及延迟喷油等。此外,有的发动机在排气管上还安装有排气节气门。对于不带 EGR 的,排气节气门安装在涡轮增压器涡轮端出口处;对于带低压端 EGR 的,其安装在 EGR 引出管路之后的排气管上,如图 7-76 所示。

1)功能作用

控制排气节气门的执行器蝶阀,限制排气流,辅助发动机热管理。通过在低转速低负荷工况下调节排气流量,产生泵气功,从而升高排气温度,使后处理系统升温。

对于带 iBrake 功能的发动机,当 iBrake 工作时,排气节气门保持在全开状态;对于不带 iBrake 功能的发动机,执行器蝶阀可以起到辅助制动作用。

2)故障现象

发动机无力、动力受限或冒黑烟等。

3)故障诊断

排气节气门关机时,执行器执行自检(时间和位置),否则报故障码。可以使用 KT710D 诊断仪读取相关故障码、数据流,查看信号的合理性,监控是否有问题,使用万用表或 FSA500 测量。拆检节气门阀本体有无污染、卡滞、传动部件磨损等。

第六节　冷却系统故障诊断

车辆的热管理越来越重要。一方面,要在冷起动后缩短暖机时间,并将发动机内产生的热量输送到有利于提高汽车效率的部位,期间要注意降低发动机的内部摩擦。另一方面,要使减轻排放的措施尽早可用,并减少会增大油耗的加热措施。此外,还需要满足乘员对温度的需要,使车内更快暖和起来。

柴油机冷却系统有三项工作任务:降温、预热和为车内空间供暖。

一、冷却管路控制故障

本部分以奥迪 1.4L-3 缸 TDI 发动机先进的热能管理系统为例。冷却液泵始终通过皮带传动装置驱动,输送冷却液循环中的冷却液,并确保有充足的热量输送至热交换器。借助集成的缸盖冷却液阀,控制冷却液管路的开关(图 7-77)。此外,还有其他执行器一并控制冷却液管路,实施不同的冷却循环,满足不同阶段的使用要求。

图 7-77　冷却液泵和缸盖冷却液阀

(一)冷却循环

整个冷却循环由 3 个子循环构成:小冷却循环(微循环)、大冷却循环(高温循环)和增压空气冷却系统的冷却循环(低温循环),如图 7-78 所示。

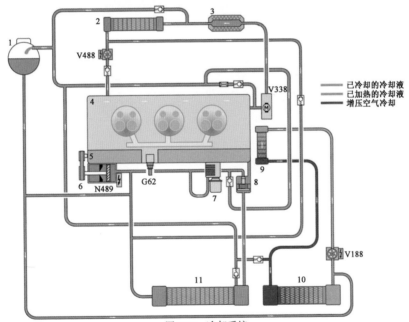

图 7-78　冷却系统

1-冷却液补偿罐;2-暖风热交换器;3-低压废气再循环散热器;4-汽缸盖;5-汽缸体;6-可开关式冷却液泵;
7-发动机机油冷却器;8-冷却液节温器;9-增压空气冷却器;10-低温冷却回路散热器;11-冷却液散热器;
G62-冷却液温度传感器;N489-缸盖冷却液阀;V188-增压空气冷却泵;V338-废气再循环伺服电动机;
V488-暖风辅助泵

（1）小冷却循环（微循环系统、暖风循环系统）。

当发动机为冷态时,冷却液节温器在主散热器方向保持关闭,热能管理系统以小冷却循环启动。可开关的冷却液泵被缸盖冷却液阀 N489 激活,汽缸体内的冷却液因此静止。发动机 ECU 根据汽缸盖中的冷却液温度,以基于需求的方式激活控制,电动暖风辅助泵 V488 按需运行。乘客席中所需的温度由空调 ECU 获取,并在启动加热辅助泵时予以考虑。通过小冷却循环,减小发动机内部摩擦,有助于降低燃油消耗和废气排放,并可迅速提高车厢内的温度,如图 7-79 所示。

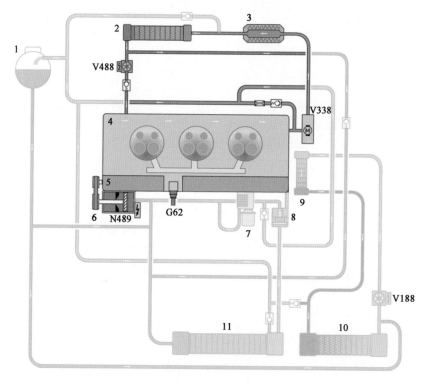

图 7-79　小冷却循环

（2）大冷却循环（高温循环系统）——冷却液达到工作温度。

如果发动机负载或转速上升到限值以上,冷却液泵将打开,以确保发动机冷却。如果发动机转速不足,且发动机尚未充分预热,冷却液泵将再次关闭。一旦汽缸盖处的冷却液温度达到基于发动机完全加热状态的特定值,冷却液泵将持续打开,以确保有足够的冷却液流过缸盖。当冷却液达到工作温度后,冷却液节温器打开,冷却液散热器(主水冷却器)与冷却循环连接。

(3)增压空气冷却系统的冷却循环(低温循环系统)。

增压空气温度的调节由增压空气冷却泵来实现。启动增压空气冷却泵的指导变量,是增压空气冷却器下游的进气歧管温度。增压空气冷却的低温循环独立于高温循环工作。

增压空气冷却泵的驱动条件如下:

①如果增压空气温度低于设定值,泵将关闭或将保持关闭状态。

②如果进气歧管温度与设定值相同或略高于设定值,则泵以计时方式启动。泵的接通和断开开关时间(计时)取决于增压空气温度和环境温度。

③如果增压空气温度明显高于设定值,则 ECU 将以全功率连续启动泵。

冷却液温度传感器用于测量发动机冷却液出口处的冷却液温度。该温度传感器信息用于调节冷却循环控制,同时也用于散热器风扇运转控制。

（二）冷却循环控制系统故障

1)故障现象

发动机升温太慢、发动机过热和车内供暖太慢、亮灯和动力不足等。

2)原因分析

冷却液品质、系统液路和系统电路方面故障。

3)故障诊断

①冷却液检查。主流的冷却液是乙二醇型冷却液,由乙二醇作防冻剂,并添加少量抗泡沫、防腐蚀等综合添加剂配制而成。由于乙二醇易溶于水,可以任意配成各种冰点的冷却液,因此,使用冷却液时,其冰点要低于环境最低温度10℃左右。这种冷却液具有沸点高、泡沫倾向低、调温性能好、防腐和防垢等特点。优质冷却液颜色醒目、清亮透明和无异味。使用折射仪检查冷却液的冰点时,应与使用环境相符合。

②系统液路方面故障。检查冷却液路是否泄漏,打开冷却液补偿罐检查冷却液是否缺失,必要时,清洗管路去除污垢。

③系统电路方面故障。现代冷却系统的循环很复杂,安装有很多传感器和执行器,且执行器都是机械和电子部件的集成。故障排查时,除了要关注电子部件、线路以及接插件之外,还需要检查机械部位是否有污染、卡滞等问题,如图 7-80 所示。

4)诊断步骤

①使用 KT710D 读取故障码:可能有 P0117(冷却液温度传感器信号电压过低),P0118(冷却液温度传感器信号电压过高),P0217(发动机冷却液温度超过 100℃)。

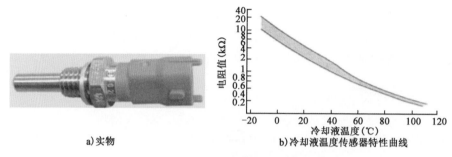

a) 实物

b) 冷却液温度传感器特性曲线

图 7-80　冷却液温度传感器

②数据流:当前冷却液温度值。发现传感器相关故障时,使用万用表对照检查线路和接插头,电路如图 7-81 所示,测量线路、本体等可能的故障。

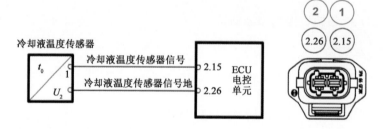

图 7-81　冷却液温度传感器电路

引脚定义

引脚定义	冷却液温度传感器信号引脚	冷却液温度传感器信号地
传感器接头引脚编号	1	2
ECU接头 引脚编号	2.15	2.26

(1)供电检查。

a. 将点火开关置于 OFF 挡;b. 拔出冷却液温度传感器接头;c 将点火开关置于 ON 挡;d. 测量冷却液温度传感器接头引脚 1 到车身搭铁之间的电压值。

正常值:4.9～5.1V。

(2)线束检查。

①开路检测:a. 将点火开关置于 OFF 挡;b. 拔出 ECU 线束接头 1;c. 拔出冷却液温度传感器接头;d. 测量每个插接头之间的电阻值。

正常值:0Ω/传感器引脚 1 到 ECU 引脚 2.15。

正常值:0Ω/传感器引脚 2 到 ECU 引脚 2.26。

②短路检测:a.将点火开关置于 OFF 挡;b.拔出 ECU 线束接头 1;c.拔出冷却液温度传感器接头;d.测量传感器接头引脚和车身搭铁之间的电阻值。

正常值:≥1MΩ/传感器引脚 1 到车身搭铁。

正常值:≥1MΩ/传感器引脚 2 到车身搭铁。

(3)部件检查。

阻值检测:a.将点火开关置于 OFF 挡;b.拔出冷却液温度传感器接头;c.测量冷却液传感器接头引脚之间的电阻值。

正常值:2.2~2.8kΩ/引脚 1 到引脚 2(20℃时)。

正常值:1.0~1.3kΩ/引脚 1 到引脚 2(40℃时)。

正常值:0.5~0.7kΩ/引脚 1 到引脚 2(60℃时)。

二、冷却风扇管理故障

1)功能作用

冷却风扇可以使发动机的水箱温度、中冷器温度及冷凝器温度始终保持在理想的工作范围,使发动机的热效率发挥到最佳,即节能的同时减少尾气的排放,减少发动机磨损,并延长发动机的使用寿命。

冷却风扇根据转速控制方式,可以分为以下 3 类。

(1)根据冷却液温度控制风扇继电器 ON/OFF 型(只控制风扇通断电),如图 7-82 所示,控制系统 MD1CE100 可以配置 ON/OFF 型电磁离合器风扇。

图 7-82　ON/OFF 型风扇控制(MD1CE100)

(2)利用硅油受热膨胀做硅油离合器风扇。在温度低时,硅油不流动,风扇离合器分离。在温度高时,硅油的黏度使风扇离合器结合,风扇就可以转动。同时,通过采用双金属螺旋感温器控制硅油的流入量,可控制风扇的转速。

(3)根据冷却液温度可设置不同的目标风扇转速,即采取 PWM 波形来闭环控制风扇转速,电控直流电机风扇如图 7-83 所示。

2)故障现象

风扇不转、风扇常转不停、风扇只有一种速度等。

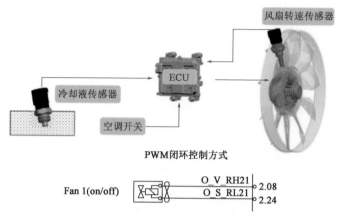

图 7-83　风扇控制方式（MD1CE100）

3）原因分析

ON/OFF 型风扇,转、不转、低速和高速取决于冷却液温度信号（还有进气温度、空调开关、变速器油温等信号）、风扇驱动开关信号（或继电器）和风扇本身。硅油风扇主要查找硅油进液和回液孔是否有问题。PWM 占空比型风扇是无级变速的,转与不转以及转速多大取决于冷却液温度信号、系统温度控制设定、风扇转速传感器和执行器。

4）故障诊断

首先通过试车查看故障能否再现,再用博世 KT 系列解码器查看是否有相关的故障码,查看温度相关(冷却液温度、进气温度、变速器油温、空调开关等)的数据流是否异常。检查风扇低速继电器、空调继电器和风扇高速继电器,检查线束、接插件、冷却液温度传感器本身、风扇转速传感器本身等。

第七节　排气后处理系统故障诊断

随着排放标准的日趋严格,仅仅通过柴油机缸内净化的方式已经无法满足排放经济标准。根据车型应用和厂家选择的不同,排气后处理系统有不同的解决方案。中重型柴油车主要采用 DOC+DPF+HCI(DPM) +SCR 方式,如图 7-84 所示,轻型柴油车主要采用 NSC+DPF+SCR 方式,如图 7-85 所示。在国六排放标准执行之前,有些轻型商用车采用 POC 等后处理形式。

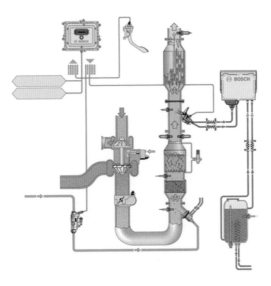

图 7-84 中重型柴油车后处理系统

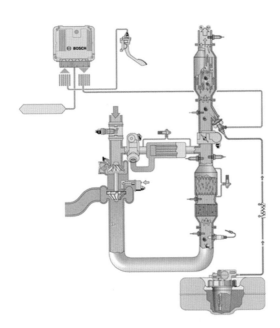

图 7-85 轻型柴油车后处理系统

一、柴油机氧化催化器系统故障

（一）DOC 系统作用

柴油机氧化催化器（Diesel oxidation catalyst，DOC）使用具有强氧化作用的，含有铂、钯等贵金属涂层的催化剂，氧化发动机排气中 HC、CO、NO 和 PM 表面的可溶性有机物（SOF），从而降低 HC、CO、NO、PM 的排放量，如图 7-86 所示。DOC 也可应用于气体发动机，处理 HC 和 CO 排放物。在柴油车排放控制中，DOC 一般不会单独应用，而是和 POC 或 DPF 组合应用。

图 7-86　DOC 功能机理

DOC 可使 NO 部分转化成 NO_2，故 DOC 与 POC 配合使用，可降低部分 PM 排放，也可应用于 DPF 的被动再生。而 DOC 在氧化 HC 的同时放出热量，可为 DPF 再生提供高温环境，即应用于 DPF 的主动再生。

$$2CO+O_2 = 2CO_2 \tag{7-1}$$

$$2C_2H_6+7O_2 = 6H_2O+4CO_2 \tag{7-2}$$

$$C+O_2 = CO_2 \tag{7-3}$$

$$2NO+O_2 = 2NO_2 \tag{7-4}$$

DOC 载体材料有金属和陶瓷。两种载体材料实物及结构对照如图 7-87 所示。

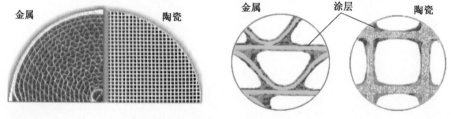

图 7-87　DOC 两种载体材料实物及结构对照

两种载体材料区别见表7-14。

DOC 载体材料的区别　　　　　　　　　　　表 7-14

载体材料	金属	陶瓷
传热效率	快	慢
安装位置	尺寸紧凑,靠近增压器安装	尺寸大,尾管安装
成本	高	低
背压	流通式,无背压降	流通式,无背压降

DOC 对 HC 的起燃温度大约为 180℃,转化效率可达 90%;对 CO 的起燃温度大约为 150℃,转化效率可达 80%。DOC 可有效地转化 NO 为 NO_2,但是对 NO_x 整体没有明显转化(转化效率仅有 5%~10%);对可溶性有机物 SOF 可有效转化,但对炭烟无明显转化效率。

(二)DOC 系统故障

就 DOC 系统本身来说,发动机控制单元对其实施的是开环控制,只要排气管温度达到 DOC 工作条件,无论发动机处于何种工况,DOC 都会进行氧化催化反应。但是,如果发动机长期低温工作,DOC 无法完成氧化催化,会造成 DOC 内部累积过多 HC,堵塞排气;如果发动机长期超高温工作,DOC 内部涂层会由于持续高温而熔融,失去氧化催化功能。

DOC 系统存在的故障问题主要有:碳氢 HC 中毒、堵塞和高温烧穿。

1. 碳氢 HC 中毒

1)故障现象

催化剂表面积累大量的碳氢物质,使得催化剂暂时失去活性。

2)原因分析

柴油品质差,喷油器油嘴滴漏。

3)故障诊断

①将喷油器从发动机上拆卸下来,用 EPS100 喷油器试验台或 DCI700 试验台检查油嘴部位的密封性。

②停机状态下,拆卸 DOC 前端传感器(温度或氮氧化物传感器),通过内窥镜进行检查。

2. 堵塞

1）故障现象

DOC 与燃油或机油中的硫进行反应,生成大量硫酸盐颗粒,堵塞排气管路。

2）原因分析

燃油的硫含量高,机油的硫含量高。

3）故障诊断

①询问驾驶员加油情况,建议燃油中硫含量不超过 $50×10^{-6}$。询问驾驶员并检查车辆和发动机维修情况,看是否使用合适的机油。

②停机状态下,拆卸 DOC 前端传感器(温度或氮氧化物传感器),通过内窥镜进行检查。

3. 高温烧穿

1）故障现象

催化剂涂层开裂或载体烧毁,导致催化剂永久失去活性。

2）原因分析

异常高温。

3）故障诊断

①检查系统有无相关故障码。

②使用 DCI700 试验台检查发动机喷油器喷油特性。

③使用 EPS100 喷油器试验台检查排气管上喷油器(若安装 HCI/DPM 系统)的密封性。

二、颗粒物氧化催化器系统故障

国内轻型车在国四、国五排放标准阶段,基本上都装配了 POC 系统。

（一）POC 系统作用

颗粒物氧化催化器(Particulate Oxidation Catalyst,POC),也称半通式颗粒物氧化催化器,即 POC 属于半封闭式系统。与 DPF 相比较,POC 相当于在 DPF 上打开一个小小的缺口,只过滤一小部分 PM,出现堵塞的概率大大降低。POC 过滤结构如图 7-88 所示。

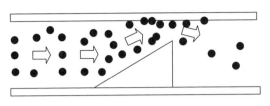

图 7-88　POC 过滤结构

从图 7-88 可知,POC 的结构比 DPF 简单,制造成本较低,转化效率也低,在 40%~75%。对含硫量在 $350×10^{-6}$ 以上的柴油,POC 可以正常使用。

POC 在柴油发动机中消除 PM 的主要机理是:在前段 DOC 的氧化作用下,NO 和 O_2 结合生产 NO_2,加上柴油发动机本身缸体内的燃烧,会产生一定量的 NO_2。NO_2 进入 POC,在含有贵金属涂层的催化作用下,与被捕捉到的碳颗粒氧化燃烧,生产 CO_2,如图 7-89 所示。

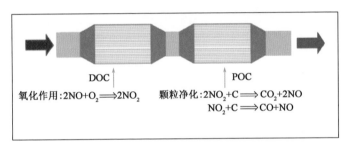

图 7-89　DOC+POC 系统机理

(二) POC 系统故障

POC 结构简单,故障率不高。正常状态下,DOC+POC 系统两端压差值有一定范围。当该值超过系统标定的堵塞判定临界压差值时,系统认为出现堵塞;当该值小于系统标定的正常使用压差值时,系统认为其被拆除。POC 失效监控工作原理如图 7-90 所示。

1)故障现象

亮故障灯、动力不足和排放超标等。

2)原因分析

失效监控系统故障,缸内燃烧异常导致 POC 堵塞或烧裂,人为拆除。

3)故障诊断

①使用博世 KT 系列诊断仪读取故障码,看是否有相关失效监控方面故障

（如：压差太高、压差太低、信号线与电源短路、信号线与搭铁短路等）。

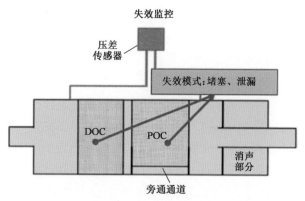

图 7-90　POC 失效监控机理

②根据情况，检查压差传感器有无接插件松动、线束短路或断路、本体损坏等。

③在发动机运转时，使用压差量表，测量实际压差，判断是否有堵塞或泄漏情况。

④必要时从发动机缸内净化方面查找，如测量缸压、检查喷油器滴漏、检查 EGR 阀卡滞等可能情况。

三、颗粒捕集器系统故障

（一）DPF 系统作用

DPF 是全封闭式净化效率高的壁流式过滤结构，能高效拦截和捕捉颗粒物，目前，国六柴油发动机对 PM 的过滤效率可达 95%。DPF 结构原理如图 7-91 所示。

图 7-91　壁流式 DPF 结构

DPF 中的过滤材料有：泡沫陶瓷、壁流式蜂窝陶瓷、金属丝网、陶瓷纤维等。过滤载体决定了过滤器的过滤效率、工作可靠性、使用寿命以及再生技术的使用和再生效果。DPF的性能要求：大的过滤面积、耐热冲击性好、较强的机械性能指标、热稳定性好及能承受较高的热负荷、较小的热膨胀系数，在外形尺寸相同的情况下背压小，背压增长率低，适应再生能力强，质量轻。

DPF对燃油品质要求非常高，一般情况下，要求燃油中硫含量低于10×10^{-6}，如果油品不合格，很容易发生堵塞。目前，国内市场柴油中硫的含量情况各有不同，满足不同车辆的使用要求。

DPF捕捉的颗粒物会积存在过滤器内部。过滤载体长时间使用后，会导致柴油发动机背压增加，阻碍尾气的流通；当超过一定限值时，会导致发动机动力性和经济性恶化，也会影响颗粒物的捕捉效率，不能满足排放的要求。只有及时除去过滤载体中的颗粒物才能使柴油发动机正常工作，即DPF的再生。

（二）DPF再生方式

DPF的再生方式分为被动再生和主动再生。

1. 被动再生

DPF被动再生是指废气中的NO，在DOC的作用下生成NO_2，NO_2与炭烟反应，从而实现减少DPF内部炭烟的目的。NO_2对被捕集的颗粒物有很强的氧化能力，可除去颗粒物并生成CO_2，从而达到去除颗粒物的目的。需要注意控制燃油中的含硫量，因为在DOC中，硫会被氧化。同时需要合适的排气温度，温度太高会引起NO_2分解加速，不能形成足够的NO_2，温度太低会使NO_2氧化碳颗粒的速度过慢。DPF被动再生的工作原理，如图7-92所示。

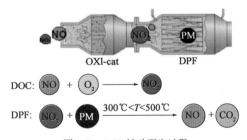

图7-92　DPF被动再生过程

对于DPF被动再生，只要排气温度达到要求就可以发生。

2. 主动再生

DPF主动再生是利用外界能量来提高DPF内部的温度，使碳颗粒氧化燃烧，从而消除掉 DPF 内部的积炭。DPF 主动再生的工作温度为 550～650℃，过程如图 7-93 所示。

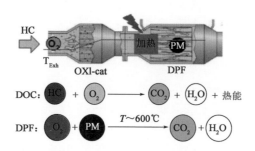

图 7-93　DPF 主动再生过程

装备 DPF 系统的车辆每行程 300～800km，就会对 DPF 系统做一次主动再生。主动再生时，发动机控制单元对空气供给系统和燃油供给系统进行管理。对空气供给系统的管理包括对增压器以及节气门的调节和关闭废气再循环的控制，以降低废气流动率和旁通量，从而提高排气温度。对燃油供给系统的管理包括延迟喷油、缸内喷油器后喷射和排气管柴油喷射。其系统控制工作原理如图 7-94 所示。

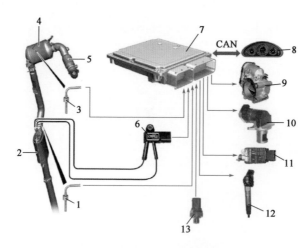

图 7-94　DPF 主动再生管理

1-温度传感器 2；2-DPF；3-温度传感器 1；4-DOC；5-初级催化转换器；6-压差传感器；7-发动机控制单元；8-温度传感器 2；9-DPF；10-温度传感器 1；11-DOC；12-高级催化转换器；13-VGT 前排气背压传感器（保护）

为满足主动再生的温度条件和对主动再生过程的监控,在排气管上安装有温度传感器。DOC 前温度传感器通常被称为 T4,DPF 前(DOC 后)温度传感器通常被称为 T5,DPF 后温度传感器通常被称为 T6。DPF 通过发动机控制单元控制空气供给系统和燃油供给系统,以及各温度的反馈信号和 DPF 再生温度的设定值,闭环控制 DPF 中碳颗粒的起燃和安全燃烧的进度。DPF 稳态再生温度控制如图 7-95 所示。

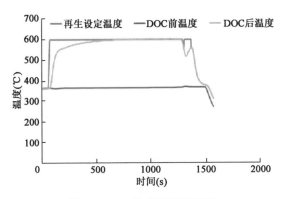

图 7-95　DPF 稳态再生温度控制

缸内喷油器后喷射技术主要应用在小排量柴油发动机上,通过喷油器远上止点后喷,其中未燃柴油(HC)通过排气阀,随尾气进入 DOC 内,氧化放热,从而使得 DPF 中的碳颗粒被燃烧掉。

排气管柴油喷射(HCI 或 DPM)技术主要应用在中大排量柴油发动机上,通过增加一套燃油供给系统,当 DPF 需要再生时,往排气管内喷射柴油,喷入的柴油在 DOC 上氧化放热,将 DPF 内部碳颗粒燃烧掉,其工作原理如图 7-96 所示。该技术避免了后喷射技术可能造成的机油稀释问题。

HCI 或 DPM 系统,自齿轮泵后端经过精滤过滤后引入燃油,通过燃油计量单元(MU)控制燃油的喷射和截止。MU 自身带两个传感器(上游温度压力传感器和下游温度压力传感器)和两个执行器(喷射阀和截止阀)。燃油喷射单元(IU)就是一个集成的机械式喷嘴。

DPF 主动再生又可以分为 3 大类:①DPF 行车再生,在车辆行驶时进行,包含 DPF 自动行车再生和 DPF 动态行车再生;②DPF 驻车再生,在车辆停止时,使用 DPF 再生开关进行或使用 KT 诊断仪进行;③DPF 服务再生,在服务站进行,包括拆卸下 DPF 进行清洗或焚烧。

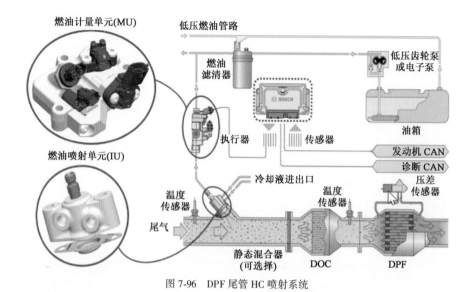

图 7-96　DPF 尾管 HC 喷射系统

1）DPF 行车再生

ECU 基于 DPF 炭烟加载量来触发亮灯（再生需求），驾驶员按再生按钮激活再生，如果驾驶员不激活再生，下一个驾驶循环则会限制转矩输出。

（1）DPF 自动行车再生释放条件。

①再生没有锁定；

②炭烟质量>26g（以 JMC 一款车辆为例）；

③没有 DPF/发动机相关的故障；

④T4>250℃，T5>120℃；

⑤蓄电池电压>12V（或 24V）；

⑥环境温度<20℃，冷却液温度>50℃或环境温度>20℃，冷却液温度>20℃。

若 DPF 压差值>50hPa（3500r/min）或者炭烟质量>35g，则需要到服务站进行 DPF 服务再生。

（2）DPF 动态行车再生释放条件。

若 28g<炭烟质量<31g，车况/路况允许，DPF 轻度过载，要进行 DPF 动态行车再生：

①若存在禁止 DPF 再生的故障码 DFC，请先行排查；

②通过诊断仪触发取消再生锁定功能，断电等待 2min；

③保持车速在 60~80km/h，连续行车 30min 以上，再断电等待 2min；

④再生循环结束后，若炭烟质量<15g，则再生成功。

若 15g<炭烟质量<28g，触发取消再生锁定并且提升颗粒值功能，重复动态行车再生：

①若炭烟质量<15g，则再生成功。

②若炭烟质量>15g，检查有无 DFC 禁止再生，检查再生过程中的 T5 温度（正常为 550~680℃）。

若 28g<炭烟质量<31g，车况/路况不允许，则进行 DPF 驻车再生：

用 KT710D 诊断仪触发驻车再生，再生停止条件：炭烟质量<20g，或者再生时间>2400s。

（3）再生停止后。

①若炭烟质量<20g，则再生成功；

②若 20g<炭烟质量<31g，重复驻车再生；

③若炭烟质量>20g，检查有无 DFC 禁止再生，检查再生过程中的 T5 温度（正常为 550~680℃）；

④T5 温度若不在规定区间，需要检查车辆状态或者传感器状态。

装备 DPF 系统的车辆，驾驶室内仪表上有再生指示灯、再生禁止灯、服务再生指示灯，控制面板上有 DPF 再生开关和 DPF 再生禁止开关，如图 7-97 所示。

图 7-97　DPF 再生相关指示灯和开关

2)DPF 驻车再生

博世对有的车辆提供全自动驻车再生方式,过程如图 7-98 所示。

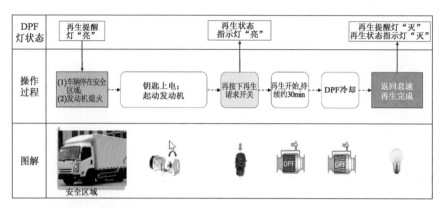

图 7-98　全自动驻车再生过程

驻车再生过程中发动机状态的变化如图 7-99 所示。

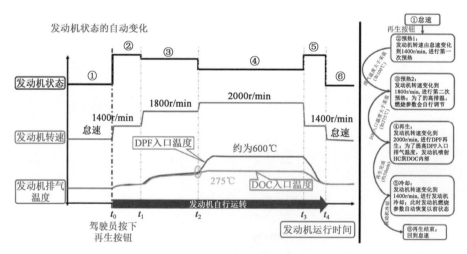

图 7-99　驻车再生过程发动机状态

(1)驻车再生注意事项。

①在 DPF 指示灯点亮后,按下 DPF 再生开关前,务必进行以下整车状态检查:
a. 车速为 0;b. 加速踏板没有踩下;c. 制动踏板没有踩下;d. 驻车制动器操纵杆已

经拉上;e.离合器踏板没有踩下。

②驻车再生需在热车(冷却液温度超过40℃,各厂家设定可能有所不同)状态下再生,尽量避免在冷车状态下再生。

③在整车自动进行驻车再生过程中,不要人为干涉,防止DPF累积的颗粒物再生不完全,对后处理系统有不利影响。

④在驻车再生过程中,发动机会进行怠速提升,只有当后处理系统的排气温度冷却下来后,发动机的怠速才会恢复为正常怠速;禁止在未恢复为正常怠速时就熄火,以防止后处理系统存在温度过高的危险。

⑤可根据整车发动机转速仪表盘显示的转速,判断驻车再生过程,DPF再生指示灯熄灭,同时发动机怠速恢复为正常怠速值,表示驻车再生过程完成。

(2)DPF重度过载。

①若31g<炭烟质量<39g,则为DPF重度过载,直接用诊断仪触发DPF驻车再生;

②再生停止后,若炭烟质量<20g,则再生成功;

③若20g<炭烟质量<28g,触发取消再生锁定并且提升颗粒值功能,进行DPF动态再生;

④若炭烟质量>20g,检查有无DFC禁止再生,检查再生过程中的T5温度(正常为550~680℃)。

(3)DPF重度过载(堵塞)。

当炭烟质量>39g,系统认为DPF严重过载即堵塞:

①检查进排气系统是否有泄漏;

②检查T4/T5传感器是否接反。

(4)更换新的DPF。

①若未更换ECU,用诊断仪触发DPF重置。

②若更换ECU,将原发动机的运行时间写入新ECU,再触发DPF重置。

3)DPF服务再生

车辆一般每行驶300000km,需到服务站进行一次DPF维护,服务再生时需要将DPF从发动机上拆卸下来,清除其中灰烬。清灰处理可以清除无法再生的无机盐灰分和没有完全再生的积炭。

清灰有焚烧和清洗两种方式。

(1)焚烧清灰需要有均匀温度控制的马弗炉,采用压缩空气反吹的装置和粉尘收集装置。此外,为了检查清灰的效果,还需要做前后的背压测试。焚烧对碳颗粒和无机盐的清理效果比较良好。

（2）清洗清灰需要使用加热溶液,将炭烟和灰分清除掉。清洗对颗粒物表面可挥发性成分的清理效果较好。

（三）DPF 故障

1）故障现象

亮故障灯、动力不足和排放超标等。

2）原因分析

①失效监控系统故障。

②因燃油或机油含硫量太高或者缸内净化装置问题,导致 DPF 堵塞,如图 7-100 所示。

图 7-100　DPF 堵塞现象

③人为拆除。

3）故障诊断

①使用博世 KT 系列诊断仪读取故障码,看是否有相关失效监控方面故障(如:压差太高、信号线与电源短路、信号线与搭铁短路等)。

②根据情况,检查压差传感器有无接插件松动、线束短路或断路、本体损坏等。

③在发动机运转时,使用压差表实际测量压差,判断是否有堵塞或泄漏情况。

④询问驾驶员加油情况以及发动机维修情况。

⑤必要时从发动机缸内净化方面查找,如测量缸压、检查喷油器滴漏(含 DPM 系统 IU 密封性检查)、检查 EGR 阀卡滞等可能情况。

四、选择性催化还原系统故障

车用柴油发动机排放控制重点是 NO_x 与 PM(包括颗粒物和炭烟)。与汽油发动机相比,柴油发动机排气中氧含量高,难以利用排气中的还原剂来还原 NO_x,而且,排气温度明显较低,后处理装置中的催化剂不能高效工作,因此,柴油发动机不能通过三元催化转换器来处理NO_x。柴油发动机主要是通过缸内净化优化来降低颗粒物的生成量,然后采用选择性催化还原(Selective Catalytic Reduction,SCR)后处理技术来降低NO_x的排放。随着2013年国四排放标准的实施,SCR技术在我国柴油车市场快速推广应用,SCR系统的故障诊断与维修技术也成为汽车后市场技术人员关注和研究的热点。

(一)SCR系统作用

1.SCR技术机理

SCR是指使用NH_3(氨气),在催化剂的作用下,高选择性地优先还原NO_x而不先与O_2反应。虽然NH_3是良好的还原剂,但有强烈的刺激性气味,所以,汽车上一般使用无毒、无害、储运方便的32.5%浓度的尿素水溶液(又称添蓝)作为车载SCR系统的还原剂。SCR系统工作时,会先采集发动机的转速、转矩以及催化器前温度等信号,并传送给SCR控制器;SCR控制器根据控制策略,计算出所需的尿素量,再将尿素水溶液(或与压缩空气混合后)经喷嘴喷入SCR催化器的入口前段排气管内。尿素水溶液在排气管内热水解生成NH_3,而NH_3在催化剂作用下将NO_x还原成N_2和H_2O。

转化反应如下:

$$(NH_2)2CO \Longrightarrow NH_3 + HNCO \qquad (7\text{-}5)$$

$$HNCO + H_2O \Longrightarrow NH_3 + CO_2 \qquad (7\text{-}6)$$

$$4NO + 4NH_3 + O_2 \Longrightarrow 4N_2 + 6H_2O \qquad (7\text{-}7)$$

$$NO + NO_2 + 2NH_3 \Longrightarrow 2N_2 + 3H_2O \qquad (7\text{-}8)$$

$$6NO_2 + 8NH_3 \Longrightarrow 7N_2 + 12H_2O \qquad (7\text{-}9)$$

式(7-5)为热解,式(7-6)为水解,式(7-7)为转化反应方式1,式(7-8)为转化反应方式2,式(7-9)为转化反应方式3。

三种方式的催化转换,效率最高的是方式2。该过程大部分在<300°C的低温下进行,当NO/NO_2的比例为1:1时,可能在170°C以上就开始反应。因此,柴油发动机尾气后处理中,需要将尾气中大部分的NO,在DOC中氧化催化成NO_2,并控制NO/NO_2的比例为1:1,以提高NO_x的转化效率。常规的尿素水溶液消耗量为柴油的2%~5%(视车辆具体运行工况、排气温度等)。

SCR采用的还原剂应符合《信息安全技术　公钥基础设施　数字证书格式》(GB/T 20518—2018)标准、浓度为32.5%±5%的尿素水溶液,要求尿素纯度高,作水去离子处理。国际还存在两大认证:德国汽车工业协会的"AdBlue"

认证和美国石油协会的"DEF"认证。尿素水溶液无毒、无气味、不易着火、无爆炸危险,但稍有腐蚀性。不合格的尿素水溶液,容易引起降低 NO_x 转换效率的问题。尿素水溶液浓度过低容易结冰,过高容易结晶。尿素水溶液特性如图 7-101 所示。

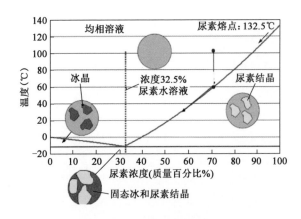

图 7-101　尿素水溶液特性

尿素不溶物、杂质、结冰或结晶会导致尿素泵磨损、尿素喷嘴堵塞。严禁使用不合格的尿素水溶液,在车辆加注时要注意清洁度。国六排放标准要求通过质量传感器对尿素水溶液的浓度进行监控。

为了减少氨泄漏,通常在 SCR 后方安装 ASC 氨(NH_3)催化转换的装置。转化反应如下:

$$NH_3+O_2 =\!=\!=\!= NO \qquad\qquad (7\text{-}10)$$

$$NH_3+NO =\!=\!=\!= N_2+H_2O \qquad\qquad (7\text{-}11)$$

2. 非气驱式 SCR 系统组成

市场上柴油车配套的 SCR 系统,有的采用电控喷嘴,不需要压缩空气辅助喷射,称为非气驱式 SCR,如博世 DNOX6-5 的系统,如图 7-102 所示。

其主要部件包括尿素箱、尿素管路、尿素泵、尿素喷嘴、SCR 催化装置、SCR 控制器(ECU 或 DCU)和 ASC 氨催化装置。

1)尿素箱

尿素箱的主要作用是存储尿素溶液,内含尿素液位、温度和浓度传感器,尿素加热水管等,如图 7-103 所示。

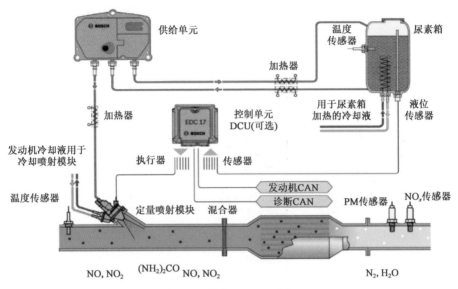

图 7-102　博世 DNOX6-5 系统

图 7-103　尿素箱

2）尿素箱传感器

尿素箱传感器集成了温度、液位和浓度传感器。三个传感器分别采集所需信号，并将信号传递给传感器控制器 MCU（或 SCU），随后，MCU 将信号转化为 CAN 信号并传递给 SCR 控制器（ECU 或 DCU），如图 7-104 所示。

3）尿素管路

尿素管路的主要作用是输送尿素溶液，包括进液管、回液管、压力管。在温度较低的情况下，ECU 会控制尿素管路加热，保证系统正常运行，如图 7-105 所示。

4）尿素泵

尿素泵的主要作用是接受 SCR 控制器信号，将尿素水溶液加压到合适的压力,并将压力信号反馈给 SCR 控制器(ECU/DCU)。同时,在寒冷环境中可以对尿素进行加热,保证尿素泵工作正常。

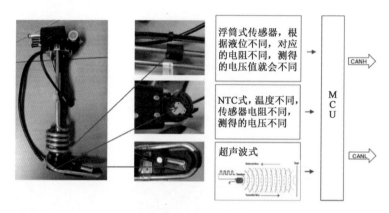

图 7-104　尿素箱传感器

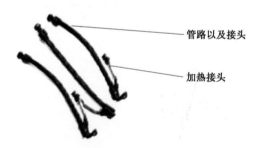

图 7-105　尿素管路

博世 SM6-5 尿素泵外部结构如图 7-106 所示。

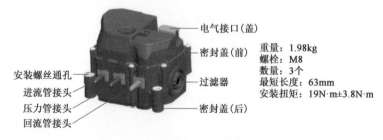

图 7-106　博世 SM6-5 尿素泵外部结构图

SM6-5 尿素泵内部结构如图 7-107 所示。

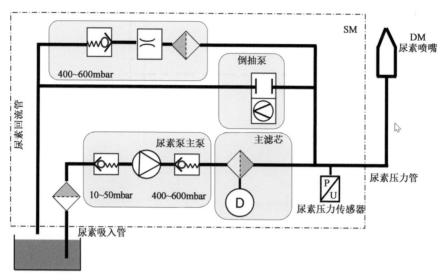

图 7-107　SM6-5 尿素泵内部结构图

SM6-5 尿素泵内部核心零部件如图 7-108 所示。

图 7-108　SM6-5 尿素泵内部核心零部件

SM6-5 尿素泵和尿素喷嘴电气连接如图 7-109 所示。

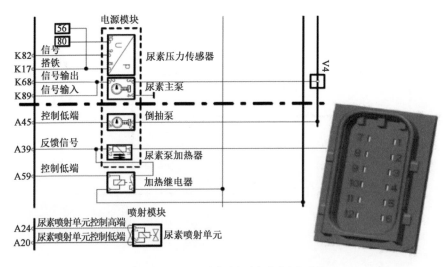

图 7-109　SM6-5 尿素泵和尿素喷嘴电气连接

5）尿素喷嘴

尿素喷嘴的主要作用是受 SCR 控制器（ECU/DCU）控制，将加压的尿素水溶液喷射到排气管中，并确保雾化良好。DM2.2 尿素喷嘴外部结构如图 7-110 所示。

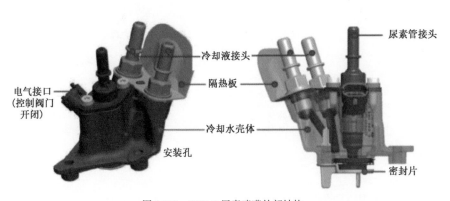

图 7-110　DM2.2 尿素喷嘴外部结构

尿素喷嘴工作参数如图 7-111 所示。

3. SCR 加热系统

当系统在寒冷温度下工作时，为防止结冰，需要对系统进行加热。SCR 系统加热分为水加热和电加热,其中,尿素箱和尿素喷嘴需要使用发动机冷却液加热,尿素泵和尿素管路需要使用电加热,如图7-112所示。

→ 环境温度:-40~120℃

→ 内部工作温度:-5~70℃

→ 发动机冷却剂冷却(无控制阀)

→ 冷却液温度<110℃,冷却液压力<4bar(相对)

→ 最小冷却流量:50L/h(怠速);140L/h(全负荷)

→ 冷却管路直径:6~8mm

→ 喷孔:3个,120°分布

→ 保持电流:340mA

喷射模块

A24 尿素喷射单元控制高端

A20 尿素喷射单元控制低端

尿素喷射单元

图7-111　尿素喷嘴工作参数

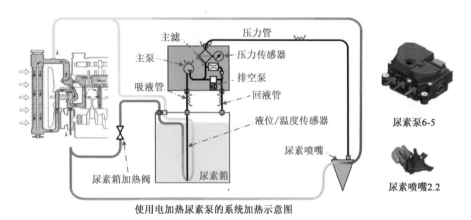

主滤　　压力管

主泵　　　压力传感器

吸液管　　排空泵

　　　　　回液管

　　　　　液位/温度传感器

　　　　　尿素喷嘴

尿素箱加热阀　　尿素箱

尿素泵6-5

尿素喷嘴2.2

使用电加热尿素泵的系统加热示意图

图7-112　尿素系统加热

尿素加热控制电磁阀安装在冷却液管路上,控制尿素箱加热,防止尿素箱中的尿素结冰。当电控单元通过尿素箱温度传感器,感应到尿素温度低于一定程度时,判断系统要结冰,将通电打开电磁阀,加热的发动机冷却液就会顺着管道流向尿素箱内置的热交换器,为尿素箱中尿素水溶液加热,如图7-113所示。

4. 气驱式SCR系统组成

气驱式SCR系统采用机械喷嘴,需要压缩空气辅助喷射,例如配套格兰富Emitec的系统,如图7-114所示。

图 7-113　加热控制电磁阀

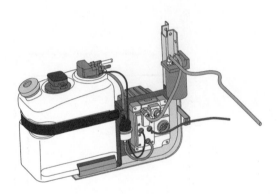

图 7-114　气驱式的 Emitec 系统

对于气驱式 SCR 系统,需要增加一套压缩空气辅助系统,利用压缩空气,吹扫计量泵的尿素溶液到喷嘴,并使其更好雾化。系统中包括车辆储气罐、压缩空气滤清器、压缩空气电磁阀、尿素箱、计量喷射泵、尿素喷嘴、后处理控制单元(DCU)、催化消声器及相应管路和线束构成。其系统结构原理图如图 7-115 所示。

1)计量喷射泵

尿素系统控制单元 DCU 通过 CAN 总线与发动机 ECU 通信,获得发动机的运行参数,再加上两个催化器温度信号,可计算出尿素喷射量,随后,通过 CAN 总线控制计量喷射泵,喷射适量的尿素到排气管内。压缩空气的作用是携带计量后的尿素到喷嘴,使尿素经喷嘴喷射后尽可能地雾化。

计量喷射泵外部结构如图 7-116 所示。

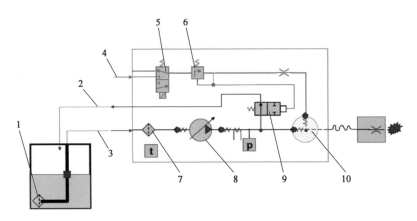

图 7-115　气驱的 Emitec 系统结构原理图

1-带过滤器的尿素箱;2-回液;3-进液;4-压缩空气(6~12bar);5-空气控制阀;6-压力调节阀(4bar);7-滤芯;8-带步进电机泵;9-空气控制阀(调混合腔尿素浓度);10-混合腔

图 7-116　Emitec 计量喷射泵外部结构图

1-空气电磁阀;2-空气接头(车身空气罐);3-37 针主电器线束接头;4-DEF 回液接头(仅在预注时工作);5-DEF 喷射接头(DEF 与空气混合);6-DEF 进液接头(吸液管)

　　2)电气接头

　　37 针主电气线束接头布置如图 7-117 所示,包括了蓄电池电源接口、点火开关、空气电磁阀正负极和 J1939 通信高电平、低电平以及屏蔽端子。

　　3)尿素喷嘴

　　尿素喷嘴是一个不锈钢喷射器,安装在排气管上。有 4 喷孔(弯型)和 3 喷孔型(直型),喷孔直径0.55mm,如图7-118所示。

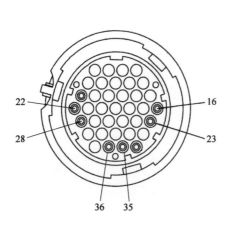

图7-117　Emitec计量喷射泵主电器线束接头
35,36-空气电磁阀控制端子;23,16,34-尿素泵供电端
子;22,28-通信端子

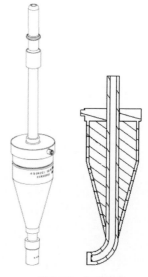

图7-118　尿素喷嘴

　　尿素喷嘴的作用是将计量喷射泵送来的尿素与空气混合物顺流喷入排气管,并使喷出的尿素均匀雾化。安装时,喷射孔必须朝向催化转换器,DEF喷射的方向是与气流方向一致的。

(二)SCR系统故障

　　SCR系统工作过程可分为待机、预注、喷射等待、喷射和清空阶段。常见故障有:尿素质量不合格、尿素溶液泄漏、尿素泵建压失败、尿素消耗过高、氮氧化物排放超标、空气管路故障和其他各种传感器故障等。

1. 尿素质量不合格故障

1)故障现象

国六柴油车尿素箱里装有尿素质量传感器,用于监控尿素质量。仪表上有尿素浓度显示,超范围会有报警提示。

2)原因分析

驾驶员添加尿素质量不合格,尿素浓度传感器故障。

3) 故障诊断

①用图 7-119 所示尿素折射仪,测量尿素质量是否满足要求。

图 7-119　尿素折射仪

②检查尿素箱尿素传感器模块组传感器线束连接是否完好。

③拆下尿素箱上传感器模块,将其放入纯净新鲜的车用尿素溶液中,打开钥匙开关,观察车辆仪表上的尿素信息。

2. 尿素溶液泄漏故障

处理尿素溶液时,必须佩戴护目镜和手套,穿防护服。如果尿素溶液接触到眼睛或皮肤,必须用大量的清水冲洗。尿素具有非常强的穿透力,容易结晶和凝固。任何电子接头不得接触尿素溶液。

尿素系统中的 O 型圈,材质为聚四氟乙烯,任何情况下都不得接触机油、矿物油基油脂或含硅油脂,只能使用甘油。尿素箱内不得有任何杂质,如误加注其他油液会损坏系统,少量柴油也会导致系统的损坏。

1) 原因分析

管路接口清洁度问题,系统中误入其他油液。

2) 故障诊断

①试纸测试。在试纸上滴一滴尿素水溶液,如果试纸变湿(由浅蓝变成深蓝),则表明尿素水溶液中含有柴油或机油。如果是纯尿素溶液,试纸不会变色。若混有其他油液,需要彻底更换尿素水溶液,清洗尿素箱,拆检维修各尿素部件,必要时完全更换整个系统。尿素水溶液试纸测试如图 7-120 所示。

②外部目检。尿素溶液非常容易结晶,若发生泄漏,非常容易在泄漏部位发现白色物体。可以先对泄漏部位进行外部清洗,再拆卸接头部位,并用水清洗干净后,目检无损坏后再安装。

3. 尿素泵建压失败故障

1) 故障现象

仪表盘亮灯、车辆需要及时维修,否则会造成限矩和限速。

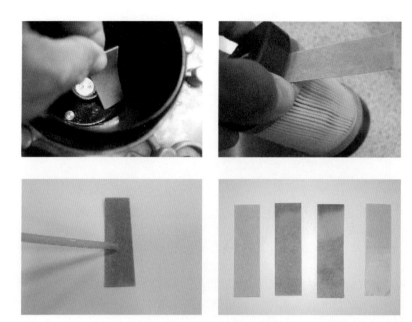

图 7-120　试纸测试尿素水溶液

2）原因分析

尿素箱上的通气孔堵塞，尿素管路弯折、堵塞或泄漏，尿素箱或尿素进液口滤网堵塞，尿素水溶液有杂质，尿素泵失效等。

3）故障诊断

①外部目检，外加拆卸检查。

检查尿素箱通气管路是否因尿素结晶或脏污导致堵塞。检查尿素进液管、喷射管和回流管路是否有重物压迫、弯折等现象。检查尿素泵管路接头、主滤芯等部位是否有泄漏导致的白色结晶物。

必要时拆卸尿素箱传感器模块，检查尿素进液滤网是否有堵塞。目检尿素溶液是否有杂质。

②尿素泵驱动检查。

车辆下电后再上电，听尿素泵是否有开始工作准备的声响。车辆下电后，尿素泵是否有反抽的声响。

③替代检查。

必要时使用替代尿素箱和管路，通过"打吊瓶"的方式来辅助排查尿素箱和管路的故障。

4. 尿素水溶液消耗量过高故障

1）故障现象

车用尿素水溶液消耗量与车型、排放、负载、路况和驾驶习惯等都有关系。若发现消耗量显著过高，需要对系统做全面的检查。

2）原因分析

尿素箱泄漏，尿素系统连接管路泄漏，尿素泵泄漏，尿素喷嘴密闭不严，尿素泵建压压力异常，尿素喷嘴雾化不良，SCR 转化效率低下等。

3）故障诊断

诊断检查期间，需要使用 KT 系列诊断

图 7-121　尿素测试套件 DNOXSET2

仪配合尿素测试套件 DNOXSET2，如图 7-121 所示，对驱动尿素系统做各有关功能测试。

5.氮氧化物排放超标故障

1）故障现象

氮氧化物排放超标。

2）原因分析

尿素质量不合格，尿素泵建压压力偏小，尿素喷嘴雾化不良，尿素喷嘴安装部位有漏气，排气管内混合器位置变形，SCR 催化剂表面有尿素结晶，氮氧化物探测不准确等。

3）故障诊断

类似于尿素水溶液消耗量过高的故障。需要通过外观目检、拆下检查、诊断仪诊断、诊断仪和尿素测试套件配合诊断，还需要通过 KT 系列诊断仪驱动尿素泵建压、测量尿素喷射量和检查测试尿素喷嘴喷雾等，如图 7-122 所示。

6.气驱式 SCR 系统空气管路故障

对于空气管路故障，可以从排查空气滤清器的堵塞情况和空气电磁阀线束及内部卡滞情况着手，如图 7-123 所示。

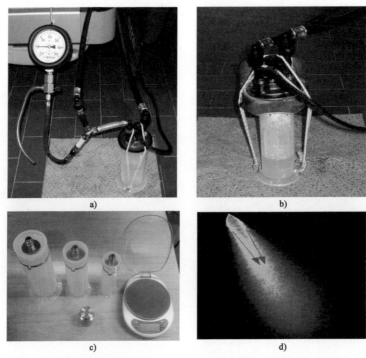

图 7-122　尿素泵建压、尿素喷射量测量、喷射量称重和喷嘴喷雾测试

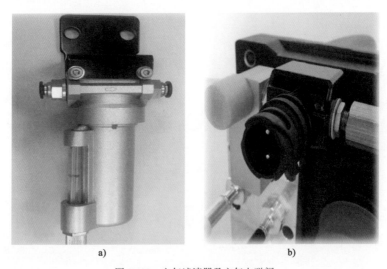

图 7-123　空气滤清器及空气电磁阀

7. 其他各种传感器故障

SCR 系统中安装了很多传感器,如:温度传感器、尿素液位传感器、尿素质量传感器、压力传感器和非常重要的氮氧化物传感器。传感器类故障可以参见各相关产品的诊断技术手册来排查。下面着重介绍氮氧化物传感器的故障诊断。

国六柴油车装备有 2 只氮氧化物传感器。上游氮氧化物传感器用于监控发动机原排的氮氧化物(取代原排模型值)。下游氮氧化物传感器用于测量 SCR 系统催化还原反应后 NO_x 的浓度、监控系统的转化效率并实现尿素喷射的闭环控制 OBD 功能。氮氧化物传感器由三个部分组成:传感头、控制模块和连接电缆;通过 CAN 线与控制单元通信,同时在内部也有自诊断系统,用于监测自身的工作情况,并通过 CAN 线向控制单元汇报是否出现故障。氮氧化物传感器是一个零件,任何一个分部件都不能被独立更换。

1) 工作过程

(1) 当接通点火开关时,传感器将加热到 100℃。

(2) 之后等待发动机控制单元 ECM 发出一个露点温度信号,露点温度是指在这个温度后排气系统内将不会有能损坏传感器的湿气存在。目前露点温度被设定为 120℃,温度值参考排气出口温度传感器测出的数值。

(3) 传感器在接收到 ECM 发来的露点温度信号后,将自行加热到一定温度(最大可为 800℃)。此时,如果传感器头接触到水,将会导致传感器损坏。

(4) 加热到工作温度后,传感器才开始正常的测量工作。

(5) 传感器将氮氧化物值发送到 CAN 总线上,发动机控制单元 ECM 通过这些信息对氮氧化物的排放进行监测。

2) 三种状态

(1) 无电源状态。

在这种状态下,24V 电没有提供到传感器,在车身点火开关关闭的情况下,这是传感器的正常状态,此时,传感器没有任何输出。

(2) 有供电——传感器非激活状态。

此时,电源已经通过点火开关提供到传感器,传感器进入预加热阶段,预加热的目的是蒸发所有在传感器头上的湿气,预加热阶段会持续大约 60s。

(3) 有供电——传感器激活状态。

在收到露点温度信号后,传感器测量部件将被加热到 800℃ 左右,传感器一旦被加热到正常工作温度后,氮氧化物和氧气的浓度信息就会被传感器发送到 CAN

总线上。

3）常见故障

通信故障，报文超时故障和合理性故障等。

（1）通信故障。

①故障现象。

DCU 没有接收到传感器信号。

②原因分析。

传感器 CAN 模块损坏，传感器线路或 CAN 总线故障。

③故障诊断。

a.检查传感器供电是否正常(24V)，用万用表电压挡测量传感插头 1 针脚与 2 针脚之间的电压是否为 24V，如图 7-124 所示。若供电不正常则维修线路或熔断器。

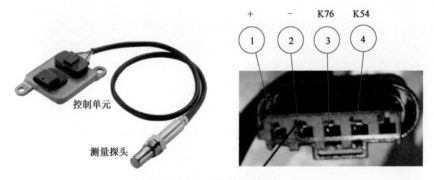

图 7-124 传感器及针脚定义

b.检查 CAN-H(K54)、CAN-L(K76)搭铁电压是否正常，即传感器插头 4 针脚 与 2 针脚、3 针脚与 2 针脚之间电压是否正常。若不正常则检查线路是否开路或 是否 CAN-H、CAN-L 接反。

c.若上述检查结果都正常，更换传感器。

（2）报文超时故障。

①检查传感器有无裂纹或损坏，线束和接头触针以及 DCU 线束和接头触针有 无进水或针脚异常(松动、弯曲、折断、退针)的现象；

②如无问题，用万用表测量传感器接头上"1"号脚与车身搭铁之间的电压是 否正常(随点火开关通断而通断)；

③如无问题，再检查 DCU 线束接头通信 CAN-H 与通信 CAN-L 触针，与传感

器插头"4"号脚与"3"号脚之间线束是否开路；

④如无问题，再检查 DCU 线束接头通信 CAN-H 与通信 CAN-L 的触针与车身是否有短路；

⑤如上述正常，更换传感器。

（3）合理性故障。

①检查传感器有无裂纹或损坏，线束和接头触针有无进水或针脚异常（松动、弯曲、折断、退针）的现象；

②如无问题，检查 DCU 线束和接头触针有无进水或针脚异常（松动、弯曲、折断、退针）的现象；

③如无问题，再检查 DCU 是否使用正确的管接头和紧固件，并牢固安装在正确的位置，另外注意排气系统有无泄漏现象；

④如无问题，最后检查 DCU 线束接头"传感器信号"和触针与传感器线束接头对应触针之间是否开路；

⑤如上述正常，更换传感器。

五、氮氧化物储存式催化转换系统故障

1）功能作用

氮氧化物储存式催化转换系统（NSC）的作用是存储 NO_x，$DeNO_x$，$DeSO_x$。其储存式氮氧化物系统工作原理，如图 7-125 所示。

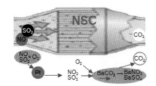 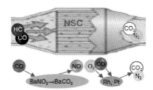 

当 $\lambda>1$
正常工作模式
进行氮氧化物存储

当 $\lambda<1$
进行 $DeNO_x$ 转化
生成 CO_2 和 N_2

当 $\lambda<1$，$>600℃$
进行 $DeSO_x$ 还原反应

图 7-125　NSC 系统工作原理

（1）氮氧化物存储。

在稀燃模式（$\lambda>1$）进行氮氧化物存储，属于富氧环境下的氧化反应。在尾气中氧含量较大的环境下，在贵金属铂（Pt）催化剂的作用下，NO_x 与碳酸钡（$BaCO_3$）反应后生成硝酸钡[$Ba(NO_3)_2$]，于是成功地将 NO_x 储存。该过程只可存储 NO_2，

对于 NO 不起作用。因此,在该系统前需要使用氧化催化装置,将 NO 转化为 NO_2。反应原理如下:

$$2BaCO_3+4NO_2+O_2 \Longrightarrow 2Ba(NO_3)_2+2CO_2 \qquad (7-12)$$

（2）$DeNO_x$ 转化。

硝酸钡在浓混合气模式与 CO 发生还原反应。NO_2 持续存储一段时间后,通过喷油器后喷射或延迟喷射,不完全燃烧生成 CO,形成 $\lambda<1$ 的贫氧环境。在铑和铂的催化作用下,还原 $Ba(NO_3)_2$ 生成碳酸钡（$BaCO_3$）、CO_2 和 N_2。反应原理如下:

$$Ba(NO_3)_2+3CO \Longrightarrow BaCO_3+2NO+2CO_2 \qquad (7-13)$$
$$2NO+2CO \Longrightarrow N_2+2CO_2 \qquad (7-14)$$

（3）$DeSO_x$ 转化。

硫沉积和随后的氧化发生在温度>620℃时（硫含量越低,燃料需要就越少）。尾气中同时含有少量的硫化物,$DeSO_x$ 的转化一般发生在再生结束后,反应需要在高温以及缺氧的环境条件下,趁着再生的高温将硫化物还原,一般持续 5min 左右。与硝酸钡的再生不同,因为硫含量少,所以不需要很高的再生频率。

在这个过程中,硫酸钡（$BaSO_4$）在铂和铑的催化作用下,与 HC 和 CO 进行还原反应,被转化成碳酸钡（$BaCO_3$）、二氧化硫（SO_2）和硫化氢（H_2S）。脱硫时产生的少量硫化氢（H_2S）被柴油机颗粒捕集器中的防逃逸涂层转换成二氧化硫（SO_2）。

因为 NSC 在不同氧浓度和不同排气温度下可实现不同的功能,所以,为了使 NSC 能正常工作,必须要使用空燃比传感器来参与 EDC 对空燃比的控制,并使用空燃比传感器监控其工作的情况,如图 7-126 所示。

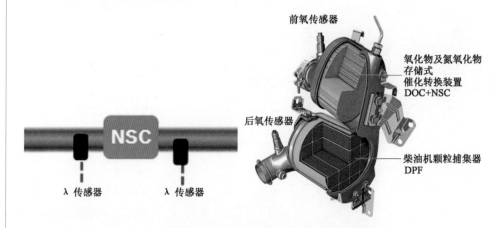

图 7-126　NSC 系统中空燃比传感器以及 DOC+NSC+DPF 结构

2）故障现象

故障灯点亮、限矩限速和氮氧化物排放超标等。

3）原因分析

空燃比传感器故障，NSC 高温损坏，NSC 中毒失效。

4）故障诊断

首先，需要观察空燃比传感器是否有损坏，线束及接插件是否有问题，通过空燃比传感器安装孔使用内窥镜检查 NSC 情况。其次，询问驾驶员车辆加油情况以及车辆维修情况。NSC 对油品中的硫含量非常敏感，催化剂容易中毒失效。使用 DCI700 喷油器试验台检查燃油供给系统喷油器是否有滴漏现象，使用 KT 系列诊断仪读取故障码、数据流等来进行相关故障排查。

第八章

汽车排放污染诊断典型案例

　　提炼和分析大量的汽油车和柴油车排放控制系统故障诊断的案例,可以在很大程度上印证前文提出的理论和思路。一般来说,获取汽车排放污染系统治理知识,可以分为两个渠道:一是从车辆维修专家及有关文献资料获取,二是从系统的运行实践当中不断总结归纳。本章从运行实践中选出一部分案例进行介绍,分为汽油发动机部分和柴油发动机部分。汽油发动机部分包括点火、进气压力、冷却系统和后处理系统故障处理。柴油发动机部分包括后处理系统、EGR、数据流诊断、电路故障处理。

第一节　汽油发动机排放污染诊断典型案例

一、车龄超高和里程超长案例

(一)车辆信息

(1)车型:丰田陆地巡洋舰。

(2)行驶里程:350000km。

(3)发动机排量:4.0L。

（二）故障现象

年检时因尾气排放超标进厂维修，且尾气有较大的刺激性味道。

（三）故障诊断

进厂时检测报告显示 HC：1.1g/km，CO：21.5g/km，NO_x：0.8g/km。从排放污染物检测数据来看，属于 CO 超标；但 NO_x 的检测值大致为限值的 50%，排放水平较高。根据前文讲述的诊断方法判定，该车故障点为三元催化转换器失效。使用尾气分析仪测试，过量空气系数 $\lambda = 1.01$，在正常范围内，印证了上述判定。使用红外测温枪测试三元催化转换器表面温度，前后几乎没有温差，说明三元催化转换器内部的化学反应不活跃。另外，该车的行驶里程（350000km）和使用年限（20 年左右），已远超原车三元催化转换器的设计寿命（国一阶段 80000km，5 年），说明三元催化转换器属于正常失效。

更换该车的三元催化转换器后，对尾气排放过程进行检测，如图 8-1 所示，检测表照片 2 显示 CO：0.02%，HC：$14×10^{-6}$，NO_x：$26×10^{-6}$。

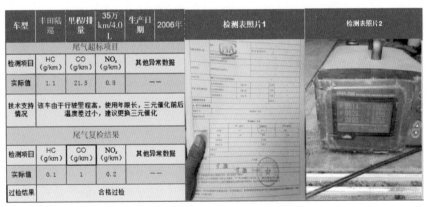

车型	丰田陆巡	里程/排量	35万km/4.0L	生产日期	2006年	检测表照片1	检测表照片2

尾气超标项目							
检测项目	HC (g/km)	CO (g/km)	NO₂ (g/km)	其他异常数据			
实际值	1.1	21.5	0.8	——			
技术支持情况	该车由于行驶里程高，使用年限长，三元催化前后温度差小，建议更换三元催化						

尾气复检结果							
检测项目	HC (g/km)	CO (g/km)	NO₂ (g/km)	其他异常数据			
实际值	0.1	1	0.2	——			
过检结果	合格过检						

图 8-1　检测结果

（四）案例总结

在实际工作中，可能会经常遇到这种长行驶里程和高车龄的车辆，其特点是发动机和尾气后处理装置老化严重，车况复杂，特别是三元催化转换器等具有使用寿命的部件早已失效。在故障诊断时，可以优先考虑检查这些零部件。

二、NO$_x$超标，但 HC 和 CO 排放数据低案例

（一）车辆信息

（1）车型：大众 POLO。
（2）行驶里程：160000km。
（3）发动机排量：1.4L。

（二）故障现象

年检上线前做常规检查，显示排放数据异常。

（三）故障诊断

该车配备了电控多点燃油喷射发动机，点火系统为单缸独立点火。进厂前未做上线排放污染检测，无检测报告。使用尾气分析仪测试得 HC：$26×10^{-6}$，CO：0.04%，NO$_x$：$3515×10^{-6}$。通过排放污染物检测数据来看，属于 NO$_x$ 单独超标，HC 和 CO 的排放水平极低。通过前文讲述的诊断方法，分析尾气数据发现，排放气体中氧化剂（NO$_x$）和还原剂（HC 和 CO）比例失调。至此，不能说明三元催化转换器失效，只能先按照 NO$_x$ 产生的原因进行逆向推导。NO$_x$ 产生的条件为高温、高压、富氧，检查发现，发动机燃烧室和进气道积炭较多，清除积炭后高怠速热车，故障排除。

更换该车的三元催化转换器后，对尾气排放过程做检测，如图 8-2 所示，检测结果为 CO：0.01%，HC：$6×10^{-6}$，NO$_x$：$82×10^{-6}$。检测发现，NO$_x$ 的排放数据虽然没有超标，但仍然没有达到理想的低排放水平。考虑该车三元催化转换器的使用已远超设计寿命，测试其表面温度后发现，前后无温差，更换三元催化转换器，NO$_x$ 排放值降为$20×10^{-6}$。

（四）案例总结

本案例是汽车排放污染诊断工作中比较典型的复合型案例。初步诊断是因发动机问题导致的 NO$_x$ 超标，维修后排放数据有明显好转，但未达到最佳状态。此时，另一个故障因素三元催化转换器就凸显出来，需要一并进行处理。

车型	大众POLO	里程/排量	1.6km/1.4L	生产日期	2010年	检修过程		检测表照片			
	尾气超标项目					故障现象：NOx超标		稳态工况法			
检测项目	HC	CO	NO$_x$	其他异常数据		检查过程：尾气数据上反映该车单独NO$_x$超标,读取发动机数据流,各项数据均正常。观察燃烧室及进气道积炭较多,清除积炭后怠速建顺。考虑该车使用年限过催化器寿命,一并更换了三元催化器。		ASM5025			AS
								HC(10^{-6})	CO(%)	NO(10^{-6})	HC(10^{-6})
实际值	26ppm	0.04%	3515ppm	/				26.0	0.04	3515.0	—
维修项目	三元催化器+燃烧室积炭清洗、进气道积炭清洗							90	0.5	700	80
	尾气复检结果					诊断结果：三元催化器、燃烧室积炭清洗、进气道积炭清洗		不合格		检验员	
检测项目	HC	CO	NO$_x$	其他异常数据						引车员	
实际值	6ppm	0.01%	82ppm	/						单位盖章	
过检结果	过检										

图 8-2　检测结果

三、双燃料发动机 HC 超标案例

（一）车辆信息

（1）车型：大众 POLO。

（2）行驶里程：160000km。

（3）发动机排量：1.4L。

（二）故障现象

车辆后期改装 CNG+汽油双燃料发动机后不久,发动机尾气排放灯常亮,汽车间歇性行驶不稳,HC 排放超标,燃料消耗量增加。

（三）故障诊断

经调查了解到,该车于 2013 年 1 月加改装 CNG 系统时,已经行驶约 120000km。改装前一切正常,改装后经常因动力不足到 CNG 改装厂进行燃气调试,并更换了原厂火花塞。但该车燃气消耗比其他同排量双燃料发动机改装车辆都要高很多。

使用汽车专用诊断仪,读得故障代码 P0303（3 缸偶发性失火）和 P0171（混合气过稀）,检测相关数据流,未发现异常情况。根据故障代码,诊断技术人员怀疑 3 缸的点火系统存在偶发性故障,遂将 3 缸和 4 缸的火花塞进行互换。清除故障代码后,发动机故障灯熄灭。经过 1 个多小时的发动机运行试验,以及 20 余公里的道路试验,均未出现故障。

该车行驶一个多月后,再次出现原故障:发动机尾气排放灯亮、HC 排放超标、动力不足及耗气量大等。使用专用诊断仪检测发现,仍然存在 3 缸偶发性失火和混合气过稀的故障代码。经过分析,3 缸偶发性失火,表明 3 缸偶发性不工作,原因主要有偶发性不点火和偶发性不供燃料,且前者可能性更大。因此,判断故障范围还是在点火系统、燃气供给系统和电控系统。点火系统主要部件有火花塞、高压线、点火线圈(包括点火模块)、喷油器、燃气供给电磁阀、曲轴位置传感器、发动机电控单元及相关电路等。

鉴于该车故障现象出现在加改装 CNG 系统后,且只是燃气模式故障率高,燃油模式故障率低;而改装的燃气供给系统,采用多点式供气装置,即发动机每个进气歧管都有一个供气装置,每个控制供气的装置又采用电磁阀控制,各电磁阀受燃气电控单元集中控制。因此,诊断技术人员将故障重点集中在点火系统,并在检查中发现,在发动机转速传感器导线连接器处,有 2 个插头脱落,即该车的点火提前器未使用,如图 8-3 所示。通过分析,最大可能是点火提前器不良或转速信号受到干扰。这种由汽油发动机改装成的油/气两用汽车,一方面应控制油/气的转换,另一方面应对点火提前角进行控制。而点火提前角是由原车发动机电控单元控制的,点火提前器起到改变发动机转速传感器/汽缸压缩上止点记号的作用。将点火提前器拔掉并固定好,安装好原车的发动机转速传感器,清除故障代码,进行多次实车试验后未再出现故障,由此判断故障点为 CNG 点火提前器。

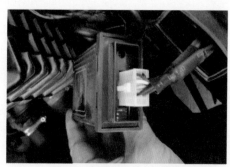

图 8-3 CNG 系统点火提前器

(四)案例总结

此车是由于 CNG 改装零部件质量较差,加上人工安装不到位,造成了导线连接器接触不良故障,属于典型的汽车电控系统故障。在汽车检测诊断过程中,维修技术人员的不严谨操作有可能造成误判。通过使用汽车故障检测仪读取故障代码、验证相应数据流,可以缩小故障范围;通过查看和分析电路图,能够帮助锁定故障重点范围,从而达到快速修复故障的目的。因此,在汽车维修工作中,要学会合理使用检测诊断设备和工具,配合使用相应维修手册、技术资料,不断进行故障检测、诊断、分析、验证,快速找出故障点,排除车辆故障。不能只作更换零部件的维修。

四、冷却系统故障导致尾气超标案例

(一)车辆信息

(1)车型:大众帕萨特。
(2)行驶里程:35000km。
(3)发动机排量:1.8T。

(二)故障现象

起动发动机进行高怠速热车,热车后仪表冷却液温度一直保持在60℃左右,显示不正常,且车辆排出尾气中刺激性气味较浓。

(三)故障诊断

连接诊断仪发现,发动机无故障码;读取发动机数据流,显示冷却液温度在15℃且不稳定,最高到达60℃;使用五气分析仪测试,尾气数据超标,结果见表8-1。

尾气测量结果(1)　　　　　　　　　　　　　　　　表8-1

气体	$HC(10^{-6})$	$CO(\%)$	$NO(10^{-6})$	$CO_2(\%)$	$O_2(\%)$	λ
数据	33	0.35	11	16.76	0.05	0.991

通过以上检查发现:
(1)该车冷却液温度显示不正常,发动机接收到的冷却液温度信号也不正常。
(2)该车尾气排放CO超标,且通过热车提升尾气排放装置温度后,依然超标。
由以上检查可知,故障诊断顺序是先检查冷却系统,再检查尾气超标故障。根据发动机冷却液温度信号也是控制喷油量的修正信号可知,该车冷却液温度信号偏低,会导致发动机无法进入致闭环控制状态,而是一直处于处理冷车燃油加浓的开环控制状态,最终导致混合气过浓,CO排放超标。因此,应重点排查冷却系统冷却液温度不正常故障。

首先,读取发动机冷却液温度信号为 15~30℃;其次,使用红外测温枪,测量冷却液温度传感器处缸盖外表温度 85℃,表明冷却液温度传感器信号线路出现故障。造成冷却液温度信号错误的可能原因有:

(1)冷却液温度传感器故障;

(2)相关线路故障;

(3)发动机控制单元故障;

冷却液温度信号控制原理如图 8-4 所示。

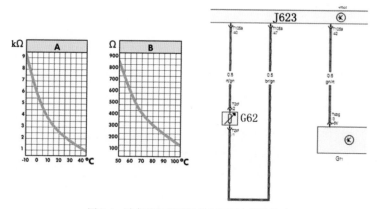

图 8-4 冷却液温度信号控制原理和器件线路

冷却液温度传感器 G62 是冷却液温度 20℃时,负温度系数(NTC)热敏电阻,电阻值随温度增大而减小。因此,我们可以通过对照"温度电阻对照表"来对其进行检测,若和对照表上的对应数据有差异,即可判断为冷却液温度传感器故障。

测量冷却液温度传感器内阻:冷却液温度 20℃时,$R=1.92kΩ$,电阻值低于正常值($R=2.5±0.3kΩ$);冷却液温度 80℃时,$R=150Ω$,电阻值低于正常值($R=330±20Ω$)。

更换冷却液温度传感器后,冷却液温度显示正常,热车后冷却液温度能达到 90℃。此时,测量尾气排放,显示正常。因此,可以判定,故障为冷却液温度传感器信号错误(偏低),导致发动机电控系统一直处于开环控制的加浓状态。

（四）案例总结

该车故障检查过程虽然简单,但对于准确判断故障部件非常重要。

另外,掌握排放控制系统的工作原理,系统分析,理清诊断思路非常重要。加上准确的测量检查,数据读取,可以前后印证,让故障排除过程简单快速。

五、排放控制装置失效导致尾气超标案例

（一）车辆信息

（1）车型：金杯微型货车。
（2）行驶里程：11000km。
（3）发动机排量：1.2L。

（二）故障现象

年检时发现环保排放性能检验不合格。环保检验不合格报告见表8-2。

金杯微型货车排放检测结果　　　　　　　　　　　　　　　表8-2

指标	CO(g/km)	HC(g/km)	NO_x(g/km)
实测值	33.91	3.31	3.74
限值	8.0	1.6	1.3
结果判定	□合格　☑不合格		

以上报告显示HC：3.31g/km，CO：33.91g/km，NO_x：3.74g/km，三项排放污染物均超标。

（三）故障诊断

使用五气分析仪测试尾气数据，结果见表8-3。

尾气测量结果（2）　　　　　　　　　　　　　　　表8-3

气体	HC(10^{-6})	CO(%)	NO(10^{-6})	CO_2(%)	O_2(%)	λ
数据	375	0.74	231	14.00	1.50	1.03

检测数据表明，HC、CO、NO_x三项污染物均超标，CO_2和λ值，正常。

结合以上检查数据，根据排放控制装置三元催化转换器的工作原理：在工作温度正常（一般350～800℃）、发动机空燃比正常的情况下，其应当将尾气中的HC、CO、NO_x转化为H_2O、CO_2、N_2，不难看出，该车三元催化转换器效率有明显降低。

为了进一步验证以上结论，采用红外测温仪，测试热车情况下三元催化转换器前后端温度，分别为：前端362℃，后端320℃。根据正常工作的三元催化转换器自

图 8-5　三元催化转换器烧蚀严重

身温度后端比前端高这一原理，说明三元催化转换器内部工作效率较低甚至没有正常工作。

　　经对三元催化转换器拆卸作一步检查发现，该车三元催化转换器内部烧蚀严重，如图 8-5 所示。

　　由于发动机曾经出现过失火现象，未燃烧的混合气通过排气管到达三元催化转换器，并受催化器表面贵金属的氧化催化作用，在催化器内部燃烧，产生大量的热量。当其温度超过催化器载体的最高承受温度 1350℃时，可在短时间内将催化器载体烧蚀。

　　更换新的三元催化转换器后，测试数据显示，三项排放指标均恢复正常。

（四）案例总结

　　在尾气治理故障诊断过程中，尾气排放检测数据报告非常重要，其显示数据基本接近真实的车辆行驶状态的尾气数据。在做此类故障检查时，要充分认识尾气排放控制装置的工作原理、工作条件和失效原因。在实际诊断时，要做到前后检测数据印证，明确故障分析因果关系。

第二节　柴油发动机排放污染诊断典型案例

一、发动机氮氧化物排放超标故障案例

（一）车辆信息

（1）车型：江淮 E5290。

（2）行驶里程：122530km。

（3）发动机型号：HFC4DE1-1D。

（二）故障现象

偶发 OBD 和 EPC 故障灯亮。

（三）故障检查

汽车故障电脑诊断仪检测报 P2BAEF0：发动机氮氧化物排放超 3.5g/（kW·h）故障。

试车过程中监控数据流发现：该车在 6 挡高速行驶时，车速保持在 90km/h，发动机转速为 2200~2400r/min，SCR 上游排气温度为 300~350℃，预期转化效率为 90%~92%，实测转化效率为 40%~50%，实际转化效率远低于预期转化效率；当实际转化效率持续低于预期转化效率约 10min 后，仪表 OBD 和 EPC 故障灯点亮，ECU 报 P2BAEF0：发动机氮氧化物排放超 3.5g/（kW·h）故障。

（四）故障诊断

博世 SCR 系统关于转化效率低的典型故障代码为：P20EEF0 发动机 NO_x 排放超 3.5g/（kW·h）、P20EEF1 发动机 NO_x 排放超 7g/（kW·h）。

排查思路如下。

（1）检查尿素浓度：32.5%±2%；

（2）确认尿素系统建压正常，压力稳定（保持 5bar 稳定压力）；

（3）使用功能测试或提高排气温度，急踩加速踏板确认尿素喷射雾化正常，喷射量正常（喷嘴成三孔雾化喷射为正常）；

（4）检查 SCR 催化器（催化器无损坏，无结晶堵塞）；

（5）确认发动机原机排放（简称原排）是否异常。

按排查思路检修过程如下。

（1）使用尿素浓度检测仪测量该车尿素箱内尿素的浓度为 32.5%，符合标准，如图 8-6 所示。

（2）使用汽车故障电脑诊断仪进行尿素泵建压测试，尿素泵压力可以正常建立到 5bar。

（3）使用汽车故障电脑诊断仪进行超大喷射量测试，外挂尿素喷嘴，并使用透明塑料瓶收集喷射的尿素。观察喷射过程中，尿素泵压力保持在 500kPa，喷嘴雾化情况良好。超大喷射量设定范围为 80±4g，收

图 8-6 尿素浓度检测仪测量结果

集到尿素溶液体积 74.5mL，换算得出实际喷射的尿素溶液质量为 80.46g（74.5mL×1.08g/mL＝80.46g），实际喷射量符合设定值，确认尿素系统压力、雾化、喷射量正常。

（4）拆解催化转换器无堵塞、结晶情况。为验证催化转换器是否中毒导致转换效率

低,更换催化转换器后试车,故障再次出现。排除催化转换器导致氮氧化物转换效率低。

(5)检测发动机原排。外挂尿素喷嘴,并使用废旧喷嘴堵住排气管上的尿素喷嘴孔后试车。由于尿素溶液并未进入催化转换器转换尾气,故此时读取数据流中的"尿素模型计算的 SCR 催化转换器上游原始 NO_x 浓度"为发动机裸机排放(简称裸排)模型值,"下游氮氧化物传感器测得的 NO_x 浓度"为发动机实际裸排量。

检测结果如下:①怠速时,发动机实际裸排量为 299×10^{-6},标定的裸排模型值为 190×10^{-6};②高速行驶时,发动机实际裸排量为 974×10^{-6},标定的裸排模型值为 677×10^{-6}。

实际裸排超出标定的裸排模型约 50%,确定发动机原排超标。

(6)发动机原排超标通常由以下因素导致:①燃油不达标;②烧机油;③发动机异常机械磨损;④喷油正时异常或柴油喷射量过大;⑤压缩比过大。

拆下 4 只喷油器后,对该车进行台架测试,均出现喷油量偏大情况,更换 4 只喷油器后试车,故障排除。

(五)案例总结

(1)HFC4DE1-1D 型发动机监控尾气转换效率需满足以下条件:①排气温度高于 280℃;②无尿素系统/尿素加热系统当前故障。

(2)尿素喷射量测试是测量尿素系统实际向排气管路中释放的尿素溶液是否满足预期转化效率所需,可使用江淮专用 KT660 诊断仪进行喷射量测试。测量时外挂尿素喷嘴,用透明塑料瓶接取喷射的尿素,对比诊断仪中设定的喷射量。

(3)诊断仪数据流中的模型,计算的 SCR 催化转换器上游的原始氮氧化物浓度为发动机裸排模型值。发动机实际裸排可以通过如下方法测量:外挂尿素喷嘴,并使用废旧喷嘴堵住排气管上的尿素喷嘴孔后试车,排气温度达到露点温度后,氮氧化物传感器开始工作并输出测量的氮氧化物浓度,此时,由于尿素喷嘴外挂,尿素溶液并未进入催化器内,故下游氮氧化物传感器测得的氮氧化物浓度数值为发动机实际裸排量。通过比对模型值与实际值之间的差异,可以判断原始排放是否达标。

(4)发动机原排超标处理难度较大,而服务站往往难以鉴别燃油品质等因素,可优先对喷油器进行台架测试,排除喷油器故障的影响。

二、EGR 阀杆处积炭案例

(一)车辆信息

(1)车型:江铃多用途货车。

（2）行驶里程:8000km。

（3）发动机型号:96044490。

（二）故障现象

车辆排气冒黑烟。

（三）故障检查

（1）客户于车辆行驶里程达8000km时进厂反映车辆排气冒黑烟,更换机油三滤(空气滤清器、机油滤清器、柴油滤清器),检查燃油及EGR阀并清洗。经检测,无故障码生成。

（2）客户于车辆行驶里程达8600km时进厂反映黑烟越来越多,更换EGR阀,清洗进气歧管,清洁空气滤清器。检查EGR系统,重新匹配喷油器。

（3）数日后,该车再次因冒黑烟进厂,处置方式为与新车试换排气管和消声器,两天后客户反映故障未消失。

（4）再次与新车调换ECU,路试两天,故障未消失。

（5）调换喷油器4只,再次清洗EGR阀及进气歧管,重新匹配编码,路试1天,故障未消失。

（6）更换柴油,清洗油路,更换柴油滤清器及空气滤清器,故障仍未消失。

（四）故障诊断

（1）要求用户急踩加速踏板,反复几次后,发现排放情况较以前好转。

原因分析:车辆配有EGR系统,若长期处于低速小节气门开度,排气系统中就会有大量的积炭;急加速时,炭烟会被吹出,多次急踩加速踏板以后,排气系统中的积炭减少,排气状况发生改善。

（2）读取ECU中故障码,发现无故障码。

（3）在以往的维修中多次清洗EGR阀,拔掉驱动阀门的真空管,急加速时尾气明显好转,如图8-7所示。

（五）案例总结

EGR阀杆处于废气与新鲜空气+曲轴箱通风结合的地方,阀杆上易产生积炭,影响阀门的正常开启和关闭,致使多余废气进入进气系统,燃烧不充分,冒出大量的黑烟。

这是带 EGR 的发动机的特有问题,特别是用户长期在低转速工况运转时,更易发生。建议用户要减少低转速工况运行时间,每日在适当时间反复多次急踩加速踏板,排出排气系统内的积炭。

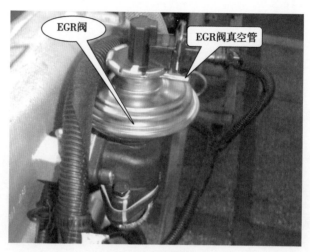

图 8-7　EGR 阀状况

三、最大轮边功率不合格案例

（一）车辆信息

（1）车型:五十铃 N 系列 600P 货车。

（2）行驶里程:53344km。

（3）发动机型号:4KH1-TC 柴油共轨发动机。

（二）故障现象

柴油车加载减速测试发现,最大轮边功率限值 48.0kW,实测值 42.0kW,不合格。

（三）故障检查

该车在怠速时加大节气门开度,发动机动力充足,但在行驶时就没有动力,特别是上坡时非常困难。已经在修理厂更换过柴油滤清器、油水分离器和检修制动系统,复审仍不合格,实测最大轮边功率反而降到 16.1kW。

（四）故障诊断

（1）报告显示最大轮边功率 16.1kW，说明发动机在有负荷的情况下动力很不足。

（2）目测柴油滤清器和油水分离器是新的，但是为副厂替代件，副厂柴油滤清器的滤纸过密，燃油通过阻力较大。

（3）拆下电控燃油泵进油管空心螺栓，发现该空心螺栓内固定有一个细滤网，滤网也被杂质堵塞，引起进油压力不够，喷油正时调整不当。

（4）发动机无故障码，查看数据流，发现空气流量传感器在怠速时为 5.7mg/strk，加速踏板踩尽时为 0，标准数据应为 520mg/strk 至 900mg/strk；另外，还有一个制动开关 1 数据在"激活"状态，说明 ECM 收到了制动信号，并为能在制动减速时降低油耗和排放，发出控制信号给喷油泵控制单元 PSG，减少喷油量和改变喷油正时，达到制动减速的效果。经检查，空气流量传感器和制动开关线路无故障，确定两配件有故障。

（5）更换原厂柴油滤清器、油水分离器、空气流量传感器、制动开关及清洗燃油泵进油管空心螺栓细滤网后，数据流恢复正常。车辆复检合格。

（五）案例总结

柴油车的 OBD 监测，并不能完全识别错误的传感器信号。ECM 因不能区分制动信号的真伪，故在控制上限制了喷油量，造成车辆动力不足的假象。需要读取数据流，结合车辆工作状况进行判断。

四、预热系统故障案例

（一）车辆信息

（1）车型：多用途货车。
（2）行驶里程：90000km。
（3）发动机型号：4 缸 2.8L 柴油共轨发动机。

（二）故障现象

车辆故障灯常亮，车辆行驶及起动都正常。

（三）故障检查

用博世 KT 系列诊断仪读取故障码 P0382：系统预热的时候预热塞不工作。

用钥匙将车辆上电后报出故障码,并一直存在,无法清除。

（四）故障诊断

（1）保持原车线束连接,测 GCU 上 30 号脚铜柱上电压:12V。

（2）保持原车线束连接,上电后测量 GCU 上 86 号脚搭铁电压:12V。

（3）断开 GCU 接头,测量接头端 31 号脚与搭铁之间的电阻:0Ω。

预热控制单元 1 如图 8-8 所示。

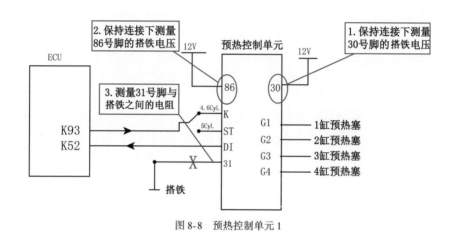

图 8-8 预热控制单元 1

（4）测量 K 脚的搭铁电压,刚上电和等待一段时间(即估算预热开始及结束)从 0 变成 12V。

（5）测量 DI 脚的搭铁电压,刚上电和等待一段时间(即估算预热开始及结束):0V 不变。

（6）断开 DI 线与 GCU 和 ECU 的连接后测量其搭铁电阻:0Ω。

预热控制单元 2 如图 8-9 所示。

（7）判断为此线搭铁短路。

（五）案例总结

在没有针对性地排查之前,严禁胡乱拉扯车辆线束,导致线束的接插件脱落、线束短路或断路,进而容易导致车辆出现故障。

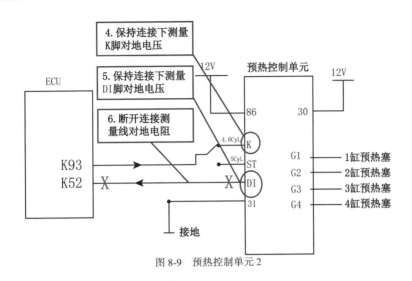

图 8-9　预热控制单元 2

五、空气流量传感器故障案例

（一）车辆信息

（1）车型：多用途货车。

（2）行驶里程：33600km。

（3）发动机型号：4 缸 2.8L 柴油共轨发动机。

（二）故障现象

车辆故障灯常亮，可以正常起动，但行驶中会动力不足。

（三）故障检查

使用诊断仪读取故障码 P0100：空气流量传感器故障，故障码 P0110：空气流量传感器故障。故障码无法删除，且发动机运行过程中清错会导致熄火。

（四）故障诊断

（1）断开空气流量传感器 3 号线和 4 号线（图 8-10），上电测量传感器输出电压：0V。

（2）断开传感器供电线后，测量线上对搭铁电压为：0V。

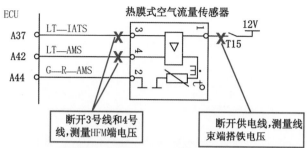

图 8-10　热膜式空气流量传感器线束图

（3）检查空气流量传感器供电线，发现供电线路上 10A 熔断丝接触不良。

（五）案例总结

车辆用电器之前有很多的熔断器或继电器做保护，若供电有问题，则会影响到车辆各系统的功能，也会影响排放。在找到问题点后，也要分析为何会出现该问题，杜绝故障重复出现。

附 录

本书涉及英文缩略语

英文缩略语	中　　文	英文缩略语	中　　文
ABS	防抱死制动系统	CVN	控制单元软件标定验证码
ACSW	开关量数据	CVS	版本控制软件
AdBlue	车用尿素溶液	DA	电子附件
AI	人工智能	DEF	排放处理液
ASC	主动稳定控制系统	$DeNO_x$	脱硝
ASM	稳态工况法	$DeSO_x$	脱硫
AVS	可变气门升程系统	DIS	无分电器点火系统
CALID	软件标定识别码	DME	发动机控制单元
CAMS	车上维护系统	DMTL	燃油排放泄漏诊断系统
CAN	控制器局域网	DOC	氧化催化器
CBCU	车身中央控制器	DPF	颗粒捕集器
CIS	接触式图像传感器	DTC	诊断故障代码
CKP	磁感式曲轴位置传感器	E2PROM	带电可擦可编程只读存储器
CLD	化学发光法	ECM	发动机控制模块
CMP	磁感式凸轮轴位置传感器	ECT	汽车变速器电控模式
CRS	共轨系统	ECU/DCU	电子控制单元
CV	曲轴箱通风系统监测	EGR	废气再循环

英文缩略语	中　文	英文缩略语	中　文
EI	电子点火	MIL	故障指示灯
EOBD	欧洲车载诊断系统	MPV	多用途汽车
EPA	美国环境保护局	MTM	模块测试维护
EPC	电子稳定系统	MU	燃油计量单元
EPS	电动助力转向系统	NDIR	红外气体传感器
ETC	电子节气门	NSC	氮氧化物储存式催化转换系统
EVAP	燃油蒸发排放控制系统	NTC	负温度系数
FA	自由加速法	NVRAM	非易失存储器
FAS	频率信号	OBD	车载诊断系统
FID	火焰离子检测器	ODO	车辆累计行驶里程
FSI	燃油分层喷射	OLASIS	线上汽车服务信息系统
GCU	增程器发电机控制器	PCM	动力控制模块
HCI/DPM	排气管柴油喷射	PCV	曲轴箱强制通风
HEI	高能点火	PEMS	便携式车辆排放测试系统
HFM	热膜式空气质量传感器	PFI	进气道喷射
IAC/ISC	怠速控制器	PFM	脉冲频率调制
ICT	信息和通信技术	PLV	压力限制阀
IOT	物联网	PM	颗粒物
ITV/TVA	废气再循环阀/废气再循环冷却	PMW	脉冲宽度调制
IU	燃油喷射单元	PN	排放颗粒物粒子数量
IUPR	监测频率	POC	颗粒氧化催化器
i-VTEC	可变气门正时升程控制技术	PVC	聚氯乙烯
K	光吸收系数	RDS	轨压传感器
KAM	节气门记忆学习	RED3/RED4	三/四型电子调速器
LIN	局域互联网络	RF	射频
LUG-DOWN	柴油车加载减速法	ROM	只读存储器
MAF	空气流量传感器	SAE	国际自动机工程师学会
MCU	微控制单元	SCR	选择性催化还原装置

续上表

英文缩略语	中　文	英文缩略语	中　文
SOF	可溶性有机物	MU	燃油计量单元
TBI	节气门体燃油喷射	VDO	双点式共轨系统
TDI	涡轮增压直接喷射	VE-EDC/COVEC	电控分配泵
TFI	汽油缸内直喷技术	VGT	可变截面涡轮增压系统
TFSI	燃料分层喷射技术	VIN	车辆识别代号
THC	总碳氢化合物	VMAS	瞬态工况法/简易瞬态工况法
TSI	涡轮增压和机械增压	VMI	车辆测量界面
TVA	排气节流阀	VVT	可变气门正时系统
UI/UP	电控泵喷嘴和单体泵系统喷油时间电控	WGT	废气阀增压器
UV	紫外法	WHSC	稳态循环
VANOS	可变凸轮轴正时控制系统	WHTC	瞬态循环
VCI	车辆通信接口	WNTE	非标准循环发动机台架

参 考 文 献

［1］ 王建昕,等.汽车排气污染治理及催化转化器［M］.北京:化学工业出版社.2000.

［2］ 杨增雨.70 图讲透分析尾气排故障［M］.北京:机械工业出版社,2018.

［3］ 张宪辉.汽车发动机故障诊断技术［M］.北京:化学工业出版社,2019.

［4］ 陈耀强,王健礼.汽油及天然气汽车尾气净化催化技术［M］.北京:科学出版社,2021.

［5］ 门玉琢,夏鞸,于海波.汽车尾气排放分析及治理技术［M］.北京:机械工业出版社,2018.

［6］ 郭刚,等.汽车尾气净化处理技术［M］.北京:机械工业出版社,2018.

［7］ 刘元鹏.汽车检测设备原理与技术要求［M］.北京:人民交通出版社股份有限公司,2020.

［8］ 张钱斌.汽车故障诊断技术［M］.北京:人民邮电出版社,2011.

［9］ 冉广仁.汽车检测与维修技术［M］.北京:中国水利水电出版社,2010.

［10］ 刘元鹏.I/M 制度在汽车维护中的应用［M］.北京:人民交通出版社股份有限公司,2017.

［11］ B.霍尔贝克.汽车燃油和排放控制系统结构、诊断与维修［M］.宋建才,译.北京:机械工业出版社,2007.

［12］ S.V.哈奇.汽车发动机计算机控制系统解析［M］.宋建才,译.北京:机械工业出版社,2007.

［13］ 朱军.汽车故障诊断方法［M］.北京:人民交通出版社,2008.

［14］ 喻菲菲.数据流分析在电控发动机故障诊断中的重要作用［J］.实用汽车技术.2008(2):2.

［15］ 郭彬.数据流分析及在汽车故障检测诊断中的应用［M］.南京:江苏科学技术出版社,2008.

［16］ 陈伟忠.汽车电控发动机实车故障诊断［M］.武汉:华中科技大学出版社,2008.

［17］ 徐勇.关于汽车发动机智能故障维修技术应用分析［J］.科技经济市场,2014,11(4):15-16.

［18］ 康拉德·莱夫.BOSCH 汽车工程手册:第4版［M］.魏春源,译.北京:北京理工大学出版社,2017.

［19］ 康拉德·莱夫.BOSCH 汽车电气与电子:第2版［M］.孙泽昌,译.北京:北京理工大学出版社,2017.

［20］ 康拉德·莱夫.BOSCH 柴油机管理(系统与组件)［M］.魏春源,译.北京:北京理工大学出版社,2017.

［21］ 康拉德·莱夫.BOSCH 汽油机管理(系统与组件)［M］.魏春源等,译.北京:北京理工大学出版社,2017.